깃털

깃털

Feathers
The Evolution
of a Natural Miracle

가장 경이로운 자연의 걸작

소어 핸슨 지음 — 하윤숙 옮김

에이도스

Contents

서문

오! 나는 운명에 놀아나는 어릿광대
— 윌리엄 셰익스피어, 『로미오와 줄리엣』(1595년경)

"이 모든 게 대머리수리 때문이었습니다." 사람들이 이 책에 대해 물을 때마다 나는 이렇게 대답했다. 몇 년 전 케냐에서 연구 프로젝트를 진행하는 동안 대머리수리 때문에 처음으로 깃털에 관심을 갖게 되었다. 커다란 새들이 동물 사체 주위에 몰려들어 쉿쉿 소리를 내며 먹이를 놓고 다투는 모습을 지켜보노라니 깃털이 (그리고 깃털이 없으면 없는 대로) 대머리수리의 생활방식에 아주 꼭 들어맞는다는 생각이 들었다.

머리와 목에는 깃털이 없어서 먹이를 먹을 때 지저분한 것이 묻지 않을 뿐만 아니라, 낮에는 목을 길게 뻗어 시원하게 지내고 밤이 되면 솜털이 포근한 깃 속으로 목을 쏙 집어넣어 열 조절을 할 수 있었다. 몸을 감싼 검은색 깃털 층은 세균의 번식을 막고, 대머리수리가 먹잇감을 찾아 저 높이 날아오를 때에는 뜨거운 아프리카 햇빛을 흡수함으로써 온도가 낮은 고도에서도 체온을 따뜻하게 유지시켜 주었다.

대머리수리에서 시작된 깃털 생각은 좀처럼 멈추지 않았다. 나는 딱새와 쏙독새가 자기 몸길이의 세 배나 되는 번식 깃을 무겁게 달고 다니는 것을 보았으며, 얼음덩어리 아래 물속으로 풍덩 파져든 펭귄의 윤기 흐르는 몸 깃털 안쪽에는 물이 전혀 스미지 않은 채 쾌적한 상태가 유지되는 것을 보았다. 영하로 내려가는 밤이면 거위털 침낭 속에 들어가 몸을 잔뜩 웅크리고 있었던 나와 달리 내가 연구하는 작은 상모솔새는 부근에서 차디찬 겨울바람을 맞으면서도 털을 부풀린 상태로 여전히 따뜻한 체온을 유지하고 있었다. 나는 공룡 화석에 남겨진 깃털 모양을 추적했으며, 비행기, 낚시 미끼, 빅토리아 시대 모자, 배드민턴의 셔틀콕, 화살에 붙인 깃, 고대 페루의 예술 작품에서도 깃털 모양을 확인했다.

조류학자 프랭크 질Frank Gill은 고전적 교과서 『조류학Ornithology』에서 이렇게 말한 바 있다. "깃털의 세세한 사항들이 오래전부터 생물학자의 마음을 사로잡아 왔다. 깃털은 거대한 주제를 이루기 때문이다." 한 권의 책을 쓰기에 딱 좋은 주제라고 생각하곤 했지만 실제로 작업에 나서기까지는 또 다른 대머리수리의 힘이 필요했다.

설명을 좀 덧붙여야 할 것 같다. 현장생물학자인 나는 연구 과제나 글 주제 때문에 어려움을 겪는 일이 없다. 자연 세계에 있는 모든 것이 좋은 대상이기 때문이다. 바깥에 나갔는데도 흥분이나 호기심을 느끼지 못한다면 이는 내가 주의를 기울이지 않았다는 의미이다. 나와 함께 야외 나들이를 하는 것이 무척이나 곤혹스러운 사람들도 있다. 새 둥지, 나비, 이끼, 개미집, 토양형, 곤충 똥, 바위, 그 밖에 무엇이든 내가 한눈파는 대상이 끝도 없기 때문이다. 한편 집에 있는 아내는 냉장고 속에 들어 있는 죽은 들쥐와 명금류를 견디고 있다. 이밖에도 냉장고 속에 식물 표본이 차곡차곡 쌓여 있으며, 여러 개의 박스마다 정체불명의 벌, 오래된 뼈, 올빼미 머리가 들어 있고, 커다란 탱크 속에 흥미로운 유충이 가득하다. (우리 아이 노아역시 많은 것을 견디고 있지만 사실 그 애는 이와 다른 환경 자체를 아예 알지 못한다!) 이렇듯 기본적으로 호기심이 많은 나는 오히려 관심 범위를 좁히는 게 어려우면 어려웠지 관심 주제를 찾는 데 어려움을 겪어본 적은 없었다.

과학연구의 세계에서는 기금을 확보해야 하는 경쟁 때문에 대부분의 가능성이 단박에 배제된다. 과학에는 돈이 들고, 돈을 끌어 모으기 위해서는 시의적절하면서 매력적인 주제가 필요하다. 고래나 호랑이가 우산이끼, 방아벌레, 곰팡이보다 더 많은 이목을 끄는 것도 놀랄 일이 아니다. 기초 현장생물학 자체가 사람들을 설득하기 힘든 분야라 나는 대개 큰 주제, 이를테면 서식지 단편화, 종 보존, 집단유전학, 심지어는 전쟁의 생태학적 영향 같은 큰 주제와의 연관성 속에 연구 작업의 틀을 짠다.

하지만 드디어 새 책을 시작하기 위한 일정이 시작되자, 가능한 주제 범위가 나를 거의 압도할 만큼 어마어마하다는 것을 알게 되었다. 첫날 아침오래전부터 써보리라 마음먹었던 대머리수리 이야기(15장에 가면 보게 될것이다)를 마침내 쓰기 시작하기 전 커피 한 잔을 마시며 빈 종이를 물끄러미 바라왔다. 나는 대머리수리 이야기에서 창조의 물줄기가 줄줄 흘러나와 '깃털 책'을 쓰는 데 큰 도움이 될 것으로 믿었다.

내가 세상에서 가장 빨리 글을 쓰는 사람은 아니지만 오후 시간 조깅을나가기 위해 작업을 중단했을 무렵 서너 문단의 초고가 완성되었다. 내가사는 곳은 섬이며, 우리 집은 시내에서 8킬로미터 정도 떨어진 시골길에자리 잡고 있었다. 완만한 내리막길로 이어지는 이 길은 울창한 숲을 지나면 양편으로 농장 들판이 펼쳐진다.

머릿속으로 대머리수리와 깃털 생각을 하면서 조깅을 하는데 죽은 동물의 썩은 악취가 점점 강하게 풍겨왔다. 소나무 숲속으로 들어서자 자동차에 치여 죽은 사슴이 내장을 드러낸 채 도랑 옆에 뻗어 있었다. 위로는 어린 흰머리수리가 전나무 가지 위에서 잔뜩 긴장한 채 경계를 서고 있고, 그 위로 같은 나뭇가지 위에 칠면조대머리수리 네 마리가 앉아 있었다. 이 칠면조대머리수리 네 마리는 검은색 몸을 웅크리고 붉은색 머리를 숙인 채 한줄로 길게 나란히 앉아 조용히 노려보고 있었다.

나는 천천히 달리기 시작했다. 그때 맨 끝에 있던 칠면조대머리수리가 힘겹게 날개를 퍼덕이며 날아올랐다. 두 날개가 서늘한 가을 공기 속으로 비상하기 위해 휘리릭 날갯짓을 시작했다. 칠면조대머리수리는 몸을 비스듬히 기울여 나뭇가지 사이를 지나더니 몸을 완전히 옆으로 기울여 도로 위 아무것도 막힌 게 없는 창공으로 올라갔다. 칠면조대머리수리가 머리 위로 지나갈 때 왼쪽 날개에서 뭔가 떨어져 바람결에 빙빙 돌고 다시 두둥실 떠가다가 빙그르르 돌더니 땅바닥 발치에 떨어졌다. 비행깃이었다. 아름다운 곡선으로 휘어진 짙은 색의 긴 깃털이 마치 괄호가 닫히지 않은 삽입 어구처럼 길 위에 놓여 있었다.

나는 과학자이며, 의심이 많은 사람이다. 점성술 책을 읽지 않으며 점쟁이를 찾아가본 적도 없고 운명을 걱정하느라 시간을 보내는 일도 없다. 하지만 내 주변에는 잘 짜인 극본으로 장난치는 친구들이 몇몇 있었다. 처음에는 몰래카메라가 숨어 있지 않은지 두리번거리고 덤불 더미 저편에 숨죽인 웃음소리가 들리지 않는지 귀를 곤두세웠다. 물론 그런 것은 없었다. 오로지 내 숨소리와 조용한 숨, 그리고 저편으로 날아가는 새의 날갯짓 소리뿐이었다. 오전 내내 대머리수리와 대머리수리 깃털에 대해 생각하면서 보낸 뒤 조깅을 나와 한 무리의 대머리수리를 마주치고 게다가 그 중 한 마리가 정말로 내 머리 위로 깃털 하나를 떨어뜨리고 간 것이다.

"무엇을 쓸지 선택하는 것은 당신이 아니다. 글이 당신을 선택하는 것이다." 대학 학부시절 창작 글쓰기 세미나에서 이 격언을 처음으로 들었다. 강사는 의미심장한 뜻을 담아 이 문장을 힘주어 말했다. 그 당시 이 문장을 들었을 때에는 생태학을 복수전공하고 있다는 사실이 고맙게 느껴졌다. 생태학에서는 다른 상상의 여지가 없을 만큼 단조로운 표나 그래프, 자료 몇 가지로 그러한 개념들을 상쇄시킬 수 있었기 때문이다. 이제 그 문구는 상투적인 말이라기보다 오히려 명령처럼 느껴졌다. 고대 이집트인은 대머리수리가 제국, 진리, 정의를 나타내는 상징이며 결코 부정해서는 안 되는 대상으로 숭배했다. 마음이 정해졌다. 깃털에 관한 책을 쓰겠노라고.

여전히 전나무에 앉아 있는 세 마리 칠면조대머리수리에게 고개를 한 번 끄덕여 주고는 깃털을 집어 들고 집으로 왔다. 그 깃털은 지금 내 옆에 있다. 그것은 대머리수리가 내려준 축복이자, 막 시작된 탐험의 징표였고, 결코 사그라지지 않는 매혹이었다.

자연의 기적

루이스는 허리를 숙이고 길 위에 떨어진 붉은 빛의 깃털을 주워들었다.
루이스는 이것이 딱따구리 깃털이라고 내게 말하고는
깃축, 깃판, 깃촉 등 깃털의 세부 사항들을 알려주고
깃털을 건네더니 내 손에 자연의 기적을 쥐고 있는 것이라고 말했다.
― 레너드 네이선, 『왼손잡이 조류 관찰자의 일기』(1999년)

나는 이슬에 젖은 풀밭을 사뿐히 밟으며 앞장서 가고 있었고 무리는 들판의 가장자리 길로 막 접어들었다. 아침 햇살에 우리 일행의 그림자가 서쪽으로 길게 뻗었고 그 주위로 쌍안경이며, 삼각대며, 관찰용 휴대 망원경의 긴 삼각대 다리가 어지럽게 그림자를 드리웠다. 이날은 바로 지역 오듀본클럽(미국 국립오듀본협회의 지부. 이 협회는 북미 조류도감을 저술한 미국 조류학의 아버지 존 제임스 오듀본John James Audubon의 이름을 따서 만들었다_옮긴이)의 첫 번째 봄 관찰 여행 날이었다.

우리는 큰왜가리 여러 마리와 노랑발도요 두 마리가 이리저리 돌아다니는 넓은 간석지를 시작으로 이후 천천히 육지 쪽으로 발길을 옮겨 민물 습지로 향하고 있었다. 이곳에는 최근 미국 원앙새가 이동을 마치고 돌아와 있었다. 군데군데 피어오른 우윳빛 흰 구름이 파란 하늘을 빠른 속도로 가로지르고 있었고 얼굴에 부딪히는 햇빛이 따사로웠다. 비에 젖어 있던 태평양 연안 북서부 지방의 겨울을 지나고 맞이하는 이 느낌이 낯설면서도 반가웠다.

울타리 부근에 황갈색의 뭔가가 휘릭 하더니 날개를 퍼덕이는 모습이 눈에 들어왔다. 쌍안경을 들어 올렸다. 짧게 자란 초록색 풀밭에서 잔뜩 경계하고 있는 새가 선명하게 초점에 잡혔다. "저기, 저……" 이 말뿐, 머릿속은 하얘졌다. 일행이 발길을 멈췄다. 모두들 돌아보면서 쌍안경을 들어 올리거나 망원경을 설치하고 있다는 것을 느낌으로 알 수 있었다. 분명한 새였다. 이런 전문가 집단에는 굳이 말할 필요도 없었다. "울타리 옆 저기, 저……" 나는 새 이름을 다시 떠올리려 했지만 아무 생각도 나지 않았다. 머릿속에는 뚜우 하는 발신음뿐이었다.

"울새네." 옆의 남자가 쌍안경을 내리면서 뿌루퉁하니 말했다. 다른 사람들 역시 고개를 돌렸다. 어색한 침묵의 순간이었다. 오듀본협회의 지부 현장학습 여행을 이끌던 내가 미 대륙이라면 뒷마당 어디에서나 볼 수 있는 가장 흔한 미국 울새의 이름을 까먹은 것이다. 조류 관찰 모임에서 이런 일은 천문학자가 지구의 이름을 잊어버린 것과 맞먹는 것이었다. 바로 그때 누군가 "솔새다!" 하고 말했고 일행은 서둘러 오솔길을 따라 위쪽으로 향했다. 신뢰성에 엄청난 타격을 입은 나는 뒤에 처져 울새를 바라보는 것으로 위안을 삼았다.

녹슨 빛과 숯 색깔이 묘하게 감도는 울새의 깃털은 자신이 암컷임을 알려 주었고 울새의 깃털은 햇빛 속에서 싱싱하게, 도자기처럼 부드럽게 빛났다. 울새는 고개를 곧추 들고는 깡충깡충 뛰더니 이내 쏜살같이 달려가 흙속에 있는 무언가를 부리로 쪼아 먹었다. 다시 자세를 바로 한 울새는 푸드득 하늘로 날아오르더니 울타리 기둥 주위를 획 돌아 도저히 믿기지 않는 각도로 내리꽂히듯 급강하해서 오리나무 가지에 내려앉았다. 그곳에 자

미국 울새, 존 제임스 오듀본

리 잡은 울새는 꼬리를 흔들더니 몸통 깃들을 부풀렸다가 다시 하나씩 제자리에 내려놓고는 부리를 옆으로 돌려 깃대와 깃판을 하나씩 들어 올려 부리로 빗으면서 몸단장을 시작했다. 가구를 이렇게 옮겼다가 저렇게 옮겼다가 하는 까다로운 가정주부 같았다.

　내 얼굴에 웃음이 번졌다. 울새의 완벽주의를 못마땅해 할 사람이 누가 있겠는가? 그 깃털은 울새의 삶 모든 면에 영향을 미친다. 깃털은 햇빛과 비와 추위를 막아주면서 울새를 날씨로부터 보호해준다. 깃털은 이 울새가 암컷으로서 지닌 매력을 주위에 널리 알려 짝을 찾도록 도와준다. 깃털은 가시에 찔리지 않게 해주고, 벌레가 들어오지 못하게 해주며, 무엇보다도 인간의 가장 위대한 기계조차도 어설프게 보일 만큼 별로 힘들이지 않고 효율적으로 하늘에 날아오를 수 있게 해준다.

자신의 깃털이 만족스러워졌는지 이내 울새는 가지에서 내려와 빠르고 확실하게 날갯짓을 하면서 들판 뒤로 날아갔다. 나는 쌍안경을 내렸다. 오듀본클럽 일행이 저만치 꽤나 멀리 앞서가고 있었다. 하지만 몸단장을 하고 하늘을 날아오르는 울새가 주변에 흔한 것처럼 깃털, 이 자연의 기적 역시 주변에 널려 있다는 것을 다시금 깨우칠 수 있어 기분이 좋았다.

보통 4천억 마리에 이르는 새가 이 지구 주위를 날고, 솟아오르고, 수영하고, 깡충깡충 뛰고, 휙 스치듯 돌아다니는 모습을 볼 수 있다. 수로 비교하면 사람 1명당 새 50마리 이상, 개 1마리당 1,000마리, 살아 있는 코끼리 1마리당 최소 50만 마리가 된다. 지금까지 팔린 맥도널드 햄버거 수를 모두 합친 것보다 네 배나 많다. 울새와 마찬가지로 이들 새 모두 갖가지 종류의 깃털을 갖고 있다. 깃털이 대략 1천 개 정도 되는 붉은목벌새가 있는가 하면 깃털이 2만 5천 개 이상 되는 고니도 있다. 세상의 모든 깃털을 한 줄로 나란히 세우면 달을 지나고 태양을 지나 어느 먼 천체에 닿을 것이다. 깃털의 정확한 수를 알 길은 없지만 한 가지는 분명하다. 진화의 관점에서 볼 때 깃털은 그야말로 엄청난 히트작이라는 점이다.

등뼈가 있는 척추동물을 스타일 별로 나누면 네 가지다. 미끈거리거나 (양서류), 털이 있거나(포유동물), 비늘로 덮여 있거나(파충류, 어류), 깃털로 덮여 있다(조류). 앞의 세 종류 외피가 제각기 장점을 지니기는 해도 모양과 기능의 다양성으로 볼 때 깃털과는 상대도 되지 않는다.

깃털은 솜털처럼 포근한 것이 있는가 하면 널빤지처럼 딱딱한 것도 있고, 가시가 돋친 것, 가지를 뻗은 것, 가장자리 술이 달린 것, 한데 붙은 것, 납작한 것, 그리고 아무 장식 없이 간단한 깃대만 있는 것도 있다. 길이도 천차만별이어서, 연필심보다도 작은 강모깃털이 있는가 하면, 온가도리라는 이름을 지닌 장식용 일본 가금류의 10미터짜리 번식깃도 있다.

새는 깃털 덕분에 몸을 숨기기도 하고 시선을 끌기도 한다. 또한 염료를 사용하지 않고도 선명한 색깔이 난다. 깃털 안에 물을 저장하는가 하면 방수 기능도 있다. 탁 소리를 내는가 하면 휘파람 소리, 윙윙 소리를 내기도 하고, 떨리는 소리를 내기도 하고, 구슬픈 소리를 내기도 한다. 깃털은 완벽에 가까운 비행 날개이자 지금까지 발견된 것 가운데 가장 가볍고 효율적인 단열재이다.

그곳에 서서 울새를 바라보는 내가 깃털에 매혹된 최초의 과학자라고는 할 수 없다. 아리스토텔레스에서 에른스트 마이어Ernst Mayr에 이르는 많은 자연과학자가 깃털 형태와 용도의 복잡성에 경탄했고, 깃털의 성장 패턴에서부터 공기 역학, 그리고 깃털의 단백질 유전정보를 지정하는 유전자에 이르는 모든 것을 분석대상으로 삼았다. 앨프리드 러셀 월리스Alfred Russel Wallace는 깃털을 가리켜 "자연의 걸작 …… 상상할 수 있는 가장 완벽한 모험"이라고 했으며 찰스 다윈Charles Darwin은 진화에 관한 위대한 두 번째 저작 『인간의 유래The Descent of Man』에서 네 장이나 되는 분량을 깃털에 할애했다.

하지만 인간이 깃털에 느끼는 매력은 과학의 차원을 넘어서서 더 깊은 차원까지 내려가 미술, 민속 문화, 상업, 낭만, 종교, 일상생활의 리듬에까지 스며 있다. 부족 집단에서 테크노크라시까지 지구촌 곳곳의 문화에서 깃털을 상징으로, 도구로, 장식으로 쓰고 있으며 그 용도가 자연의 어느 것에도 뒤지지 않을 만큼 다양하고 놀라운 양상을 보인다.

프랑스 남부 지방에 있는 쇼베 동굴 천장의 부드러운 돌에는 칡부엉이가 새겨져 있다. 단순한 선으로 능숙하게 그린 이 그림은 틀림없는 올빼미의 자태를 보여주며 깃털이 난 어깨 너머로 뒤돌아보는 자세를 취하고 있다. 이 그림은 쇼베와 라스코, 그 밖에 부근 동굴을 선사시대 미술의 귀중한 보고로 떠오르게 만든 수많은 암면 조각과 상형문자 중 작은 소품에 속하는 것으로, 이런 동굴 그림이 수천 개나 된다. 이 고대의 동물 그림과 디자인, 형상들은 한번 보면 잊히지 않고 자꾸 떠오르며 많은 생각을 불러 일으킨다. 또한 매우 훌륭한 솜씨를 보여주고 있어서 이를 본 파블로 피카소가 감동을 받고는 "우리는 1만 2천 년이 지나도록 하나도 배운 게 없다"고 한탄했다. 사실 쇼베에 있는 미술품들은 3만 년 이상 된 것들이며, 그렇다면 저 작은 올빼미 그림은 새를 그린 것 중에서 이제껏 알려진 가장 오래된 새 그림이 된다.

이 시대의 유물 중에 새 뼈로 만든 정교한 바늘, 병, 구슬, 펜던트 같은 것이 있긴 해도 이처럼 오래된 동굴 그림에서 깃털을 보기는 좀처럼 힘들었다. 고고학자들은 고대 사냥꾼 역시 깃털을 장식용이나 황토 물감 붓으로 사용했을 것이라고 믿는다. 석기시대 후기 무렵이 되면 유럽에서 미국 남서부, 그리고 나미비아 사막에 이르는 지역의 암벽 그림이나 동굴 벽화에 깃털이 달린 머리 장식물과 깃을 단 화살이 등장했다. 그 무렵 이미 사람들은 실질적인 용도(화살이 똑바로 날아가게 하기 위해)와 문화적인 용도(의식儀式과 지위를 나타내는 중요한 장식) 두 가지 목적을 위해 깃털을 사용했다.

색상이 다양한 데다 종종 선명한 빛깔까지 띠기 때문에 깃털은 장식 용도로 확실한 선택이었다. 현대 염료가 나오기 전 꿩의 암갈색과 베이지색에서부터 태양새와 모모투스와 앵무새의 선명한 무지갯빛에 이르기까지

프랑스 남부지방 쇼베 동굴의 칡부엉이

이 모든 색상을 다른 어느 것에서 얻을 수 있었겠는가? 이윽고 깃털은 세계적 산업을 낳았고 왕과 창녀에게 비슷한 옷을 입혔으며 파리에서 뉴욕까지 최고급 패션의 특징으로 자리 잡았다. 또한 화살에 깃을 붙이자, 화살이 날아가는 것을 지켜보던 단계에서 설계하는 단계로 직관적 도약을 이루었다. 실제로 깃털의 내구성과 공기 역학적 구조는 다빈치에서 라이트 형제에 이르는 발명가와 엔지니어들에게 영감을 불어넣었을 것이다. 하지만 의식과 신화에 일관되게 깃털이 등장한다는 사실은 이보다 훨씬 심오한 신비를 가리킨다.

에밀리 디킨슨Emily Dickinson이 "희망에는 날개가 달려 있으며 이것은 영혼 속에 거한다"라고 썼을 때 그녀는 깃털과 새들의 비행을 징조, 갈망, 영혼과 연결시키는 아주 오래된 정서를 다시금 살려냈다. 복점관이라고 불렸던 고대 로마의 공인 점술가들은 새의 행동, 또는 새의 깃털, 뼈, 내장에 보이는 형태를 보고 점을 쳤다. 이 새의 신탁은 사생활뿐만 아니라 중요한 정치적 결정에도 영향을 미칠 만큼 막강한 힘을 지녔으며 심지어 오늘날에도 대통령 취임식을 거행하거나 상서로운 행사에 관해 이야기할 때면 과거에 전조가 중요한 의미를 지녔다는 사실을 상기한다.

시리아인, 그리스인, 페니키아인은 비둘기가 구구거리는 소리를 듣고 징조를 알아냈으며 많은 전통문화의 신비론자들은 깨달음에 이르는 길이나 영혼을 새의 말로 나타내었다. 수피교 시인 루미Rumi는 인간의 영혼이 신에게 이르는 영적인 여정에서 앵무새가 되었다가 나이트게일이 되었다가 흰매가 된다고 보았다. "내 귀에 당신의 북 소리가 들리면 나의 깃털과 날개가 되살아난다." 중앙아시아의 돌간인들은 아이의 영혼을 생명의 나무에 앉아 있는 작은 새로 묘사했고, 남미에서 몽골에 이르는 지역의 주술사는 최면 같은 상태를 가리켜 "바람을 타고 날아가는 것"이라고 묘사했다. 죽었다가 살아난 경험에서는 한결같이 육체로부터 분리되어 새의 시점에서 아래를 굽어보는 단계가 나타난다. 또한 융과 프로이트는 하늘을 나는 꿈을 가장 강렬한 것으로 꼽았다(물론 이런 꿈이 초월을 상징하는지 아니면 강렬한 섹스를 상징하는지는 의견이 엇갈렸다).

날지 못한 채 땅에 묶여 살아가는 인간에게 날아다니는 능력은 본질적으로 다른 세상의 것이라고 여겨졌으며, 말 그대로 하늘에 가까이 가는 것으로 숭배의 대상이 되었다. 또한 비행이 신성한 것으로 여겨지는 한 새, 날개, 깃털은 눈이 휘둥그레질 만큼 다양한 의식, 믿음, 관습에서 비행과 관련되어 반복적으로 등장하는 가장 강력한 상징이 되었다. 새나 새의 모습을 한 신은 모든 신화에서 중요한 의미를 지니며, 날아다니는 능력은 영적 차원과 지상의 차원 둘 다에 접근할 수 있는 보호받은 특권으로 선망의 대상이었다.

고대 그리스에서 헤르메스는 날개 달린 샌들을 신고 올림포스 산을 빠른 속도로 오갈 수 있었지만 너무 높이 날아간 인간 소년 이카로스는 밀랍과 깃털 날개가 산산조각이 났다. 힌두교의 전령 신 가루다^Garuda는 인간의 몸에 독수리의 깃털을 달고 알에서 태어났다. 가루다는 날아다닐 수 있었기 때문에 비슈누(힌두교에서 파괴자인 '시바', 창조자인 '브라마'와 함께 삼대 신의 하나이다. 세계를 보호하고 유지하며 도덕 질서를 회복시키는 신으로 숭배된다_옮긴이)를 태우고 다니는 영광을 누렸으며 뱀의 영혼을 가진 기만적인 적수 나가^Naga에 비해 영원히 우위에 설 수 있었다. 가루다는 힌두교뿐만 아니라 불교에서도 숭배되었으며 지금도 태국, 인도네시아, 울란바토르의 공식 인장에는 야생의 깃털이 나 있는 그의 얼굴이 장식으로 새겨져 있다.

몇몇 전통에서는 깃털이 영혼의 순수를 나타내는 상징이자 좋은 내세로 가기 위한 전제 조건을 의미한다. 고대 이집트인들은 죽을 때 자칼 머리의 신 아누비스가 심장과 그 안에 들어 있는 영혼의 가치를 깃털의 무게와 비교하여 측정한다고 믿었다. 저울이 균형을 이루면 쾌적한 오시리스 왕국으로 들어간다. 하지만 저울이 잘못된 방향으로 기울면 아누비스는 발 밑에 입을 벌리고 웅크린 동물 아메마이트의 입 속에 문제가 되는 사람의 심장을 던져버린다. "닥치는 대로 먹어치우는 자"인 아메마이트는 하마와 사자와 악어가 한몸에 합쳐져 있으며 침을 질질 흘린다.

페루 아마존 지역에 사는 와오라니 부족 역시 죽음의 순간에 깃털 심판에 직면하는데 민족학자 웨이드 데이비스^Wade Davis는 저서 『하나의 강^One River』에 다음과 같이 묘사해놓았다. "와오라니 부족 성원은 하나의 육체에 영혼이 두 개이다. 뇌 속에 들어 있는 영혼은 하늘로 올라가 그곳에서 구름 밑바닥에 있는 신성한 보아 뱀을 만난다. 보아 뱀의 콧구멍이 뚫려 있고 가장 좋은 깃털로 장식되어 있는 경우에만 이 영혼은 하늘로 올라갈 수 있다. 하늘로 올라가지 못한 영혼은 다시 땅으로 떨어지고 벌레들이 이 영혼을 모두 다 갉아 먹는다."

깃털과 신성한 존재의 관련성은 비단 샤머니즘이나 고대 신화에만 국한되지 않으며 위대한 일신교 믿음 속에도 확실하게 자리 잡고 있다. 그리스도교, 이슬람교, 유대교, 심지어는 조로아스터교에서도 모두 천사를 믿으며, 보다 숭고한 영적 존재인 천사는 신과 하나가 되는 과정에서 중간 존재의 역할을 맡는다. 천사에 대한 묘사나 설명은 오랜 세월이 지나도 놀랄 정도로 일관된 양상을 띤다. 확연한 인간의 모습을 지니며 여기에 몇 가지 특징을 더해 놓은 양상이다.

그렇다면 어떤 특징을 덧붙였을까? 보다 숭고한 천사다운 상태를 상징화하기 위해 인간의 형상에 어떤 요소를 더했을까? 풍성한 털로 덮어 놓았을까? 비늘로 덮어놓았을까? 끈적거리는 양서류의 점액을 칠해 놓았을까? 결코 그렇지 않다. 보후 마나흐가 조로아스터 앞에 나타나고 모세 앞에 미카엘이 나타나고, 마호메트 앞에 가브리엘이 나타난 이래 천사들은 하나같이 깃털로 된 멋진 날개를 달고 나타났다. 또한 이 날개는 징후 같은 것이지, 악마나 마귀에게 달려 있는 박쥐 날개 같은 가죽 부속물이 아니다.

천사보다 앞서 나타난 헤르메스가 그랬듯이 천사들 역시 비행 능력을 이용하여 하늘과 땅을 오가며 때로는 신성한 소식을 전한다. 어떤 경우에는 천사의 날개와 깃털이 상세한 혈통 체계, 즉 지위의 상징을 나타낸다. 르네상스 벽화에 흔히 등장하는 작고 통통한 천사는 짧고 뭉툭한 날개를 지

날개가 여섯 개이고 정교한 깃털로 덮여 있는
치품천사의 모자이크.
프랑스 알사스 몽생트오딜에 있는
12세기 천사예배당

니지만 대천사를 묘사한 여러 설명이나 그림에서는 날개가 6개, 36개, 심지어는 140개씩 등장하기도 한다. 가장 높은 영역에 있는 어느 치품천사의 깃털에는 모든 것을 꿰뚫어보는 수백 개의 눈이 달려 있어 흡사 공작 깃털처럼 생겼다고 한다. 『구약성서』 시편 91편 4절에서는 심지어 깃털을 전능한 신의 특성과 직접 연결시키기도 한다. "그가 너를 그의 깃으로 덮으시리니 네가 그의 날개 아래에 피하리로다. 그의 진실함은 방패와 손 방패가 되시나니."

사실 인간이 깃털에 매혹된 현상은 깃털의 자연사만큼이나 매우 풍부한 내용을 지닌다. 조금이라도 깊이 파고들어가 보면 신성한 것에서 세속적인 것까지, 실질적인 것에서 공상적인 것까지, 과학에서 신화, 문화, 미술까지 광범위한 영역을 두루 포괄한다. 깃털은 진화와 동물 행동에 관한 통찰을 줄 뿐만 아니라 인간의 믿음과 독창적 생각의 역사에 대해 독특한 관점을 제공한다. 몇 가지 주제가 곧바로 떠오르면서 이 책의 장을 구성하는 틀을 제공해주었다.

1부 '진화'에서는 깃털의 기원을 둘러싸고 수많은 논쟁을 불러일으킨 의문들, 깃털은 무엇으로부터 생겼는지, 왜 생겼는지에 대해 탐구한다. 2부 '솜털'에서는 빙설을 동반한 눈보라를 견디는 작은 새에서부터 산악인의 파카 속에 들어 있는 오리털까지 깃털의 놀라운 보온 효과에 대해 밝히고 있다. 3부 '비행'에서는 깃털이 어떻게 하늘을 날게 해주는지 설명하며 4부 '장식'에서는 극락조에서 라스베이거스 거리의 쇼걸까지 유혹의 이국적 이야기가 펼쳐진다. 마지막 5부 '기능'은 깃털이 자연 속에서, 그리고 인간 사회가 채택한 수많은 용도 면에서 어떻게 지속적으로 진화해 왔는지를 추적하고 있다. 새, 공룡, 교수, 여성용 모자 제조기술자, 발명가, 탐험가 등 다방면에서 깃털 이야기에 생명을 불어넣는 동물과 사람들의 다채로운 등장인물을 이 책 곳곳에서 만날 것이다.

책을 쓰는 사람으로서 당신이 손에서 책을 놓지 않은 채 잠시도 눈을 떼지 않고 읽어나가도록 해야 하는 것이 나의 일이지만 생물학자로서 나는 당신이 이따금씩 손에서 책을 내려놓기를 권한다. 그럴 때면 당신 주변에서 아주 생생하게 살아 움직이는 깃털 이야기의 여러 모습을 보게 될 것이다. "네가 있는 곳이 어디든 1미터 안에는 늘 거미가 있단다." 아내가 떠올리곤 하는 할머니 말씀이다. 아무리 잘 관리한 집이라도 수십 마리의 거미가 어두운 구석이나 틈바구니에 들어앉아 있거나 벽 뒤편에 몸을 숨기고 있다. 그렇다, 깃털 역시 당신에게서 멀지 않은 곳에 있다. 베개나 파카 속에 들어 있지 않더라도 숲, 들, 뒷마당, 교외, 도시 하늘을 날아다니는 모든 새의 몸에 깃털이 덮여 있다. 패션 잡지, 비행기 날개, 낚시 미끼, 볼펜, 순수 미술에서, 그리고 무엇보다도 아무렇지도 않게 기적을 온몸에 달고 다니는, 세상에서 가장 흔한 동물 새에게서 깃털과 그것이 가져온 영향을 보게 될 것이다. 밖으로 나가 기회가 있을 때마다 새를 보라. 자세히 바라보라. 결코 당신을 실망시키지 않을 것이다.

1부

진화

깃털과 관련해서 실로 흥미로운 점 한 가지가 있다. 바로 깃털이 자란다는 것이다. 깃털은 시뻘건 쇳물을 거푸집에 부어 만드는 총알처럼 한순간에 만들어지지 않았다. 작고 가벼운 깃털은 양치식물처럼 하늘거리는 작은 실가지를 뻗어내면서 한 조각 한 조각, 한 이삭 한 이삭 느린 단계들을 거쳐 자라왔다. 또한 숨을 내쉴 때마다 맥박이 뛸 때마다 내 손가락 사이에서 거미줄처럼 파르르 떨리는 이 작은 솜털에 적용되는 사실은 동물 진화의 역사 속에서 깃털 전반에도 똑같이 적용된다.

— 그랜트 알렌, 『깃털을 보고 기뻐하며』(1879년)

제1장
로제타석

내게 깃털, 더 많은 깃털이 필요하네.
생명이 살아나기 위해서. 이 무쇠 같은 이빨을
나는 원하네. 그리고 공기를 가르는
매끄러운 부리를 원하네. 이 발톱들
내 날개에 달린 발톱들. 이것들은 무슨 소용인가
나를 아래로 끌어내리려는 게 아니라면,
당신은 내가 또 다시 기어 다닐 것이라고 생각하는가?
― 에드윈 모건, 「시조새의 노래」(1977년)

깃털을 두 손가락으로 집고 가볍게 쓸어내려 보라. 깃털은 가볍고 부드러우면서도 견고하고 속이 빈 깃대가 점점 가늘어지면서 우아한 깃판이 펼쳐진다. 갈매기 날개에서 어쩌다 떨어진 깃털이든 오리털 베개에서 삐져나온 깃털이든 틀림없는 모양을 하고 있다. 우리는 그 깃털이 새의 것이라는 것을 한눈에 보고 알 수 있다. 그만큼 새 특유의 특성을 보여주는 것은 없을 것이다.

새는 날아다니는 특성이 있지만 그 점에서는 박쥐도, 모기도 마찬가지다. 새는 알을 낳지만 물고기도, 도롱뇽도, 악어도 알을 낳는다. 둥지는 고릴라도 만들고, 찍찍거리며 우는 것으로는 고양이와 귀뚜라미도 있으며, 부리는 오징어도 갖고 있다. 새를 새답게 해주는 눈에 띄는 특징 중 유일하게 새에게만 있는 것이 바로 깃털이다.

그렇다면 깃털은 어디서 유래했을까? 화석은 깃털의 진화가 저 먼 중생대에 바로 새의 기원과 밀접한 연관성을 지니면서 시작되었다고 알려준다. 이 문제는 지금도 과학에서 가장 많은 흥미와 논쟁을 불러일으키는 논제로 그 시작은 선물로 딸려온 어떤 화석 이야기에서 비롯되었으며, 또한 유명한 지혜 다툼에서 시작되었다.

이 모든 것은 기침에서 시작되었다. 19세기의 채석공에게 기침은 새로운 것이 아니었다. 채석공은 폭파와 정 작업, 끊임없는 망치질로 석회암의 미세 가루먼지가 가득한 세상에서 일했다. 천 마스크로 얼굴을 가려 돌가루를 어떻게든 막아보려는 이들도 있었다. 그럼에도 다들 기침을 해댔으며, 질식가스나 잘못 튕겨 나온 석판에 당하지 않더라도 결국 탄폐증에 당하고 말 것이라고 씁쓸한 농담을 주고받았다. 건조한 여름철 몇 달은 최악이었다. 만일 8월이었다면 다소 숨 가쁜 증상이 계속되는 잔기침을 대수롭지 않게 여기며 그냥 넘어갔을 것이다.

하지만 이 일은 봄철 독일 바이에른에서 일어났다. 뒤늦게 녹아내린 눈과 비로 채석장 벽이 미끌거리고 돌먼지가 물을 머금어 발밑에 질척한 진창을 이루고 있었다. 그러므로 그의 기침은 예사로운 일이 아니었고 그로서는 분명 결핵을 염려했을 것이다. 당시 결핵은 소모병 또는 백색 페스트로 알려져 있었다. 19세기 유럽에서 결핵은 다른 어떤 질병보다 많은 사람의 목숨을 앗아갔고 주변의 친구나 친척들이 결핵의 소모성 영향력 앞에 굴복하여 쓰러지는 모습을 다들 지켜보았다. 이 채석공이 무슨 생각을 했는지는 몰라도 결국 의사를 찾아가는, 과감하고 값비싼 조치를 취했다.

때는 1861년이었고 독일 시골에 정규 과정을 마친 내과의사는 매우 드물었다. 설령 이런 내과의사가 있더라도 대개는 부유한 지주와 상인, 귀족,

고위성직자 등 상류계층을 상대했다. 석공에게는 이런 의사를 만날 경제적 여유가 없었지만 졸른호펜 마을 부근의 채석장 석공들에게는 한 가지 이점이 있었다. 땅에서 얻은 석회암 판이 석판 인쇄용 판이나 보도블록 이상의 가치를 지니고 있었기 때문이다. 얇은 층상의 면을 따라 조심스럽게 가르면 이제껏 아무도 본 적이 없는 이상한 생물체나 물고기, 나뭇잎, 곤충의 검은 뼈 자국이 나타나곤 했다.

자연사에 대한 관심과 그 무렵 발표된 찰스 다윈의 이론이 유럽에서 유행하고 있었기 때문에 이런 화석은 단순한 호기심을 넘어서서 귀중한 상품으로 취급되었다. 박물관과 개인 수집가들이 질 좋은 표본을 손에 넣기 위해 앞 다투어 경쟁했기 때문에 채석장 소유주들은 자신의 채석장에서 발견된 것이 새로운 중요 수입원이라고 여기면서 모두 자신들의 것이라고 소유권을 주장하기 시작했다.

하지만 오래전부터 석공들은 돈 몇 푼 받지 못하는 위험한 일에서 화석은 어쩌다 드물게 누리는 특전이라고 여겼다. 석공들은 기회가 있을 때마다 화석을 겉옷 주머니나 점심 도시락 통 속에 숨겨 몰래 빼내오곤 했다. 부근 파펜하임에 있는 나이든 의사가 열성 수집가이며 화석을 현찰로 사들이지는 않아도 치료비나 조언에 대한 대가로 돈 대신 좋은 표본을 언제든지 받는다는 것을 모두들 알고 있었다.

우리의 석공 역시 마침내 파펜하임 병원을 찾았을 당시 심각한 가슴 질환을 앓고 있었다. 하지만 이 의사의 메모는 우리에게 석공의 예후도, 치료 방법도, 심지어는 이름조차 알려주지 않는다. 다만 이 석공의 지불 수단이 무엇이었는지만 알려줄 뿐이다. 그것은 바로 이후 과학을 완전히 뒤바꿔놓은, 까마귀 크기 정도의 섬세한 화석이었다. 최초의 아르카이옵테릭스 리토그라피카Archaeopteryx lithographica, 즉 시조새의 완전한 표본으로, 파충류의 뼈 구조와 새의 깃털을 지니고 있었다.

라틴어 학명에서는 '돌에 새겨진 오래된 날개'라고 분명한 뜻을 밝히고 있으며 심지어는 시적인 분위기마저 풍기지만 이를 받아들이는 반응은 결코 간단하지 않았다. 파충류와 조류의 특징이 한데 결합된 모습은 폭풍처럼 번지는 불을 지폈고 진화, 창조론, 새와 깃털의 기원을 둘러싸고 이어지는 논쟁의 불에 계속 부채질을 했다. 150년이 지나고 천 편에 이르는 연구 논문이 나온 현재 시조새는 논쟁의 여지가 있기는 해도 역사상 가장 속속들이 파헤쳐진 표본이며, 많은 이에게 생물학의 '로제타석'으로 알려진 가운데 진화론의 역사에서 논쟁의 중심에 놓였다.

카를 해벌라인Carl Häberlein에게 그것은 횡재였다. 최근 몇 년 동안 화석 거래는 그의 생계에서 점차 중요한 비중을 차지하게 되었다. 카를 박사는 비록 고생물학을 전공하지 않았지만 졸른호펜 화석에 대해 예비 조사를 하고 확인하는 작업에서 꽤 인정받은 전문가였다. 개인 소장품만도 수천 개에 이르렀고 그가 소장한 정교한 익룡과 물고기, 날개 달린 곤충 화석을 보기 위해 학자들이 파펜하임을 찾아오는 일도 자주 있었다. 카를 박사는 유럽의 최고 박물관에 표본을 팔아 왔으며, 협상에서 판단이 재빠르고 단호하다는 평판을 받았다. 시조새를 본 그는 자신이 확보한 화석이 세간의 관심을 끌고 논쟁을 불러일으킬 뿐만 아니라 무엇보다도 공개 시장에서 높은 가격에 팔릴 것이라고 믿었다.

지금까지 유일하게 남아 있는 사진 속 해벌라인은 희고 각진 얼굴에 눈동자가 짙고 앙 다문 입술을 얇게 늘이며 미소를 머금고 있다. 검은색 의사 프록코트 차림에 두 손을 단정하게 포갠 채 카메라를 정면으로 응시하고 있다. 그가 협상에서 양보 없이 강하게 밀어붙였을 것이라고 쉽게 상상할 수 있다.

해벌라인은 가능한 한 높은 이익을 염두에 두면서 이 화석 하나만 단독으로 팔지 않겠다고 결정했다. 시조새 화석에 관심 있는 사람은 그의 소장품 전체를 사들여야 하는 것이다. 해벌라인 박사는 화석을 외부로 빌려주지 않고 심지어는 스케치 작업조차 허용하지 않음으로써 신비의 아우라를 만들어냈다. 대신 관심 있는 구매자를 집으로 초대하여 비공개적으로 잠깐 동안 관람할 수 있도록 했다. 이 소식은 순식간에 바이에른 주 박물관의 주요 인물 귀에까지 전해졌다. 몇 달간 흥정이 지속되었지만 결국 가격에 합의를 보지 못했다.

하지만 이 화석의 생김새에 대한 이야기가 런던까지 전해졌고 해벌라인은 확실한 응찰자를 얻게 되었다. 영국 박물관의 자연사 책임자 리처드 오언Richard Owen 경이었다. 오언이 속한 이사회에서는 가격 때문에 망설였지만 오언과 다른 동료 한 사람은 해벌라인을 상대로 반년이나 비밀협상을 끌었다. 해벌라인 입장에서는 많은 이해관계가 걸려 있었다. 74세의 홀아비로 딸 하나를 두었고 이 딸을 비슷한 지위의 남자와 결혼시키기 위해서는 상당한 지참금이 필요했다. 가문의 명예(그리고 안락한 은퇴 생활)를 위해서는 꽤 수지 남는 거래를 해야 했다.

한편 리처드 오언의 경우에는 더 큰 이해관계가 걸려 있었다. 그는 당대의 뛰어난 고생물학자이자 빅토리아 여왕의 조언자였으며, 공룡dinosaur이라는 단어를 처음 만든 사람이었다. 하지만 오언은 오로지 신의 손에 의해서만 종이 창조되고 변화된다는 확고한 신념을 바탕으로 경력을 쌓아왔다. 시조새가 파충류와 조류의 중간 단계로 인식될 경우 이것이 진화론자 손에 들어가면 아주 위험한 물건이 될 것이다. 진화론자는 조류와 조류의 가장 뚜렷한 특징인 깃털이 파충류에서 진화했다는 것을 입증하는 증거로 이 시조새를 내세울 것이다. 오언은 이 화석을 연구하는 최초의 사람이 되어, 이 화석을 설명하고 이 화석이 '잃어버린 고리'일 가능성을 일축해야 했다.

명성이 걸린 문제인 만큼 오언이 먼저 굽히고 들어갔다. 오언은 해벌라인이 제시한 가격 700파운드에 동의했다. 오늘날의 가치로 환산하면 거의 6만 5천 파운드(10만 달러)에 해당하는 돈이었다. 해벌라인의 딸이 좋은 집안의 사람과 결혼할 수 있도록 보장해주는 높은 금액이었다. 당시 영국 박물관 이사회에서는 불같이 화를 냈지만 시간이 흐른 뒤 이 가격은 한 고생물학자가 "지역과 종을 막론하고 가장 귀중한 표본"이라고 말한 것치고는 오히려 싸다고 느껴졌다.

시조새는 짚을 채운 튼튼한 나무 상자 속에 이중으로 포장되어 런던에 도착했다. 학자들의 논쟁이 신문 헤드라인을 장식하는 나라에 상륙한 것이다. 다윈의 『종의 기원』이 나온 지 채 2년도 되지 않은 때였고, 자연선택에 의한 진화라는 도발적인 사상이 강의실 문을 넘어서서 응접실, 심지어는 술집에서까지 큰 반향을 불러일으키고 있었다. 모든 사람이 저마다 나름대로 의견이 있었다. 정치 만화에 요람에 누워 있는 원숭이와 출근복 차림의 고릴라가 등장하는가 하면 공개 토론회에서는 많은 군중이 몰려와 시끌벅적하게 떠들어대는 바람에 종종 기조 발표자의 목소리가 잘 들리지 않기도 했다.

다윈의 이론은 과학사상의 근본적인 변화를 예고하는 것이었지만 당시는 이런 사실이 명확하지 않았다. 카리스마를 지닌 토머스 헉슬리^{Thomas}

시조새가 런던에 도착했던 시기는
찰스 다윈의 사상을 둘러싼 논쟁이
절정을 치닫고 위대한 자연 연구가가
언론지상에서 종종 빈정거리는
풍자의 대상이 되곤 하던 때였다

Huxley가 다윈의 지지 세력을 이끌었는데, 이들 지지 세력은 오언 같은 기존 학자뿐만 아니라 대다수 대중의 강경한 반대에 부딪혔다. 어떤 존재의 지시도 받지 않은, 자연적 과정이 지구상에 존재하는 생명의 전개 과정을 만들어왔다는 사상은 교회의 가르침과 2,000년 가까이 흘러온 서구 과학과 철학에 정면으로 배치되었다. 그럼에도 다윈 사상이 지닌 지적 호소력과 설명력에 힘입어 의견을 바꾸는 사람이 꾸준히 늘어났다. 도마뱀 몸에 깃털이 생기는 순간 저울은 기울 수 있었다.

오언 역시 이를 잘 알고 있었다. 그는 시조새가 박물관에 도착하자마자 자기 손으로 직접 포장을 푼 다음 사람들이 보지 못하도록 재빨리 자기 사무실로 화석을 옮긴 뒤 서둘러 이 화석의 생김새를 발표하기 위한 작업에 돌입했다. 깃털이 보이는 표본 하나가 그의 경력을 뒤엎고 평생에 걸친 그의 연구를 더럽히며 그를 영원히 역사의 반대편에 세울지 모른다는 의구심을 그 역시 품었을 것이다.

그에 비하면 나의 시조새 이야기는 지극히 평범하다고 할 수 있다. 내 시조새 화석은 발포 비닐 랩과 신문지, 스티로폼 알갱이 속에 꽁꽁 싸인 채 판지 상자 안에 담겨 페더럴 익스프레스를 통해 배달되었다. 빅토리아 시대와 달리 화석 표본 하나를 구하는 데 영국 박물관의 영향력과 재원을 동원할 필요는 없었다. 이베이에서 구입할 수 있었으니까. 물론 진짜 시조새 화석은 아니다. 원본의 주형틀을 이용하여 만든 것으로, 박물관과 학교 전시용, 개인 소장 용도로 만든 질 좋은 사본이었다. 이 복제품들은 잘 팔렸는데, 이유는 쉽게 이해할 수 있었다. 책이나 연구 논문에 멋진 시조새 사진이 실리기는 해도 사진으로는 질감을 느낄 수 없었다. 햇빛 속에서 화석을 기울이면서 오래된 뼈의 모양 위로 그림자가 노니는 모습도 볼 수 없었다. 현장생물학자인 나는 손으로 직접 만져보고 싶었다.

루브르 미술관을 찾은 관람객이 처음으로 다빈치의 〈모나리자〉를 보고 나면 종종 크기에 놀라곤 한다. 그림이 훨씬 더 클 것으로 기대하기 때문이다. 시조새에 대해서도 같은 이야기를 할 수 있다. 들은 이야기로 생각하면 필시 콘도르나 독수리, 아니면 깃털이 있는 공룡쯤 될 것이라고 여길 것이다. 하지만 실제로는 새 관찰자들이 대충 '작은 갈색 새들'이라고 뭉뚱그려 말하는, 울타리 부근의 그렇고 그런 새 중 하나나 까치 쪽에 더 가깝다. 시조새에 관한 글을 읽은 나는 화석이 작다는 것을 알고 있었다. 내가 놀란 것은 화석의 아름다움 때문이었다.

내가 가진 복제품의 마무리 작업을 한 미술가는 졸른호펜 석회암의 황금 빛깔까지 완벽하게 포착해냈고 녹슨 빛깔이 감도는 짙은 갈색의 화석이 석판 위에 모습을 드러내고 있었다. 목은 아치형을 그리고 있고, 쥐라기 진흙 속 마지막 안식처로 조용히 미끄러져 날아온 듯 두 날개를 활짝 펴고 있었다. 뼈 하나하나, 발톱 하나하나, 섬세한 이빨 하나하나까지 다 보였으며 당연히 깃털도 보였다. 깃털은 꼬리 주변을 감싸며 마치 일본 붓글씨의 붓놀림처럼 위로 둥글게 곡선 모양을 그렸다. 가까이에서 보니 깃털의 깃축과 깃판이 완벽하게 현대적인 모습을 갖추었으며 집 마당에 있는 작은 갈색 새들의 깃털과 별반 차이가 없었다. 세세한 부분까지 아주 정교했고 조류와 파충류의 특징이 한데 결합된 것을 분명하게 확인할 수 있었다. 무엇 때문에 그렇게 야단법석을 떨었는지 비전문가의 눈으로도 쉽게 알 수 있었다.

21세기에는 시조새를 보는 일이 훨씬 손쉬워졌을지 몰라도 150년이 지난 지금도 확실하게 변하지 않은 것이 한 가지 있다. 바로 시조새를 둘러싼 논쟁이다. 시조새를 구입하기 위해 들어간 이베이 사이트에는 두 가지 주물이 판매되고 있었고 각 주물에 대한 상세 설명은 필시 헉슬리와 오언이 직접 썼을 만한 내용으로 되어 있었다.

첫 번째 판매자는 이렇게 적어 놓았다. "시조새가 조류와 파충류 사이를 잇는 이행형태라는 사실은 오래전부터 과학자들 사이에서 인정되어 왔다." 두 번째 판매자도 단호하게 적어놓았다. "시조새는 결코 공룡에서 진화했을 리 없다. (……) 과학의 모든 영역에서 창조론의 예측이 사실로 확인되었고 지금도 계속 확인되고 있다. 반면 진화론 과학자들의 예측은 시조새의 사례에서 그랬던 것처럼 계속해서 부인되고 있다." 나는 생물학자인 만큼 진화론자 판매자에게 공감하지만 가격 면에서는 창조론자가 더 나았다.

오언과 헉슬리의 시대에는 논쟁을 펼칠 장소로 이베이가 없었지만 두 사

지은이가 갖고 있는 '돌에 쓰여 있는 오래된 날개', 즉 시조새의 주물

람은 당시의 토론회에서 풍부한 표현을 찾아냈다. 두 사람은 조개껍데기에서 물고기 분류체계에 이르는 모든 것을 둘러싸고 여러 차례 일전을 벌였지만 둘 사이의 반목을 영구적으로 굳어지게 만든 것은 진화를 둘러싼 주제였다. 두 사람이 얼굴을 맞대고 한자리에서 논쟁하는 경우는 드물었다. 하지만 널리 알려진 대로 오언의 지지자 중 한 사람이 헉슬리에게 할머니와 할아버지 가계 중 고릴라가 포함된 가계는 어느 쪽인가 물었을 때 어떤 일이 벌어졌는지는 다들 알고 있다.

이 일은 1860년 사람들이 가득 들어찬 옥스퍼드 강당에서 일어났으며, 아직은 시조새가 발견되기 전으로 이후 1년도 되지 않아 시조새가 발견된다. 당시 그곳에 있던 한 목격자가 헉슬리의 반박 내용을 다음과 같이 요약했다. "나는 사람이 되어 진실을 직시하기를 두려워하느니 차라리 두 유인원의 자식이 되겠소." 혈통과 품위에 집착하던 시대에 그런 험한 말이 오가자 청중들 사이에서 시끌벅적한 고함소리와 야유가 터져 나왔다. 한 여자가 실신하여 강당 밖으로 실려 나가기도 했다.

이처럼 모욕이 난무하고 지적 긴장이 팽팽하던 시대적 배경 속에서 오언은 시조새 화석을 차지한 채 외부와 단절하고 논문 작업에 정신없이 매달렸다. 당시 찍은 사진 속에서 오언은 움푹 들어간 큰 눈에 심각한 표정을 하고 둥근 안경을 쓴 채 구부정한 모습을 하고 있다. 이와 대조적으로 헉슬리는 젊고 자신감에 차 있는 것처럼 보이며, 검은 머리를 말쑥하게 뒤로 빗어 넘기고 빅토리아 시대의 스타일로 턱수염을 길게 길렀다. 이후의 진행 과정을 다 알고 있는 입장에서는 헉슬리를 새로운 사상의 열렬한 옹호자로 바라보고 오언은 관습을 옹호하는 따분한 사람으로 보고 싶은 마음도 들 것이다.

하지만 두 사람 모두 뛰어난 역량을 지닌 활동적인 학자로 좋은 평판과 대중적 지지를 얻고 있었다. 또한 진화론이 처음 나왔을 당시 헉슬리는 소리 높여 진화론에 의혹을 제기하던 사람이었다. 사실 헉슬리가 '다윈의 불도그' 역할을 자청하고 나선 것은 다윈의 이론을 깊이 확신하는 데서 비롯되기도 했지만 그에 못지않게 애초부터 오언을 반박하고자 하는 욕망에서 비롯되기도 했다.

시조새가 박물관에 도착한 지 석 달도 채 지나지 않아 오언은 런던 왕립학회의 한 모임에서 연구 결과를 발표했다. 그는 시조새가 "완전한 형태를 갖춘 새로서 최초로 알려진 사례일 뿐"이라고 결론지었다. 잃어버린 고리도, 진화의 증거도, 이행형태도 없었다. 화석에 보이는 파충류의 특성은 우연히 생긴 것이었다. 시조새는 오래된 새이며, 역시 졸른호펜 화석층에서 알려진, 꼬리가 긴 여러 가지 익룡에 신의 손길이 닿아 창조된 것이다. 이로써 사건은 종결되었다.

오언이 서둘러 준비해 내놓은 논문에 해결되지 않은 물음이 많이 남아 있었음에도 이상하리만치 이에 대한 논쟁이 일지 않았고 그 후 별다른 이의 제기도 없이 몇 년이 그냥 흘렀다. 하지만 결국 그의 성급함이 화근이었다. 오언의 강연에 참석하고 온 헉슬리는 이를 반박하는 데 시간을 들였다. 우선 조류 해부학을 연구하는 야심찬 작업에 매달렸고 이 과정에서 살아 있는 새와 몇몇 멸종 공룡 사이에 놀라운 유사성이 드러났다. 그 후 헉슬리는 다시 시조새로 돌아왔고 새로운 지식으로 무장한 덕분에 오언을 향해 더욱 강력한 비판을 가할 수 있었다.

연이은 강연과 논문에서 헉슬리는 시조새가 새와 파충류 모두와 연관성이 있다고 보여주는 골격 구조의 사례를 꼼꼼하게 들면서 오언의 분석 내용을 타당성 있게 논박했다. 하지만 여기서 그치지 않고 졸른호펜 화석층에서 나온 작은 공룡 콤프소그나투스 롱지페스Compsognathus longipes도 찾아냈다. 이 공룡은 깃털만 빼면 모든 점에서 시조새와 똑같았다. 헉슬리는 단번에 하나도 아닌 두 가지 '잃어버린 고리'를 명확하게 밝혀낸 것이다.

하나는 시조새인데 새와 파충류 양쪽과 뚜렷한 유사성을 지녔고 다른 하나는 콤프소그나투스로 시조새를 특정 파충류 집단, 즉 공룡과 연결시켜 주었다. 헉슬리는 최후의 일격으로 오언이 부주의하게도 석회암 판에 새겨진 화석의 위치를 잘못 확인했다고 폭로했다. "오언 교수는 자신의 왼발과 오른발을 분간하지 못하는 게 아닌가 싶다." 헉슬리의 분석에 찬사가 쏟아질수록 오언에게는 굴욕만 점점 커져갔다. 이렇게 치명타를 입은 오언의 명성은 두 번 다시 회복되지 못했다.

물론 시조새를 둘러싼 논쟁이 헉슬리의 연구로 끝나지는 않았다. 주기적으로 또 다른 종이 추가 발견됨으로써 화석은 계속 조명을 받았고 한 세기하고도 반세기가 지나는 동안 이 덕분에 많은 학자들이 경력을 쌓았다(또한 경력이 무너지기도 했다). 하지만 주목할 만한 것은 여러 연구와 이론화 작업이 이루어졌음에도 헉슬리가 1868년에 내놓은 원래 논지의 골자는 여전히 유지되었다는 점이다. 1970년대 예일 대학교의 존 오스트롬John Ostrom 등등이 다시 제기하여 내용을 확장시키는 등, 시조새와 새가 공룡으로부터 진화했으며, 보다 구체적으로는 콤프소그나투스가 속한, 수각류라 일컬어지는 육식성 공룡으로부터 진화했다는 사실이 점차 합의된 견해로 자리잡게 되었다.

나는 헉슬리의 통찰을 염두에 두면서 시조새 화석에서 세밀한 부분까지 꼼꼼하게 찾아보기 위해 뚫어져라 바라보는 한편 헉슬리의 글을 읽고 또 읽었다. 헉슬리가 무엇을 보았는지, 어떻게 새와 공룡의 연관성을 직관으로 알아내었는지 정확하게 이해하고 싶었다. 복제 화석에는 깃털, 파충류 꼬리, 심지어는 손의 "갈라진 손바닥뼈들"까지 뚜렷하게 보였다. 하지만 "절구 모서리의 완만한 아치 형태"(절구 모서리는 골반 뼈와 대퇴골이 만나는 부분을 말한다_옮긴이)니 "대퇴골 바깥 관절구의 뒤쪽 표면"이니 하는 헉슬리의 설명을 읽고 있자니 복제품에는 그런 종류의 세밀한 부분이 나타나 있지 않거나 혹은 마찬가지로 가능성 있는 얘기이지만 세밀한 부분까지 알아볼 정도로 내가 숙련되지 않았다는 것을 인정하지 않을 수 없었다. 시조새에 대해, 아울러 깃털의 기원에 대해 정확하게 이해하기 위해서는 두 가지가 필요했다. 바로 실제 표본과 훌륭한 고생물학자였다.

아주 최근까지도 실제 시조새 표본을 가까이서 관찰하려면 유럽 비행기를 예약하고 얻기 힘든 연구 허가를 받아내야 했다. 해벌라인이 갖고 있던 원본 표본은 아직도 런던 자연사 박물관에 소장되어 있다. 베를린이나 뮌헨, 네덜란드에 보관되어 있는 주요 고생물학 수집품에서도 다른 시조새 화석을 찾을 수 있다. 하지만 이제는 다른 선택이 있었다. 와이오밍 주에 있는 인구 3,172명의 서모폴리스였다. 누군가는 고생물학계의 불법 복제라고 일컫기도 했지만 어쨌든 기이한 우여곡절 끝에 작은 와이오밍 공룡센터가 이제껏 발견된 것 중 가장 아름답고 완벽한 시조새 표본 하나를 차지하고 있었다.

•　　•　　•

"다들 여기가 인적이 끊긴 외진 곳이라고 합니다. 뭐, 틀린 말은 아니죠." 와이오밍 공룡센터의 발굴 책임자 그레그 윌슨이 인정했다. 그의 말을 바로잡아 주고 싶은 충동을 애써 눌렀다. 내가 산쑥과 회전초가 나 있는 1,300킬로미터의 길을 운전해 왔고, 인적 없는 곳을 한참 지나 서모폴리스에 도착한 것은 사실이었다. "하지만 중요한 것은 이 시조새만큼 접근성이 좋은 것은 없다는 점입니다. 여기에 없었다면 아마 어딘가 개인 소장품으로 깊숙한 곳에 감춰져 볼 수 없었을 겁니다."

삼십대 중반의 나이에 얼굴에 환한 미소를 띠고 깊이 생각하는 듯이 말하는 그레그는 서모폴리스에서 이어지는 도로 아래쪽 마을에서 자랐으며 핫스프링스 카운티 고등학교를 졸업했다(서모폴리스는 핫스프링스 카운티에 속한 마을이다_옮긴이). 이후 대학에 다니느라 이곳을 떠났고, 공룡센터에 자리가 났을 때는 인류학 박사학위를 준비하던 중이었다. "앞뒤 재지 않고 바로 이곳으로 돌아왔습니다. 인류 고생물학을 공부했기 때문에 얼마간 적응 기간이 필요했습니다만 전 이 일이 좋습니다." 그는 잠시 말을 끊었다가 다시 이었다. "솔직히 와이오밍에는 이런 기회가 많지 않습니다. 학계에 일자리를 얻으려면 대학에 있는 누군가가 죽을 때까지 하염없이 기다려야 하거든요."

우리는 오전 내내 화석을 열심히 들여다본 뒤 시내에 있는 펌퍼닉스 패밀리레스토랑으로 자리를 옮겨 그릴 샌드위치를 먹으면서 대화를 이어나갔다. 서모폴리스 표본 이야기는 어디선가 많이 들어본 내용 같았다. 비밀협상, 나이든 판매자, 자금을 마련하지 못한 독일 박물관, 출처가 베일에 싸인 아름다운 표본 같은 사항들이 이야기 속에 등장했다. 표본은 해벌라인 이후 150년 만에 또 다시 가장 높은 가격을 제시한 사람에게 판매되었다.

"이 화석에 대해 아는 사람조차 없었습니다." 그레그가 설명했다. "어느 스위스 수집가의 미망인이 프랑크푸르트의 젠켄베르크 박물관에 판매를 제안했을 때 세상에 모습을 나타낸 겁니다. 이 박물관은 자금을 마련하지 못했고 미망인은 가격을 낮추려고 하지 않았죠. 부르크하르트가 개입하지 않았다면 이 화석은 사라졌을 겁니다. 미망인은 암시장에서 이 표본을 경매에 붙였을 거예요."

그레그는 와이오밍 공룡센터를 설립한 괴짜 오스트리아인 부르크하르트 폴을 말하고 있었다. 나름 과학자이자 화석 기획자였던 폴은 부유한 가문(모발관리와 화장품 사업) 출신으로, 고생물학에 대한 열정을 전업 직업으로 삼기 전에는 수의사 훈련을 받았다. 화석을 좋아하는 돈 많은 사람들 인맥을 이용하여("폴은 그런 서클에 들어갔어요." 그레그가 내게 해준 말이었다) 폴은 시조새를 구입할 익명의 구매자를 확보했다. 가격은 여전히 비밀에 부쳐져 있지만 1999년에 이보다 못한 표본이 150만 달러에 팔린 바 있으므로 폴의 고객은 그보다 높은 가격을 지불했을 것이다. 구매 계약 조항에서는 이 화석의 관리 전시활동을 공룡센터에 맡겼고, 이렇게 해서 서모폴리스 표본이 이 자리에 있게 된 것이다.

처음에 화석을 이곳으로 옮겨오는 과정에서 과학계의 격렬한 항의도 다소 있었다(혹은 당시 《사이언스》 기자가 어쩔 수 없이 썼듯이 "불편한 심기를 드러냈다"). 대체로 고생물학자는 상업적인 화석 거래를 신뢰하지 않으며, 개인이 소장한 것은 어떤 것도 연구하지 않으려는 사람도 많았다. 폴이 시조새를 탈취했으며 이 시조새가 원래 큰 공공기관의 것이었다고 여기는 사람도 있었다. 그런가 하면 단순히 와이오밍 공룡센터가 적절한 관리와 안전을 책임질 수 있을지, 또는 지리적으로 너무 외진 곳에 있어서 접근이나 연구 기회를 저해하지 않을지 염려하는 이도 있었다.

"지금은 거의 다 잠잠해졌습니다." 그레그가 말했다. "맞습니다. 여기는 개인 박물관입니다. 하지만 사람들이 언제든지 표본을 볼 수 있도록 해놓았습니다. 수십 명의 사람들이 표본을 살펴보러 왔죠. 여러 논문이 나오고 표본에 담긴 정보도 알려지고 있어요."

이러한 정보는 콤프소그나투스를 비롯한 다른 수각류 공룡과 시조새를 더욱더 연결시켜 주면서 토머스 헉슬리의 가설을 보다 강력하게 입증하는 증거가 되었다. 서모폴리스 표본의 배치 구도와 특성 덕분에 다른 표본에서는 보이지 않았던 몇 가지 중요 특성이 드러났다. 그레그는 그날 오전 내내 이 중요 특성들을 하나씩 설명해주었다.

"우리가 가진 표본은 이제껏 발견된 것 가운데 두개골과 발의 보존 상태가 가장 좋습니다." 그레그는 펜 끝으로 세세한 부분들을 가리키며 설명했다. 우리가 보고 있는 것은 티 없이 선명한 첫 번째 주물 제품이었다. 진본은 거의 대부분의 시간 동안 유리 안쪽 냉난방이 잘 되어 있는 공간에 보관되어 있었다. 내가 집에서 살펴보았던 복제품처럼 서모폴리스 시조새도 석판 위에 날개를 활짝 펴고 있었다. 마치 눈 위에 누워 팔다리를 위아래로 휘저을 때 생기는 천사 형태의 자국처럼 보였고, 뼈와 깃털이 얕은 돋을새김으로 선명하게 아로새겨져 있었다. 하지만 이 표본에서는 시조새가 고개를 숙이고 아래를 내려다보면서 죽은 것처럼 정수리가 뚜렷하게 보였다.

그레그는 눈구멍 부근의 구멍 사이로 보이는, 잔물결이 파인 작은 입천장뼈가 현대의 새처럼 세 갈래로 갈라져 있지 않고 수각류 공룡처럼 네 갈래로 갈라져 있다고 설명했다. 한편 두 번째 발톱이 엄청나게 길었는데, 영화 〈쥐라기 공원〉에서 사나운 포식자 수각류 공룡 벨로키랍토르가 휘둘러서 유명해진 공격용 발톱처럼 생겼다. 또한 새들이 나무에 앉을 때 나뭇가지를 움켜잡을 수 있도록 반대 방향으로 뻗은 엄지발가락이 이 표본에서는 방향이 약간 틀어져 있어 나뭇가지를 움켜잡을 수 없을 것 같았다.

우리는 공룡센터 위층으로 올라가, 화석과 주물이 가득 놓인 커다란 탁자 옆에 앉았다. 시조새 옆자리에 헉슬리가 찾아낸 콤프소그나투스가 앉아 있었다. 둘은 발, 긴 꼬리, 이빨이 난 턱 등 아주 비슷하게 생겼다. 지금까지 알려진 시조새 가운데 적어도 열 마리 중 둘은 보다 세밀한 조사를 통해 깃털 자국과 구개골^{口蓋骨}의 세부사항이 드러나기 전까지 처음에는 콤프소그나투스로 잘못 인식되기도 했다.

탁자 위에는 다른 귀중한 것들도 있었다. 에오세(신생대 제3기 팔레오세와 올리고세 사이에 위치한 지질시대로, 약 5,500만 년 전부터 약 3,800만 년 전까지에 해당하는 시기_옮긴이) 새들이었다. 이 새는 시조새보다 1억 년 더 늦게 태어난 것으로, 이빨 없는 부리, 짧은 꼬리, 경첩 늑골, 완전히 반대 방향으로 뻗은 엄지발가락 등 틀림없는 조류의 특성을 갖추고 있었다. 그레그는 짧아진 발가락, 한데 붙은 손목뼈, 그리고 수각류 공룡에서 시조새, 그리고 새에게로 이어져오면서 강한 연관성을 보이는 미묘한 차이점들을 지적해주었다.

"이제 아래층으로 가서 큰 놈들을 보시지요." 그레그가 말했다. 우리는 '무대 뒤에 가려져 있는' 금속 계단을 통해 1층으로 내려왔다. 준비실을 지나는데 윙윙 거리는 기계 소리가 들려왔다. 그곳에서는 전문가 네 명이 형광등 불빛 아래서 표본을 깎고, 닦고, 분류하면서 일 년 내내 작업을 한다.

중앙 홀에 들어섰을 때 눈이 적응하는 데 시간이 조금 필요했다. 이윽고 어스레한 어둠 속에 우뚝 솟은 공룡들이 나타났다. 그 중에는 키가 2층까지 닿는 것도 있었다. 스테고사우루스, 트리케라톱스, 아파토사우루스, 그 밖에 내가 알지 못하는 많은 공룡이 비행기 격납고처럼 생긴 실내를 가득 채우고 있었다. 완벽하게 형체를 이루며 연결된 뼈대였으며 여느 박물관에 있는 것 못지않게 훌륭했다. 하지만 상자 모양으로 생긴 금속 건물의 외관에 어울리게, 아무 장식 없는 스타일로 전시되어 있었다. 폴조차도 이곳이 "그리 아름다운 곳은 아니"라고 인정한 바 있다. 하지만 어떤 점에서는 화석에만 관심을 집중하는 데 도움이 되었다.

모두 수천 개에 이르는 소장품은 처음에 폴이 개인 수집품을 내놓은 데서 시작되었다. 그러다가 바로 마을 끝에 있는 쥐라기 이암층에서 다른 표본들이 나오면서 수가 점차 늘어나기 시작했다. 공룡센터는 이곳 3000만 제곱미터에 달하는 폴의 목장에서 발굴터 몇 군데를 운영하고 있다.

"직접 화석 발굴 작업에 참여해볼 수 있는 세계 유일의 박물관입니다." 그레그가 이 박물관의 인기 있는 '일일 발굴' 프로그램을 언급하면서 말했다. 이 프로그램에 참여하는 방문객은 박물관에 전시하는 화석을 직접 자기 손으로 발굴하는 화석 체험을 할 수 있다.

"알로사우루스를 보고 싶으실 겁니다." 그레그가 계속 말하면서, 칼날같이 굽은 모양의 이빨이 나 있는 거대한 두개골을 가리켰다. "저것은 우리 박물관이 목장에서 발굴한 유일한 수각류 공룡입니다." 하지만 다른 육식 공룡들도 소장 목록에 들어 있었다. 전력 질주하는 벨로키랍토르^{Velociraptor}가 보였고, 심지어는 거대한 머리를 쑥 내민 채 턱을 반쯤 벌리고서 돌진하는 티라노사우루스 렉스도 있었다.

"이 엄지발가락을 보세요." 그레그가 거대한 발톱 위쪽에 발 뒤쪽으로 뾰족하게 튀어나온 것을 가리키며 말했다. "낯익지 않습니까? 시조새는 엄지발가락이 땅에 닿지 않게 곁발굽처럼 위로 쳐든 채 꼭 이렇게 걸었을 겁니다." 그레그는 손가락 세 개를 앞으로 내밀고 엄지손가락을 뒤로 틀어서 손으로 동작을 흉내 냈다. 박물관을 거니는 동안 그레그는 새와 수각류 공룡의 다른 공통점도 보여주었다. 한데 붙어 있는 벨로키랍토르의 손목뼈와 오비랍토르의 창사골 등은 흡사 우리가 이층에서 본 화석이 크게 자라 석판에서 떨어져 나온 것 같았다.

시조새 진열 조각은 구석진 곳에 자리하고 있었다. 몸집에 걸맞게 슈퍼사우루스라 불리는 33미터짜리 초식 공룡의 꼬리가 길게 곡선을 드리운 곳 아래였다. 용이 가득한 실내에서 까치 한 마리가 인상적으로 보이기는 힘들지만 공룡센터에서는 비용을 들여 눈에 띄는 조명과 상세한 설명 표지를 설치했다. '가계도'에서는 수각류 공룡 계열 아래에 '최초의 새'라는 제목을 달아, 시조새가 공룡과 어떤 연관관계를 지니는지 보여주었다. 나는 웃지 않을 수 없었다. 헉슬리가 오언과의 오랜 반목에서 승리를 거두었지만 오언도 작은 승리를 손에 쥐었다고 주장할 만했다. 오언이 시조새를 새라고 지칭했고 지금도 여전히 새라고 불리기 때문이다.

이 모든 게 다 설득력 있는 이야기였지만 뭔가 잃어버린 게 있다는 느낌을 떨쳐낼 수 없었다. 점심식사 후 그레그에게 작별 인사를 건네고 공룡센터로 다시 와 마지막으로 한 번 둘러보았다. 혼자 전시물을 둘러보는 동안 실내는 시원하고 어두웠으며 내 카메라에서 나온 플래시 빛이 벽에 뼈대 그림자를 만들고 있었다. 나를 밀치는 군중도 없었으므로 한동안 시조새 앞에서 머뭇거렸다. 유명한 화석에 말 그대로 가까이 다가가면 좀 더 많은 것을 이해할 수 있을 것처럼.

투탕카멘 왕의 황금색 석관을 보았던 일이 떠올랐다. 철통같은 보안 속에서 극진한 대접을 받으며 미국 순회 길에 올랐던 석관이 아니라, 오래전 이집트 여행 때 보았던 석관이 떠오른 것이다. 그곳 카이로 국립박물관에는 투탕카멘의 모든 보물이 유리로 된 단순한 상자에 보관되어 있었고 AK-47 소총을 든, 따분한 표정의 경비원 한 명이 지키고 서 있었다. 방문객들은 구경을 하거나, 사진을 찍거나, 아니면 인공 유물의 지속적인 신비를 그저 가만히 응시하면서 원하는 만큼 마음껏 오래 머물 수 있었다. 투탕카멘과 마찬가지로 시조새도 많은 물음이 풀리지 않은 채 남아 있었다.

바로 그때 머릿속을 스치는 생각이 있었다. 깃털은 어떻게 된 거지? 분명 깃털이 있었다. 두 눈에 똑똑히 깃털이 보였고, 화석화된 날개에서 뻗어

나와 가지런하게 겹겹이 줄을 이루고 있었다. 그런데도 시조새 이야기는 입천장 뼈, 엄지발가락, 지골, 천공, 등뼈를 통해 전해지고 있었다. 나는 '최초의 새'에 대해 연구를 했음에도 정작 깃털에 대해서는 알아낸 게 거의 아무것도 없었다. 깃털은 어떻게 진화했을까? 무엇으로부터 진화했을까? 시기는 언제일까? 깃털은 무슨 용도를 위한 것이었을까? 근본적인 물음은 여전히 풀리지 않은 채로 남아 있었다.

제 2 장

열 차폐, 활공, 벌레 잡기

공작의 꼬리 깃털을 가만히 응시할 때면
늘 깃털의 모습이 내게 멀미를 일으킨다!
— 찰스 다윈이 깃털의 진화에 대해 생각하다.
1860년, 아사 그레이에게 보낸 편지에서 인용

바위가 가위를 부순다. 당연한 얘기이며, 학교 운동장에서 수없이 했던 가위바위보 게임을 통해 확인하기도 했던 진실이다. 하지만 이 게임의 이름을 '깃털바위보'라고 하면 어떻게 될까? 글쎄, 결국 바위는 깃털도 부숴버릴 것이다.

화석은 어떤 종류든 드물다. 동물과 식물의 절대 다수는 죽은 뒤, 행여 그들을 보존해줄지도 모르는 토사나 재, 침전물의 퇴적층과는 멀찌감치 떨어진 채 모두 썩어버린다. 게다가 깃털은 매우 드물다. 피부, 머리카락, 또는 부드러운 신체 조직과 마찬가지로 깃털도 화석화 과정에서 이중의 어려움에 직면한다. 깃털은 뼈나 조개껍데기보다 빨리 분해되며 아무리 부드러운 이암이나 셰일을 형성하는 데도 열과 압력이 필요하므로 깃털은 이런 열과 압력에 쉽게 손상된다. 와이오밍 공룡센터와 다른 고생물학 박물관이 거대한 묘지처럼 보이는 것은 결코 우연한 일이 아니다. 단단한 조각이 남을 가능성이 가장 높기 때문이다.

사실 깃털이 화석화하는 데 필요한 조건은 너무도 특이해서 한 세기가 훌쩍 지나도록 사실상 시조새 하나 겨우 나타난 정도였다. 쥐라기 공룡, 익룡, 물고기, 곤충, 식물, 심지어는 초기 포유류까지도 세계 곳곳에서 계속 발굴되지만 비슷한 시기의 것으로 깃털이 있는 화석이 추가로 나온 곳은 졸른호펜뿐이다. 게다가 그마저 한 가지 주제의 변형형태만 나오고 있다. 시조새 표본만 새로 몇 가지 나왔을 뿐이다. 새와 깃털의 진화에 대한 관심이 높고 이를 다루는 연구 논문도 수천 편이나 되지만 물리적 증거는 믿을 수 없을 만큼 드물다.

고생물학자, 조류학자, 생물학자, 심지어는 화학자와 물리학자까지도 여러 세대에 걸쳐 이론과 생각, 추론들을 이 텅 빈 공간을 향해 띄웠다. 그러는 동안 깃털의 진화는 새와 새의 비행이 어떻게 시작되었는가 하는 논의 속에 종종 묻혀버렸다. 시조새의 날개에 깃털이 아름답게 보존되어 있기 때문에 이 모든 이야기를 하나로 합쳐야 할 것 같은 유혹이 강하게 들지만 문제를 계속 분리시켜 생각하는 것이 중요하다. 깃털이 어떻게, 왜, 언제 진화했는가 하는 문제는 흔히 생각하는 것과 달리 새와 관련이 적을지도 모른다.

전통적으로 깃털의 생성에 대한 이론은 깃털이 진화한 이유에 초점을 맞추면서, 깃털의 특정 용도가 애초 깃털의 진화를 이끈 원동력이라고 주장한다. 이른바 기능 이론인데, 이 가운데 주된 내용을 이루는 것은 깃털이 비행을 위해 진화했으며 오로지 하늘을 나는 동물에게서만 확실한 공기 역학적 특징이 발전할 수 있었다는 입장이다. 증거들은 보다 미묘한 차이를 보이는 이야기 쪽을 가리키지만 목소리를 높이는 집단에서는 여전히 이런 견해를 고수한다.

시조새에게서 보이는 비행깃보다 시기적으로 앞서 비교적 단순한 깃털이 생겨났을 것이라고 주장하는 이들도 있다. 이 단순한 깃털이 훌륭한 날개가 되지는 못했겠지만 아마 보온 기능을 지니거나 과시와 구애를 위한 색채를 띠었을 것이다. 깃털의 방수 기능이나 보호 기능을 강조하는 사람도 있으며, 상상력이 풍부한 가설에서는 공룡이 깃털 달린 날개를 열 차폐 수단처럼 사용하여 알과 갓 부화한 새끼들이 가히 살인적인 쥐라기 태양에 노출되지 않도록 그늘을 만들어주는 장면을 상상하기도 했다.

아무리 최고의 지성이라도 때로는 공상에 무릎을 꿇는 일이 많다. 헉슬리의 이론을 부활시켰고 '온혈' 공룡의 개념을 제시하여 일대 변화를 일으킨 존 오스트롬도 깃털이 '벌레잡이 주걱'이었다는 견해를 내놓은 적 있다.

존 오스트롬의 '벌레잡이 주걱' 이론에는
깃털을 이용하여 날벌레를 잡는 새의 조상이 등장한다.

이 시나리오에서 시조새와 그 밖에 다른 최초의 새는 앞으로 달려가면서 깃털 달린 날개 끝부분으로 땅바닥을 내리쳐 벌레를 잡거나, 아니면 입을 벌린 채 날개를 커다란 망처럼 사용해서 벌레를 입안으로 밀어 넣거나, 또는 날아다니는 벌레를 허공에서 그대로 잡는다. 이런 설명이 멋진 삽화를 그리는 데는 도움이 될지 몰라도 그처럼 어설프게 휘청거리며 다니다가는 먹잇감을 잡기보다 발을 헛디뎌 진흙 속에 얼굴을 처박기 십상이라고 그 그림을 그린 삽화가조차도 결국에는 인정했다.

깃털 진화에 대한 논의에서는 허접하다느니, 쓰레기니, 엉터리니 하는 표현들이 불쑥불쑥 튀어나오며, 과학 문헌치고는 다소 품위 없는 말들이 등장했다. 어쩌면 타블로이드 신문의 드라마처럼 읽히기도 하는 가운데 각 분파들은 정밀하게 측정한 시조새의 세세한 부분들을 1차적인 증거로 높이 치켜들고 있었다. 기능 이론들은 동일한 기본적 결함을 지니므로 이런 설전이 야기될 수밖에 없다. 완벽한 화석 기록도 없고, 타임머신도 없는 상태에서 이론의 검증 작업이 불가능하기 때문이다.

깃털이 지닌 다양한 물리적 특성은 많은 적응 과정을 거쳐 온 것이며, 어떤 과학자도 자연선택을 통해 깃털의 형태가 만들어지고 변형되어 왔다는 것을 의심하지 않는다. 시조새에게 현대적 비행깃이 있었다는 사실로 판단하건대 비행깃의 다양한 기능 중 적어도 몇 가지는 쥐라기 후기 무렵에 이미 미세 조정 과정을 거쳤다고 볼 수 있다. 하지만 앞선 시기의 표본이 없기 때문에 공백이 남고 이 공백으로 인해 기능주의적 논리는 비틀거리며 흔들린다. 후기 화석은 완전한 형태로 발달한 복잡한 특성을 보여주는데, 어떻게 이 특성을 토대로 최초의 깃털이 처음 사용된 용도를 분석할 수 있겠는가?

당신이 먼 미래에서 온 고고학자이고 21세기 초기 지구 부지를 발굴하던 도중 휴대전화를 보게 되었다고 상상해 보라. 가령 그 휴대전화가 아이폰이며 앞면이 유리로 된 소형 기기로, 이메일을 보내고, 인터넷 서핑을 하고, 사진을 찍고, 음악을 저장하고 재생하며, 팝송을 찾고, 맛있는 스테이크 집을 추천하고, 그 밖에 수십만 가지 앱을 민첩하게 처리할 수 있다고 하자. 추가 자료가 없는 상태에서 당신은 이 기기가 맨 처음 어떤 목적으로 쓰였는지, 어떤 역사를 지니는지 추론할 수 있겠는가? 이 기기의 복잡하고 다면적인 인터페이스가 처음에는 구리선 너머로 음성 메시지를 전달하는 오로지 한 가지 기능만 가진 커다란 상자와 수화기에서 발전되어 왔다는 것을 짐작이나 하겠는가? 설령 당신이 그런 이론을 세웠다고 한들 20세기의 전화기를 (또는 신기술 반대자인 어떤 현장생물학자의 사무실에 있던 전화기를) 우연히 발견하지 않는 이상 당신의 이론을 뒷받침해주는 것은 없다.

시조새를 토대로 깃털 진화과정을 해석하는 일도 똑같다. 최상의 표본은 뚜렷하게 확인되는 날개깃과 꽁지깃을 자랑스럽게 드러내 보이고 다리에는 겉깃털이 있던 흔적을 보인다. 당시에는 솜털이 없었다든가, 깃털이 앵무새 깃털처럼 화려하지 않았다든가, 메추라기 깃털처럼 보호색을 띠지 않았다고 믿을 근거도 없다. 사실 깃털의 기원에 관한 한 시조새는 독수리나 펭귄, 또는 집 마당을 돌아다니는 참새와 마찬가지로 별반 알려주는 바가 없다. 이들 새 역시 먼 조상과 마찬가지로 다양한 기능에 적응된 다양한 깃털 형태를 지니고 있다. 시조새가 실제로 우리에게 알려주는 바는 현대의 깃털이 아주, 아주 오래전부터 있어왔다는 사실이다. 깃털이 어떤 과정을 거쳐 진화했는지 해답을 얻기 전까지 우리는 깃털이 왜 진화했는지 알 수 없을 것이다.

깃털의 진화과정을 밝히는 단서는 깃털이 그처럼 믿기지 않을 만큼 다양한 형태로 자라는 과정을 밝히는 깃털의 발달과정 속에 들어 있다. 그에 비하면 털이나 비늘은 정말 미미하다. 구조의 복잡성 면에서 볼 때 생명의 역사상 그 어떤 자연적 외피도 깃털을 능가하지 못한다. 크기만 놓고 보아도 깃털은 같은 새 안에서도 몇 자릿수씩 차이가 난다. 한 가지 예로 수컷 별삼광조는 1밀리미터도 되지 않는 얼굴 강모깃털을 지니는가 하면 길이가 200배 이상 늘어나는 꽁지깃도 갖고 있다. 인도공작이 꼬리를 높이 쳐들면 찬란한 무지갯빛 털이 가장 짧은 털보다 1,500배 이상 길게 뻗으며 멋진 장관을 연출한다. 인간의 털이 그처럼 다양하다면 아마 뾰족한 반다이크 수염을 단정하게 기른 상태에서 동시에 머리카락을 자유의 여신상보다 길게 늘어뜨릴 수 있을 것이다.

이처럼 다양한 모양과 기능을 사실대로 이해하기 위해 나는 새를 분해해야 한다고 판단했다. 깃털이 어떻게 자라는지, 몇 가지 형태가 있는지, 각 깃털의 차별성이 무엇인지 알아야 했다. 우리 집 닭들이 들으면 불안에 떨 만한 생각이었다.

내 사무실은 라쿤 오두막이라 불리는 공간의 남쪽 절반을 차지하고 있었다. 이 오두막은 오래된 과수원 헛간이었지만 우리 가족은 이를 말끔하게 단장한 뒤 예전 주인의 이름을 따서 라쿤 오두막이라 했다. 이 헛간 지하에 라쿤이 살았고 여름날 저녁이면 어슬렁거리며 기어 나와 자두, 사과, 그 밖에 계절 과수에 올라가 과일을 따먹곤 했다. 요즘 같으면 우리가 키우는 산란용 닭 네 마리의 이름을 따서 오두막 이름을 짓는 게 더 적절했을 것이다.

산란용 닭들은 대개 바로 문 앞에 와서 부리로 문을 쪼거나 긁기 일쑤였고 더러는 현관 위로 폴짝 뛰어올라 창밖에서 책이나 컴퓨터, 또는 현미경 앞에 구부리고 앉아 있는 나를 가만히 쳐다보곤 했다. 그중 세 마리는 여전히 크는 중이었다. 나는 나머지 트라우저에게 눈독을 들였다. 트라우저는 와이언도트 종으로 확실히 늙었다고 할 수 있으며, 산란 닭으로서 해야 할 일은 별로 하지 않고 어떻게 하면 외로운 로드아일랜드레드 종을 공격할 수 있을까 궁리하는 데 시간의 대부분을 보내고 있었다.

솔직히 나로서는 사전 계획한 대로 닭을 도살할 용기가 있는지 확신이 서지 않았고 트라우저로서는 다행스럽게도 그런 용기를 알아보지 않아도 되었다. 집에 있는 상자형 냉장고를 해동할 때 큰 넙치와 오래된 스프 사이에 '토르스 상모솔새'라고 상표가 붙은 살사 통조림통이 잘 모셔져 있는 것을 찾아냈다. 통조림통 겉면에 아름다운 황금관상모솔새가 뚜렷하게 그려져 있었다. 이 새 이야기는 이후 5장에서 상세하게 이야기할 것이다. 그런데 상모솔새 그림 바로 옆에 까맣게 잊고 있던 작은 겨울굴뚝새가 보너스로 놓여 있었다. 잭팟이 터진 것이다.

머리를 똑바로 들고 두 눈을 크게 뜬 채 뭉툭한 꼬리를 위로 쳐들고 있는 굴뚝새는 내 손에서 언제라도 날아오를 것 같은 태세였다. 물론 꽁꽁언 상태였다. 지난겨울 집 부근에서 차에 치어 죽은 것을 들고 온 것이다. 다른 굴뚝새도 그렇듯이 몰래 숨어 사는 이 작은 갈색 새는 우거진 덤불 속에 살다가 다른 덤불로 옮겨가기 위해 재빨리 도로를 건너가려고 했을 것이다. 사무실에 있는 낡은 우편 저울의 눈금은 이 굴뚝새의 무게가 15그램도 채 되지 않는다고 가리켰고, 만일 1958년도라면 달랑 4센트에 이 새를 미국 대륙 어디라도 특급 우편으로 보낼 수 있었을 것이다. 하지만 겨울 굴뚝새는 뛰어난 기량을 자랑하는 여행자로, 오래전에 이미 베링 해를 건너 시베리아와 그 너머까지 탐험한 바 있다. 미국 말고 다른 지역에서 볼 수 있는 굴뚝새 종으로는 이 겨울굴뚝새가 유일한데, 이제 이 새의 분포지역은 아시아와 유럽의 온대지방까지 확대되었으며 심지어는 북아프리카 산림에까지 이르고 있다.

털 뽑기로 말하자면 굴뚝새는 트라우저보다 몇 가지 확실한 이점이 있었다. 머리에서 꼬리까지 총길이가 10센티미터가 채 되지 않을 만큼 북미에서 가장 작은 종에 속해 털 뽑기 신참이 달려들어도 될 만한 표본처럼 여겨졌다. 게다가 이미 죽은 상태라 나무 그루터기에 대고 도끼를 내리칠 만큼 각오를 단단히 하지 않아도 되었다. 굴뚝새 털 뽑기 작업은 혹시 나중에 쓰임새가 있지 않을까 해서 집안에 보관하던 기분 나쁜 사체가 정말로 이용되는 경우도 있다는 것을 마지막으로 한 번 더 입증해주었다.

폭풍우가 몰아치던 어느 11월 아침 나는 굴뚝새를 꺼내 라쿤 오두막으로 들어갔다. 손에는 내가 생각해낼 수 있는 유일한 털 뽑기 참고서가 들려 있었다. 책 제목은 『요리의 즐거움The Joy of Cooking』. 비록 어마 A. 롬보Irma A. Rombauer가 굴뚝새에 꼭 어울리는 레시피를 제공하지는 않았지만 책의 한 부분을 기꺼이 야생 조류에 할애했고, 거기서 건조 상태의 털 뽑기를 강력하게 추천하면서 "아주 차가운 상태에서 새 털을 잡아 뽑는 것이 훨씬 쉽다"고 지적했다. 굴뚝새는 여전히 차갑고 괜찮은 상태였다. 핀셋과 바늘코 플라이어를 손에 들자 마침내 모든 준비가 끝났다.

새 털 뽑기 세계기록 보유자는 아일랜드 카운티 카반, 쿠트힐에 사는 빈

겨울굴뚝새

센트 필킹턴^{Vincent Pilkinton}이었다. 은퇴하기 전까지 필킹턴 씨는 1분 30초 만에 칠면조 한 마리의 털을 모두 뽑았다. 한번은 하루 동안 칠면조 244마리의 털을 뽑았다고 한다. 굴뚝새 프로젝트에 돌입한 지 2시간이 지나자 나는 필킹턴 씨의 기록에 전혀 위협적인 존재가 되지 못한다는 게 분명해졌다. 깃털과 자잘한 솜털이 책상 위를 뒤덮었고 사체는 군데군데 여전히 깃대와 솜털이 삐죽삐죽 고개를 내민 채 마치 병든 바늘꽂이 같은 몰골을 하고 있었다.

물론 필킹턴은 털을 뽑으면서 깃털 수를 세려고 하지는 않았다(깃털 수는 날개에 208개, 꼬리에 12개, 복부와 가슴과 등에 375개 이상, 목과 머리와 얼굴에 400개였다). 또한 필킹턴은 깃털을 형태별로 분류하여 각각 작은 무더기로 구분하려는 수고도 하지 않았다. 그러니 팔꿈치 한 번 잘못 놀리거나 어디서 바람이라도 일거나 재채기 한 번에 무더기들이 죄다 제멋대로 흩어져 그때마다 번번이 욕설을 해대면서 다시 분류하느라 쓸데없이 시간을 낭비하는 일도 없었다.

새에 대해 말하자면 새 요리를 만들어 내놓겠다는 계획을 세우지 않은 게 다행이었다. 『요리의 즐거움』에 나오는 사진처럼 말끔한 모양을 만드는 데 실패했을 뿐만 아니라 털을 뽑고 난 뒤 비쩍 마르고 후줄근한 모습으로 남은 새는 한 끼 식사 분량도 되지 않았다. 사실은 토스트 위에 얹어도 빈 공간이 남을 정도였다. 당신에게도 명금류의 털을 뽑을 기회가 생긴다면 털을 뽑고 난 뒤 남은 새 몸집이 너무 작다는 사실에 놀랄 것이다.

깃털이 가볍긴 해도 대부분의 종에서 깃털 무게와 뼈의 건조 중량이 2대 1의 비율을 이룰 정도로 깃털이 더 무겁다는 사실은 그만큼 깃털이 중요하다는 것을 말해준다. 털이 뽑힌 벌거숭이 굴뚝새는 믿기 힘들 만큼 작았으며 집 주변 관목 숲 속에서 재잘거리며 나를 꾸짖곤 하던 활기찬 요정의 모습은 온데간데없었다. 나는 새에게 큰 무례를 범했다는 느낌을 지울 수 없었고 새에게 고마움을 표한 뒤 사과나무 아래 잘 묻어주었다.

그럼에도 깃털은 마치 예술작품 같았다. '왼쪽 날개' 무더기에서 깃털 하나를 집어 들어 환한 쪽에 대고 비춰보았다. 깃털은 작은 깃대에서 시작하여 점차 넓어지면서 깃판을 이루고 깃판은 끝으로 갈수록 폭이 좁아지는 형태였다. 깃털 앞쪽 끝에는 밤색과 초콜릿색이 얼룩얼룩 줄무늬를 이루고 있었다. 창문으로 들어오는 빛에 비추자 깃가지가 하나하나 뻗어 있는 게 보였고 깃가지에서 다시 작은 깃가지가 뻗어 서로 맞물리면서 이음새 없이 부드러운 곡면을 이루었다.

깃털은 좌우 비대칭의 1차 비행깃이었다. 깃축은 앞쪽으로 불룩하게 휘면서 뻗어 있고 깃털 가장자리 끝은 살짝 휘어 깃털이 좁아지는 끝 쪽을 향하고 있었다. 다른 무더기들에는 저마다 다른 종류의 깃털이 들어 있었다. 머리와 가슴에 나 있는 겉깃털 무더기, 얼굴에 난 작은 강모깃털 무더기, 그리고 제법 큰 한 무더기에는 짙은 색 반깃털과 솜털깃이 들어 있었다. 복부의 솜털깃은 감촉이 너무 부드러워 마치 공기가 살짝 스치는 것 같았으며, 실제로 느낀 감촉이라기보다는 그럴 거라는 짐작에 더 가까웠다.

깃털의 종류가 이렇게 다양한데도 모든 깃털에 공통되는 기본 구조가 있었다. 우선 속이 빈 깃대에서 시작하여 뻗어나가다가 중앙의 축에서 가지를 뻗으며, 이때 가지가 갈라지는 각도와 형태에 따라 수많은 깃털 형태가 생겨난다. 최근까지만 해도 깃털 구조의 세부 사항과 여러 깃털의 이름을 알아맞히는 일은 조류학과 학부생이 거쳐야 할 통과의례였다. 날개에 나 있는 깃털은 날개깃, 꼬리 깃털은 꽁지깃. 깃판 한가운데를 가로지르는 중앙 축은 깃축, 깃대 아래 부분은 깃촉. 깃털 종류로는 털모양 깃털, 가루 솜털깃, 날개덮깃, 꼬리덮깃 등등. 대부분의 학생들은 이 이름을 달달 외웠다가 첫 시험이 끝나고 나면 곧바로 다 잊어버린다. 하지만 리처드 프룸 Richard Prum 박사가 제기한 이론에서는 깃털이 자라는 과정을 알면 깃털이 어떻게 진화했는지 해답을 찾을 수 있다고 밝혔다.

"칠판 앞에 서 있다가 문득 깨달았습니다." 프룸 박사가 설명했다. 붉은 빛의 머리카락에 격식을 차리지 않는 태도로 강렬함을 풍기는 프룸 박사는 매우 열정적이었으며 깃털에 대해 이야기하는 것을 좋아했다. 우리는 전화상으로 몇 차례 대화를 나누었고 한번은 그의 사무실에서 만나기도 했다. 사무실은 서류 뭉치와 펼쳐진 책들로 가득했고 그곳에서 백 가지 생각이 진행되고 있는 것 같았다. 프룸 박사는 현재 예일 대학교 조류학과 교수를 맡고 있지만 맨 처음 생각이 떠올랐던 것은 캔자스 대학교에서 강의할 때였다. "비늘에서 깃털이 진화되었다는 통상적인 이론을 강의하고 있

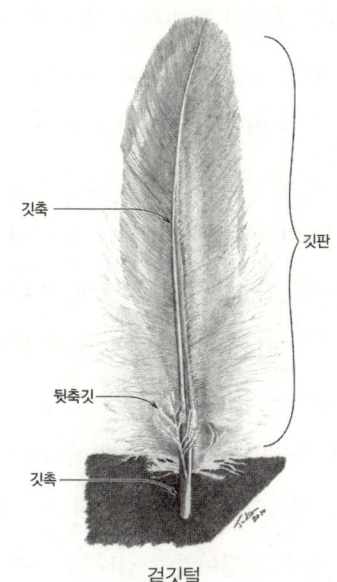

깃축

깃판

뒷축깃

깃촉

겉깃털

전형적인 겉깃털. 다른 깃털 형태는
부록 "깃털에 대한 삽화 설명"을 참조

었습니다. 그런데 강의가 끝나갈 무렵 그 이론이 말이 안 된다는 것을 깨
달았습니다. 깃털이 그런 식으로 진화되었을 리가 없지요!"

프룸 박사의 통찰이 있기 전까지 일반적인 상식에서는 비행 기능(또는
시기별로 유행하는 기능 이론이 있을 경우에는 그 기능)을 하기 위한 자연선택
과정에서 길쭉한 비늘이 닳아지고 갈라지면서 깃털이 진화되었다고 보았
다. 깃털이 어떤 목적으로 사용되었는가 하는 점에 늘 강조점이 있었으며
깃털의 변화된 형태 구조에 대해서는 별반 관심을 두지 않았다.

프룸 박사가 깨달은 내용은 이제 자명한 사실로 여겨지고 있다. 비늘과
깃털은 근본적인 구조적 차이를 지닐 뿐만 아니라 생성과정도 근본적으로
다르다. 비늘은 표피조직이 확대되어 겉으로 튀어나오면서 완만하게 솟아
접시 모양을 이룬다. 반면 깃털은 기본적으로 관 모양을 이루고 있다. 말하

자면 냅킨과 빨대의 차이라 할 수 있다. 냅킨을 접으면 비늘이 되는데 이때 냅킨의 바깥 면, 즉 표피가 비늘의 위쪽과 아래쪽이 된다. 물론 빨대도 힘 껏 두드리면 납작해진다. 하지만 깃털이 그런 식으로 자라지는 않는다. 깃 털은 점점 벌어지면서 평평해진다. 바깥 표면이 위쪽이 되고 안쪽 면이 펼 쳐지면서 아래쪽이 된다. 따라서 다 자란 깃털과 비늘이 똑같이 평평한 모 양이더라도 표면은 결코 같지 않다.

"깃털의 성장 과정에 대한 강의 준비를 막 마친 참이었습니다." 프룸 박 사는 캔자스에서 오래된 책들을 찬찬히 살피던 어느 늦은 밤 이야기를 내 게 들려주었다. "저는 마침내 알아냈습니다. 나선 모양으로 진행되는 깃털 의 성장 과정이 어떻게 이루어지는지 말이에요. 완전히 별개의 놀라운 생 물학적 과정이었던 겁니다." 프룸 박사는 청년 같은 열정을 보이면서 이야 기했고 그런 열정적 모습을 보노라니 그가 정말 수많은 학술적 명예를 이 룬 유명 교수가 맞나 하는 착각마저 일었다. 박사는 상대에게도 자신이 아 는 것을 모두 다 이해시켜서 함께 생각을 진전시키기를 바라는 듯 열의를 다해 설명했다. "그 순간부터 깃털의 진화가 제 강의에서 아주 커다란 비 중을 차지했습니다. 이 모든 내용을 칠판 위에 빼곡히 적어나갔지요."

프룸 박사가 칠판에 빼곡히 적은 내용은 시간이 흐른 뒤 오늘날까지 깃 털의 기원에 대한 가장 명쾌한 이론으로 자리 잡게 되었다. 이는 깃털이 어 떤 목적에 사용되었는지에 개의치 않고 깃털의 성장 과정에 초점을 맞춘, 발달이론적 성격을 띠었다. 이 이론은 진화의 본질적인 핵심 중 하나인 신 기성novelty에 기반을 두고 있다. 진화는 새로운 형질이 도입되고 자연선택과 그 밖의 과정이 이 형질에 영향을 미침으로써 일어난다. 신기성이 없으면 변화도 없다.

발달이론에서는 다섯 가지 독특한 특징을 찾아냈는데, 이 다섯 가지 특징이 '생겨야' 이를 바탕으로 깃판이 있는 현대적 깃털이 생겨날 수 있다. 이러한 몇 가지 변화의 연속 과정이 우낭 안에서 일어난다. 우낭은 피부에 볼록하게 솟은 독특한 조직으로 가운데가 주머니처럼 옴폭 파여 있고 이곳에서 깃털의 성장이 이루어진다. 신기성이 생길 때마다 구조는 점차 복잡성을 띠면서 깃가지가 없는 깃대(1단계)에서 실가지를 뻗은 단순한 구조(2단계)로, 깃축 양편으로 실가지가 편성된 구조(3단계)로, 나아가 작은 깃가지가 맞물리면서 빳빳한 깃판을 형성하는 발달 단계(4단계)로, 마침내 비대칭 구조인 비행깃(5단계)으로 발달된다.

프룸은 우낭에서 새로운 혁신이 이루어져야 다음 단계로 나아갈 수 있다고 주장한다. 깃가지가 성장해야 갈라진 솜털 같은 깃털이 생기고, 나선형의 성장이 일어나야 깃축이 형성되며, 쌍을 이루는 깃가지가 생겨야 작은 깃가지도 생겨난다는 것이다. 깃판이 있는 완벽한 현대적 깃털은 이전의 진화 단계들이 없었다면 생겨나지 못했을 것이다.

프룸의 이론은 곧바로 관심을 끌었다. 깃털의 보편적인 특징이라 할 단순한 관 모양의 깃대가 발달하여 점차 복잡한 형태로 나아간다. 이 이론에서는 기능을 여전히 명확하지 않은 상태로 남겨두고 그 대신 깃털이 일반적으로 자라는 방식대로 자라기 위해 필요한 신기성에 초점을 맞추었다. 하지만 이 이론의 실제적인 강점은 이를 검증할 수 있는 데 있었다.

가설의 검증 없이는 아무리 논리적인 과학 사상도 추측 이상의 의미를 지니기 힘들다. 기능 이론의 경우에는 식별 가능한 화석 흔적이 남아 있지 않은 형질이나 행동을 근거로 삼는 일이 많았다. 하지만 프룸 박사는 검증 가능한 구체적인 추론을 내놓았다. 그의 주장이 옳다면 다섯 가지 발달

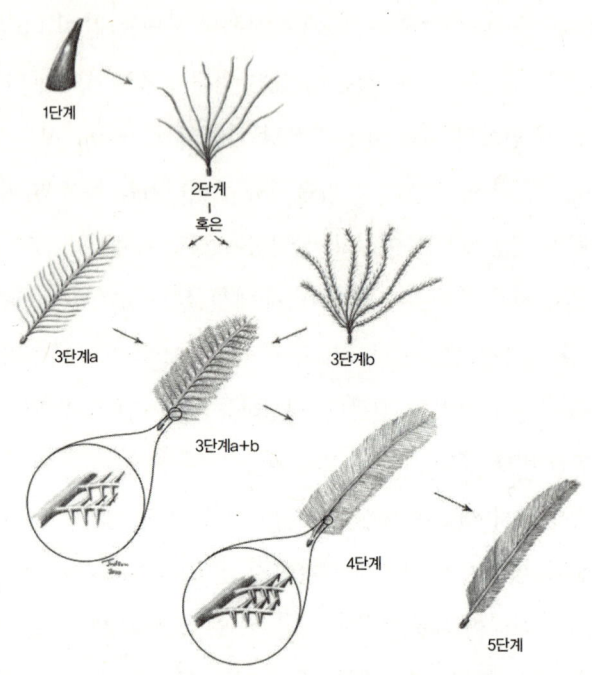

깃털 진화의 발달모델. 발달이론에서는 현대의 깃털이 나오기까지 점증적으로 거치는 일련의 진화 단계를 제시한다. 깃가지가 없는 깃대(1단계), 단순한 모양의 실가지 구조(2단계), 깃축을 중심으로 양편에 실가지를 뻗은 구조(3단계), 작은 깃가지가 맞물리면서 빳빳한 깃판을 형성하는 구조(4단계), 비대칭 구조인 날개깃(5단계)

단계 별로 각각의 깃털 형태가 화석 기록 어딘가에 반드시 나타날 것이다. 그가 주장하듯이 가장 초기 단계의 깃털은 "반드시 현대의 깃털과 똑같이 닮은꼴이어야 하는 것은 아니지만 우낭이라고 여길 만한 구조 속에서 그럴싸한 모습으로 자라야 한다." 프룸 박사는 이보다 훨씬 흥미롭고 논쟁적인 추론도 내놓았다. 수각류 공룡에서 이러한 화석 깃털을 찾으면 현대 조류의 조상을 확인할 수 있다고 주장한 것이다.

프룸 박사의 연구가 대담한 내용을 담고 있고 일부에서는 깃털의 성장

과정과 관련한 프룸의 해석을 비판하기도 했지만 학계에서는 그의 견해를 빠르게 받아들였다. 또한 주요 조류학 교과서에 그의 이론이 들어감으로써 발달이론은 십 년도 채 되지 않아 캔자스에 있는 칠판에서 전 세계 여러 교실로 퍼져 나갔다. 하지만 이것이 진화 관련 문제, 특히 깃털과 새에 관련되는 진화 문제이기 때문에 지금도 그의 주장에 의혹과 회의를 표명하거나 노골적으로 반대 주장을 내놓은 사람들이 있다.

"전 중립적인 진화는 그다지 관심 없습니다." 앨런 페두차^{Alan Feduccia}가 전화로 말했다. 오랫동안 노스캐롤라이나 대학교 교수를 지낸 페두차는 이 주제에 대한 논문에서 때로 거친 어조를 보이던 모습과는 달리 상냥한 남부 말투로 느릿느릿 말했다. "프룸은 똑똑한 사람이고 지면상으로 보면 그의 이론이 괜찮아 보입니다. 그런데 실제로 문제에 대한 답을 제시한 건가요? 전 그렇게 생각하지 않습니다."

거의 40년 전 페두차는 새가 온혈 수각류 공룡에서 진화했다고 생각하는 (그의 친구이기도 한) 존 오스트롬의 주장에 반박하면서, 증거 없이는 결코 믿지 않은 사람의 역할을 맡게 되었다. 이후 오스트롬의 입장이 강력해지면서 페두차가 이른바 '새로운 정설'이라고 일컬은 이론으로 자리 잡자 페두차는 비록 방관적 태도가 심해지기는 했지만 그래도 여전히 증거 없이는 믿지 않는 역할을 맡았다. 일군의 집단이 수가 줄어드는 가운데도 여전히 충성을 보이면서 페두차와 의견을 같이 했고 비공식적으로 자신들을 밴드^{BAND}(Birds Are Not Dinosaurs의 약어로 새는 공룡이 아니라는 뜻_옮긴이)라고 지칭했다. 페두차의 입장이 비록 지금은 우상 파괴주의적인 것으로 비치지만 그렇다고 괴짜는 결코 아니다. 전문가의 평가를 거친 논문 수십 편과 고전으로 널리 평가받는 저서 『새의 기원과 진화^{Origin and Evolution of Birds}』가 그의 학문 업적으로 올라 있다.

"어쩌면 저야말로 지나칠 만큼 전통적인 진화론자인지도 모릅니다." 페두차가 이어서 말했다. "하지만 저는 깃털이 적응과 자연선택의 명확한 정황을 벗어나서 진화했다고 보지 않습니다." 페두차는 새로 생긴 특징이 적응성을 지녀야 한다고 주장했다. 새로운 특징이 생물체에 뚜렷한 혜택을 주지 않는 한 지속되기는 힘들다는 것이다. 페두차는 이런 입장을 염두에 두면서 프룸의 2단계 솜털 같은 깃털이 유용성을 지니지 않는다고 의문을 제기한다.

비바람이 치는 날 야영을 해본 사람이라면 누구나 알듯이 오리털은 물에 젖으면 보온 기능을 대부분 상실한다. 다 자란 새는 방수 효과가 있는 겉깃털 안쪽에 솜털을 지니고 있고 솜털이 뽀송뽀송한 새끼 새는 어미 품속에 옹송그리며 모여 있어야 살아남을 수 있다. 아프리카의 뜨거운 기후에서도 어린 타조가 일단 비에 맞으면 그로 인해 죽는다. 하지만 프룸의 모델에서는 겉깃털이 솜털깃 이후에 진화되기 때문에 먼저 난 깃털들이 보온 용도로 기능했다는 견해에 의혹을 불러일으켰다.

"깃털은 정말 믿기 힘들 만큼 놀랍습니다." 페두차가 말했다. 그의 목소리에는 경이로움이 담겨 있었으며 나는 연구를 진행하는 과정에서 과학자와 모자 제조업자, 엔지니어, 패션디자이너, 심지어는 플라이 낚시꾼에게서도 이런 경이로움이 묻어난 어조를 듣곤 했다. "깃털은 믿기 힘든 공기 역학적 특징을 모두 지니고 있습니다. 유연성이 각기 다르면서 무게가 가볍고, 완벽한 날개를 이루며, 깃털이 날개에 끼워진 채로 함께 기능하여 낮은 속도로 높이 날아오를 수 있습니다. 깃털이 공기 역학적인 연관성을 벗어나서 어떻게 진화할 수 있는지 저로서는 이해가 되지 않습니다." 페두차는 먼저 비행깃이 비늘에서 진화되었고 몸통 깃, 솜깃털, 깃대, 그 밖의 다른 깃털 형태가 나중에 생겼다는 입장을 고수했다.

"한물간 생각입니다." 프룸은 한마디로 일축하면서 평평한 비늘과 관 모양의 깃털 사이에 건널 수 없는 구조적 차이가 있다고 다시 지적했다. 초기 깃털 단계는 비행 기능을 제외하고 과시, 온도 조절, 촉감 등 많은 기능 이론의 어떤 것과도 부합되지만 이 중에서 한 가지를 선택하는 것은 다분히 추측에 기반한 주장이 된다. "깃털이 비행 기능을 위해 진화되었다고 결론짓는 것은 손가락이 피아노를 치기 위해 진화했다고 주장하는 것과 다를 바 없습니다."

최근까지도 프룸과 페두차는 각자의 주장을 확인하는 것 말고는 논의에 진척이 없었다. 깃털이 나타난 화석은 여전히 시조새와 몇몇 백악기 후기 새들에 국한되었고 백악기 후기 새는 시기적으로 너무 가깝고 완전한 조류의 형태를 갖추고 있어서 많은 단서를 제공하지 못했다.

"저우 중허周忠和가 제 수업을 듣지 않았더라면 아마 제 입장을 발표하지 못했을 겁니다." 프룸이 지난 일을 떠올렸다. 1997년 프룸의 깃털 진화 강의가 끝난 뒤 한 교환학생이 강의실 앞으로 걸어와서는 프룸의 주장을 종이에 적어달라고 부탁하면서 그의 주장이 대단히 중요한 의미를 지닌다고 말했다. 고생물학을 공부하고 있었던 저우 중허는 논문 지도교수의 추천으로 조류학 강의를 듣던 중이었다. 당시 중국에서는 이 학생의 동료들이 더 없이 귀중한 발견물이라 할, 깃털이 있는 화석을 열심히 발굴하는 중이었는데 그는 프룸이 이 사실을 모르고 있다고 생각했던 것이다.

한 세기 하고도 반세기가 지나도록 시조새만이 유일하게 깃털 논의에서 핵심 역할을 해오다가 깃대, 솜깃털, 뚜렷한 깃판이 있는 깃털이 말 그대로 수십 개 표본에서 등장하기 시작했다. 이들 화석은 일종의 계시였고, 완벽한 깃털을 갖춘 생명체들이 고대 호수 바닥에 일부러 뛰어들어 죽은 뒤 흙속에 아름답게 보존된 것 같았다. 이들 화석의 등장은 과학계를 뒤흔들었다. 프룸의 추론과 다른 견해를 마침내 검증할 수 있게 된 것이다. 또한 깃털이나 새의 진화에 관심 있는 사람이라면 다들 똑같이 서로에게 이렇게 물었다. "당신네 중국 물건은 어떤가요?"

제 3 장

이시안 지층

대개는 한 번에 한 조각씩 단편적으로 발견이 이루어진다.
(……) 그러므로 중국 동북지방 랴오닝 성에 있는
화석 매장층에서 쏟아지듯이 연이어 나온 화석 앞에서
전 세계 고생물학자들은 아무런 준비 태세도 갖추지 못했다.
— 마크 노렐, 『용의 발굴』(2005년)

쉬싱^{徐星}은 물리학자가 되고 싶었다. 닐스 보어^{Niels Bohr}와 알베르트 아인슈타인^{Albert Einstein}을 우상으로 여기면서 고등학교 교과서에 실린 그들의 이론을 읽고 또 읽었으며 두 사람의 뒤를 이어가기를 꿈꿨다. 카자흐스탄 국경에서 그리 멀지 않은 외딴 지역 신장 현에서 성장기를 보낸 쉬싱에게는 교육 기회가 제한되어 있었다. "아주 뒤처진 지역이었습니다." 쉬싱이 기억을 떠올렸다. "과학자가 된다는 것은 그야말로 환상이었지요."

하지만 그는 열심히 공부했고 시험에서 높은 점수를 받은 결과 일류대학인 베이징 대학교에 입학할 수 있었다. 이 대학교는 베이징 중심부에 위치해 있었고 그가 사는 지역에서 동쪽으로 3,600킬로미터나 떨어져 있었다. 전액 국가 장학금을 받은 쉬싱은 부푼 희망을 안고 자랑스러워하는 가족들의 격려를 받으며 대도시로 떠났다.

베이징 대학교에 도착한 쉬싱은 시험 결과가 그의 기대에 미치지 못했다는 것을 알았다. 베이징 대학교에는 우수한 물리학 교과과정이 있었지만 쉬싱의 시험 점수를 본 정부에서는 그에게 다른 운명을 점지해주었다. "당시 중국의 제도는 달랐습니다." 쉬싱이 설명했다. "자기 전공을 스스로 정하지 않았고 정부에서 정했지요." 정부는 쉬싱에게서 미래의 물리학자를 보지 않았던 것이다. 게다가 쉬싱의 두 번째 지망이었던 소프트웨어 엔지니어도 될 가망성이 없다고 보았다. 쉬싱은 무거운 마음으로 정부의 학과 배정표를 읽었다. 그가 배정받은 것은 지질학이었다. 다 포기하고 집으로 돌아가고 싶은 심정이었다. 현대 고생물학에서 가장 유명한 인물로 꼽히는 사람의 경력은 이렇게 시작되었다.

"제가 선택한 일이 아니었습니다." 쉬싱은 힘주어 말했다. "하지만 우리 가족은 제가 베이징에 계속 있기를 바랐습니다. 그러려면 지질학과에 가서 거기서 정해준 고생물학을 전공하는 수밖에 없었습니다. 결코 제가 선택한 게 아니었습니다."

쉬싱은 중국과학원에 있는 연구실에서 전화로 나와 이야기를 나누었으며 현재 그곳에서 척추동물 고생물학과 화석인류학 정교수로 재직하고 있다. 쉬싱이 새로운 역할에 잘 정착했다고 말할 수 있을 것이다. 운명과 관료제도가 그를 화석의 삶 속으로 이끌고 간 지 15년이 지나는 동안 그가 이름을 붙인 공룡 종이 서른 가지가 넘었다. 현재 살아 있는 어느 고생물학자가 붙인 이름보다도 많은 수다. 그의 연구가 그 분야의 최고 잡지 《네이처》에 너무 자주 실리자 한 동료는 《네이처》가 쉬싱을 칼럼니스트로 삼아야 한다고 제안하기도 했다. 깃털 진화 분야에서 쉬싱의 동료들은 그를 설명할 때면 하나같이 입을 모아 뛰어난 사람이라고 말한다. 대중언론에서 쉬싱은 중국의 인디애나 존스로 알려져 있다.

하지만 이 모든 것의 시작은 불안했다. "처음 2년 동안은 아무것도 안 했습니다. 강의도 완전히 무시했지요." 그는 이렇게 말하고는 예전에 강의를 듣는 대신 혼자 방에 틀어박혀 컴퓨터 프로그래밍을 배우던 기억을 떠올리며 웃었다. "마지막 해가 되자 뭔가 배워서 논문을 준비해야 한다는 생각이 들었습니다. 제 자신에게 물어보았지요. '어쩌면 공룡은 재미있지 않을까?'"

타이밍이 완벽했다. 쉬싱은 새로운 발견이 갑자기 폭발적으로 증가하던 때 중국 고생물학계에 발을 디딘 것이다. 물고기, 식물, 익룡, 곤충, 새, 공룡이 랴오닝 성에서 쏟아져 나왔다. 이 지역은 이시안 지층이라고 알려진 암석층 속에 고대 셰일층과 현무암층이 번갈아 나타났다. 이제까지 발견된 것 가운데 백악기 초기 생명을 가장 완벽하고 다양하게 담고 있는 스냅사진이었다. "저는 시작부터 운 좋게 좋은 화석을 접할 수 있었습니다. 그렇지 않았다면 특별한 관심을 갖지 않았을 겁니다."

물론 좋은 화석이라는 말로는 부족하다. 랴오닝 성에서 나온 화석은 정교했다. 졸른호펜의 석회암처럼 입자가 고운 이시안 암석은 뼈의 표면에 생긴 얽은 자국에서부터 잠자리 날개의 시맥까지 세세한 부분을 놀랄 만큼 잘 보존해 놓았고, 무엇보다도 희귀한 발견으로는 깃털이 아주 많이 나왔다는 점이었다. 초기 새가 수십 마리 발굴되기도 했지만 정말 놀라운 것은 헉슬리나 오스트롬이 예측했을 법한 양상 그대로 수각류 공룡에게 깃털이 나타나기 시작했다는 점이다.

"언젠가 우리는 원시 깃털을 보게 될 거라고 예측했습니다. 하지만 수각류 공룡에게서 전형적인 현대의 깃털을 보게 되다니, 정말 충격이었습니다!" 쉬싱은 말할 때 마치 각 문장이 끝날 때마다 그 지점에 새로운 발견이 놓여 있기라도 한 것처럼 흥분된 상태에서 한 단어 한 단어 이어가는 것 같았다. 통상적으로 공룡에 흠뻑 빠지는 어린 시절을 건너뛴 탓에 어른이 되어 한꺼번에 빠져드는 사례를 보여주는 것 같았다.

쉬싱은 중국 억양이 섞인 빠른 영어로 질문을 던지고 대답하면서 화석을 실례로 들어 중요한 요점을 설명했다. 그 화석 중 많은 수는 그가 직접 발굴 작업에 관여했던 화석이었다. "베이퍄오룽 알아요? 카우딥테릭스 알아요?"(이와이 베이퍄오룽은 깃털 공룡으로 추정되는 초식성 공룡이며 1996년 쉬싱 박사팀이 중국 랴오닝 성 베이파오 지구에서 파편 형태로 이 공룡의 화석을 발견했다. 쉬싱 박사팀이 1999년 발표한 내용에 따르면, 백악기 초기 압트세에 살았던 초식성 공룡이라 한다. 카우딥테릭스는 '꼬리 깃털'이라는 뜻으로 중국 요동성에서 발견된 깃털 공룡이다. 깃털은 있으나 날지 못하며, 이러한 깃털은 체온을 조절하거나 암컷을 유혹하기 위해 진화한 것으로 보인다. 공룡의 생김새는 거의 새와 비슷하다_옮긴이)

쉬싱에게서 느껴지는 젊음과 에너지에서 곧 프룸 박사가 떠올랐다. 프룸 박사를 만났을 당시 그 역시 이렇게 말문을 열었다. "물론입니다. 당신과 깃털 이야기를 하는 게 정말 좋아요. 한 가지 문제가 있다면 제가 절대로 말을 멈추지 않을지도 모른다는 겁니다!" 두 사람은 똑같이 열정을 지니고 있었지만 깃털 진화 문제에 접근하는 각도는 조금 달랐다. 프룸은 조류학자로서, 쉬싱은 고생물학자로서 깃털 진화 문제에 접근했다. 두 사람은 함께 막강한 팀이 되었고 몇 차례에 걸쳐 공동연구 작업을 하기도 했다. 쉬싱과 함께 일해 보니 어떠하더냐고 프룸에게 물었다. "대단한 사람이에요. 정말 뛰어나죠." 곧바로 대답이 나왔다. "저는 그 사람에게 무한한 존경심을 갖고 있습니다." 쉬싱이 프룸의 입장을 뒷받침할 표본을 발굴하는 데 탁월한 능력을 보인 점은 전혀 문제되지 않았다.

"제게는 실력 있는 현장 팀이 있습니다." 쉬싱은 겸손하게 말했지만 화석을 찾아내는 그의 능력은 가히 전설적이었다. 유명한 일화 하나를 소개한다. 다큐멘터리 영화 팀이 쉬싱에게 초창기 탐사활동에서 발견한 특별한 용각류 공룡의 발견 현장을 재현해 달라고 부탁했다. 쉬싱은 승낙한 뒤 다큐멘터리 팀과 함께 다시 발굴터를 찾았고 한편에서 촬영이 진행되는 동안 손에 잡히는 뼈를 아무거나 하나 들고 흙먼지를 털어냈다. 그런데 흙을 털어낸 그가 뼈를 찬찬히 살피더니 전혀 새로운 뼈라는 사실을 알아냈다. 무심코 집은 뼈는 알고 보니 그때까지 발견되지 않았던, 새처럼 생긴 가장 큰 수각류 공룡의 일부였던 것이다. 이 수각류 공룡은 길이 7.3미터, 무게 2톤의 거대 생명체로 쉬싱은 이 공룡에 아주 적절하게 기간토랍토르 Gigantoraptor라고 이름을 붙였다(기간토랍토르에서 기간토 Giganto는 '거대한'이라는 뜻이고 랍토르 raptor는 맹금류를 뜻한다_옮긴이).

부분적으로는 이런 뜻밖의 발견에 기대기도 하면서 쉬싱 팀은 프룸이 광범위한 수각류 공룡에게 나타날 것이라고 예측했던 여러 깃털 단계의 사례를 입증해냈다. 내가 원시 깃털에서 깃털까지, 수각류 공룡에서 새까지 도표로 나타내어 깃털의 진화를 추적할 수 있도록 다섯 가지 화석의 이름을 대 달라고 부탁하자 쉬싱은 그자리에서 화석 이름을 여덟 개나 쏟아냈다. 나는 책 분량에 한계가 있다고 말했고 그는 마지못해 수를 줄여 다섯 가지 주목할 만한 생명체를 일러주었다. 이 화석 이야기는 깃털 진화 이론을 뒷받침할 뿐만 아니라 시조새가 남겨놓은 많은 문제의 답을 찾는 데 도움을 주고 깃털이 처음 생겨나던 고대세계가 어떠했는지 잠깐 감질나게라도 엿볼 수 있게 해주었다.

· · ·

랴오닝 성은 중국 동북지역 끝자락에 위치한 곳으로 만주의 중공업 지
대와 시골 마을이 혼재된 지역이다. 17세기에 명나라를 정복하고 청 왕조
를 세운 만주족이 베이징을 그대로 수도로 삼고 자신들이 남쪽으로 옮겨
온 것은 전혀 놀랄 일이 아니다. 많은 여행객들이 '회색빛' '먼지투성이' '온
통 갈색의 땅'이라고 묘사해놓은 랴오닝 성은 무더운 여름 장마와 몹시 추
운 겨울철이 번갈아 나타나는 것으로 유명하다. 그 사이 기간에 지역 주민
들은 바위투성이 평원과 계곡에서 수수와 과일을 키우거나 최근에는 화석
을 캐서 어렵게 생계를 이어간다.

백악기가 시작될 무렵 랴오닝 성은 완전히 다른 모습이었다. 완만한 구
릉이 펼쳐지는 풍경 속에 숲과 호수가 가득했고 부근 화산지대에서는 간
헐적으로 용암을 뿜어내고 짙은 화산재 구름을 내뿜곤 했다. 용암에 녹은
암석은 흔적이 남지 않아 화석을 만들지 못하지만 화산재 분출물은 고생
물학자의 좋은 친구가 될 수 있었다. 화산재는 엄청난 열과 가스를 한꺼번
에 몰고 오는 일이 많고 이 열과 가스가 동물의 목숨을 순식간에 앗아가
고 그 위로 때맞춰 내리는 화산재 퇴적물이 쌓인다. 수백억 년 동안 이러
한 화산재 분출이 반복되면서 랴오닝 성의 얕은 호수 바닥에 미세한 가루
같은 화산재가 층층이 쌓여 화석이 만들어질 수 있는 이상적인 환경이 조
성된 것이다.

내가 집에서 한번 시험해 보았더니 아주 잘 되었다. 겨울이면 집 뒤편에

있는 얕은 웅덩이에 지하수면이 올라와 물이 차는데, 이 웅덩이에 난로 재를 갖다 부었다. 우리 집은 장작으로 난방과 취사를 해결하기 때문에 적어도 일주일에 한 번 정도는 그 웅덩이에 가서 양동이 가득 담아온 새로운 재가 천천히 바닥까지 내려가 가라앉는 것을 지켜볼 수 있었다. 화석 실험에 동원된 것은 닭털 두 개였는데, 이 닭털을 웅덩이 바닥에 놓고 겨우내 일주일마다 재를 갖다 부으면서 닭털 위에 층층이 재를 쌓았다.

8월이 되어 다시 찾았을 때 웅덩이는 말라서 매끄러운 회색 지반을 이루었고 점점이 숯 조각이 섞여 있었다. 깃발을 꽂아 닭털의 위치를 표시해 놓았지만 그렇게 고운 백악질 토양에서 정확한 위치를 찾기는 힘들었다. 게다가 조심하려고 그렇게 애를 썼는데도 깃털은 조각나고 말았다. 이 실험을 통해 불현듯 고고학 현장 작업이 얼마나 어려운지 깨달을 수 있었다. 다음번에 화석을 만들 때에는 정원 삽 대신 고운 솔과 치과용 픽으로 파내야겠다고 생각했다.

닭털 자체는 분해가 시작되었지만 난로 재에 남긴 흔적은 아름다웠다. 햇빛이 비치자 난로 재 덩어리에 깃축과 깃가지가 원래 모양 그대로 자국을 남기고 회색 바탕에 흐릿한 갈색을 물들여 놓은 것을 볼 수 있었다. 이 '원시 화석'은 불과 몇 달 사이에 몇 센티미터 정도의 침전물 아래에서 만들어진 것이다. 만약 백만 년 정도 이 작업을 계속한다면 난로 재가 얇은 셰일로 변해서 닭털의 잔여물이 정말 화석이 되었을지도 모른다. 어느 중국 농부가 깃털 달린 최초의 이시안 표본을 캐낼 당시의 바로 그 암석 형태와 똑같이 된다면.

1996년의 일이었다. 중국과학원에서 쉬싱의 미래 동료가 될 캉지Qiang Ji가 시혜툰 마을 부근의 한 농부에게서 이상하게 생긴 화석 하나를 사들

시노사우롭테릭스 프리마. 이시안 지층에서 나온 최초의 깃털 공룡

일 당시 쉬싱은 대학원생이었다. 리처드 오언이 700파운드에 괜찮은 거래로 시조새를 사들였다면 캉지가 750달러에 시노사우롭테릭스 프리마 Sinosauropteryx prima를 손에 넣은 것은 도둑질이나 다름없었다. 전공이 갑각류 동물이긴 했지만 수각류 공룡에 대해 웬만큼 알고 있었던 캉지는 공룡의 머리와 등, 꼬리 가장자리에 나 있는 짙은 색의 실가지들이 사실은 깃털일지 모른다는 의심이 들었다. 캉지는 한 중국 학술지에 이 공룡을 묘사한 내용을 발표했다. 하지만 정작 소동이 시작된 것은 그해 뉴욕에서 열린 척추동물 고생물학 학회 모임에 표본 사진이 돌면서부터였다. 사람들은 학회 발표는 안중에도 없이 복도에 몰려들어 시노사우롭테릭스를 쳐다보고는 그것이 무엇을 뜻하는지 함축된 의미를 논의하느라 여념이 없었다.

수각류 공룡에서 새가 진화되었다고 주장하는 존 오스트롬의 이론을 지지하는 사람들은 곧바로 이 '원시 깃털'이 잃어버린 고리라고 주장했다. 새는 공룡이 아니라고 주장하는 밴드 회원들은 그것이 단지 퇴화된 콜라겐 섬유일 뿐이며 상어 지느러미나 이구아나의 볏에서 볼 수 있는 조직과 같다고 비웃었다. 보존 상태가 좋긴 했지만 그래도 실가지는 논쟁의 여지가 있었다. 이 화석을 관찰한 사람들은 대부분 가는 선이 프룸의 2단계 깃털을 닮았다는 데 의견을 같이 했지만 최종 확인 작업은 전자 현미경 검사를 통해 구조적 색소 형성을 세세하게 밝힌 다음에야 가능했다. 콜라겐은 피부 아래에서 생기며 절대 채색되지 않는다. 그런데 시노사우롭테릭스는 적갈색과 황갈색 깃털, 그리고 줄무늬가 있는 꼬리 등 선명한 색상의 가죽을 자랑스럽게 내보였다.

더 많은 표본이 나오면서 시노사우롭테릭스 생태 환경의 놀랄 만큼 상세한 모습이 드러났다. 완벽하게 보존된 위장 내용물을 살펴본 결과 이 공룡이 도마뱀과 작은 원시 포유동물을 먹고 살았다는 것이 밝혀졌다. 가까운 유연관계를 지닌 콤프소그나투스와 마찬가지로 시노사우롭테릭스도 닭보다 크지 않으며 전적으로 육상 생활을 한다. 또한 두 발로 걸으며, 작고 재빠른 포식자이다. 이러한 정황으로 볼 때 시노사우롭테릭스의 깃털에는 공기 역학적 기능이 없다. 이들의 깃털은 아마 보온 기능으로 쓰였을 테지만 색상과 줄무늬가 있었다는 사실은 이 깃털이 과시 행동에서 일정한 역할을 했다는 것을 강하게 시사한다.

2년 뒤 캉지와 그의 동료들은 또 다른 이시안 화석 카우딥테릭스 조우이Caudipteryx zoui의 생김새를 발표했다. 이 공룡은 손과 꼬리 끝에 깃털이 무리지어 나 있는데 각 깃털에는 뚜렷한 깃축과 좌우대칭인 깃판이 있었다. 또한 몸통은 공룡의 잔털로 덮여 있었다. 이제 프룸 이론의 2단계와 3단계가 모두 한 가지 수각류 공룡 안에서 확인된 것이다. 이 공룡은 칠면조보다 크고 육식뿐만 아니라 식물도 먹고 살았다. 몇몇 카우딥테릭스 표본에서는 일명 '위석'으로 알려진, 씨앗을 찧는 작은 돌이 현대 새의 모래주머니에 해당하는 위치에 정확하게 남아 있었다. 날개와 꼬리에 난 깃털이 깃판을 형성하긴 했지만 비행 기능과 관련 있는 비대칭성을 갖추지 못했고 이는 이 깃털이 기본적으로 과시 용도로 쓰였다는 것을 나타낸다.

이시안 지층과 거기서 나온 깃털 공룡의 명성이 점차 커지면서 곧 랴오닝 성에서 화석이 대량으로 쏟아져 나올 것이라는 예측이 나오기 시작했다. 미국 자연사박물관 관장 마크 노렐Mark Norell은 저서 『용의 발굴Unearthing the Dragon』에서 흥분으로 들떠 있었던 이 시기의 이야기를 당시 사정을 잘 아는 내부자의 관점에서 서술했다. 그는 지역 박물관을 방문했던 일을 떠올리면서 그곳에서는 화석 손질하는 사람들이 무딘 손가락으로 화석을 깎아내고 있으며 귀중한 표본들이 선물가게 앞에 판매용으로 무더기로 쌓여 있었다고 했다. 이 지역 농부들은 좋은 화석을 발견할 경우 연간 수입을 두 배나 늘릴 수 있었고, 지역의 모든 이들이 깃털 공룡에 점점 더 큰 자부심을 느꼈다. 심지어는 수수를 재료로 만든 독한 위스키 종류의 지역 술 백주를 담아 파는 기념품 병에도 얕은 돋을새김으로 시노사우롭테릭스 그림이 새겨져 있었다.

쉬싱은 여전히 대학원생이던 1999년과 2000년에 매우 중요한 표본 두 가지를 기술함으로써 깃털 공룡 경쟁에 뛰어들게 된다. 이와이 베이퍄오룽은 생김새에서 암시되는 예상 밖의 특성에서 직접 학명을 따왔다. 이 공룡의 단순한 치아구조로 볼 때 초식 공룡으로 짐작되지만 몸집의 크기나 거

깃털을 부채처럼 펴고서 구애 과시 행동을 하는 카우딥테릭스 조우이의 가상 그림

대한 발톱은 포식 습관이 있음을 가리켰다. 재구성과 화가의 착상을 토대로 그려본 결과 거대한 몸집에 깃털이 나 있는 나무늘보 비슷하게 생겼다. 쉬싱의 눈에 더욱 이상하게 보인 것은 등을 따라 전형적인 공룡 털 외피 사이사이에 나 있는 넙적한 실가지 깃털이었다. 이 실가지 깃털은 깃가지를 뻗지 않은 상태로, 프룸이 1단계 깃털일 것이라고 예측한 단순한 깃대 모양이었다. 쉬싱은 나와 대화하던 도중에 이렇게 말했다. "저는 그것이 리본 모양의 깃털로, 원시 깃가지가 불완전하게 뭉쳐 있는 것이 아닐까 하고 다르게 생각했습니다!" 어느 쪽이든 수각류 공룡 깃털의 다양성이 점점 확대되고 있었다.

이와이 베이퍄오룽의 뒤를 바로 이어 등장한 쉬싱의 미크로랍토르 자오이아누스Microraptor zhaoianus는 두 차례나 소동을 일으켰는데 그중 첫 번째 소동은 유명한 스캔들과 얽혀 있었다. 1999년 《내셔널 지오그래픽》은 세상을 놀라게 할 만한 새로운 중국 공룡 표본을 발표했는데 이 공룡은 부리에 이빨이 나 있고 날개와 꼬리가 완전히 깃털로 덮여 있었다. 사람들은 이 공룡을 아르카이오랍토르Archaeoraptor라 불렀고 육상 동물인 수각류 공룡과 하늘을 나는 새를 연결하는, 오래전부터 찾던 고리라고 환영했다.

전해 듣기로는 화석 상태가 너무 좋아서 진품이 아닌 것처럼 여겨졌고, 실제로도 진품이 아니었다. 표본을 검사한 직후 쉬싱과 몇몇 동료들은 표본이 몇 가지 다른 화석을 한데 짜깁기하여 하나의 판으로 만든 합성품이며 괴물이라고 폭로했다. 이 사기극은 미국 지리학협회뿐만 아니라 고생물학계 전반에도 크나큰 당혹감을 안겨주었다. 하지만 마크 노렐이 지적했듯이 이 일은 실제로 전문가 평가 과정의 유효성을 입증해주었다. 다만 기술 내용을 발표하기 전에 잡지사가 전문가 평가를 기다리지 않은 점이 너무

이와이 베이퍄오룽. 등과 꼬리를 따라 넙적한 실가지 깃털이 나 있는 이시안 공룡

유감스러울 뿐이다.

그럼에도 이 아르카이오랍토르가 결과적으로 쉬싱에게는 커다란 기회가 되었다. 채석장 터로 돌아와 그 지역 화석 거래상과 이야기를 나눈 쉬싱은 아르카이오랍토르의 꼬리와 그 화석이 처음 발굴되었던 원래 화석을 다시 결합시킬 수 있었고 그 결과 모조품만큼이나 놀라운 표본이 나왔다.

"미크로랍토르는 가장 큰 충격이었습니다." 쉬싱이 말했다. "분명히 수각류 공룡인데 날개와 다리, 심지어는 발에도 비대칭형 비행깃이 나 있었습니다. 기본적으로는 날개가 네 개인 수각류 공룡이라 할 수 있었습니다. 복엽기처럼 말입니다!"

이후 이루어진 여러 분석에 따르면 미크로랍토르는 나무와 나무 사이를 활공하며 다니는 습성이 있었다. 이는 깃털을 이용한 비행의 기원을 밝히는 데 매우 중요한 의미를 지니는 습성이었다. 우리는 7장에서 이 주제를 둘러싼 논쟁을 다시 살펴볼 것이다. 깃털 진화의 관점에서 보면 이 화석은 수각류 공룡에게 비대칭 깃털(프룸의 5단계 깃털)이 있었다는 것을 확인시켜 준다. 또한 이 공룡에게 분명 비행 능력이 있으며 깃판에 V자형이 겹쳐진 오늬무늬가 있는 것으로 보아 작은 깃가지가 맞물리는 4단계 깃털도 있었음을 강력하게 시사한다. 이 화석의 등장으로 수각류 공룡 안에서 다섯 가지 발달 신기성이 확인되었고 깃털 진화의 논의가 막을 내리는 것으로 보였다. 그러나 마지막 장애가 남아 있었다. 새는 공룡이 아니라고 믿는 밴드 회원들이었다. 이들은 이를 가리켜 '시간 역설'이라고 했다.

역사적으로 고생물학자들은 비슷한 화석 생물체 집단 간의 상관관계를 찾음으로써 암석 형성 연대를 추정했지만 지금은 예측 가능한 비율로 서서히 붕괴되는 동위원소의 비율을 측정하는 방법을 쓴다. 이 두 가지 기법

모두 이시안 지층의 암석이 백악기 초기, 즉 1억 1천만 년 전에서 1억 3천만 년 전에 형성된 것으로 본다. 반면 시조새는 쥐라기 후기, 즉 1억 4천만 년 전에서 1억 5천만 년 전에 살았다. 이러한 괴리 때문에 비판가들은 깃털 공룡이 수천만 년 뒤에 등장하는데 어떻게 '최초의 새'가 수각류 공룡에서 진화할 수 있는지 묻지 않을 수 없었다.

진화의 관점에서 볼 때 '시간 역설'은 결코 역설이 아니다. 진화를 생각할 때 흔히 빠지는 함정, 즉 진화에 의한 '발전' 개념이 갖는 함정의 예다. 생명의 행렬이 물에서 나와 태고의 해변으로 올라오면서 점차 물고기에서 파충류로, 포유류로, 인간으로 발전하는 고전적인 그림을 모두들 한번쯤 보았을 것이다. 이 그림에는 강력한 지적 흡입력이 있다. 말하자면 너무도 강한 호소력을 지니고 있어서 머릿속에 자꾸 떠오르는 것이다. 하지만 불행히도 진화는 그런 방식으로 이루어지지 않는다. 진화는 직선 방향으로 나아가는 것이 아니라 연결망을 이룬다. 즉 혈통이 거미줄처럼 연결되어 있으며, 이 연결망 속에서 형질의 발전과정은 결코 한 방향으로 곧장 나아가지 않는다.

전반적으로 볼 때 초기 생명체의 가장 단순한 형태에서 보다 복잡한 생명체로 나아가는 흐름을 보이긴 해도 복잡성이 그 자체로 진화의 미덕은 아니다. 복잡성이 이점을 가져올 때(적어도 불리함을 초래하지 않을 때)에만 복잡성이 발전하고 지속된다. 깃털을 비롯한 복잡한 구조가 시간이 흐르면서 단순해지거나 없어지는 사례도 아주 많다. 진화에서는 시대가 앞선다는 사실 하나만으로 조상이 되는 것이 아니며, 보다 복잡한 형태가 진화되고 나서 오랜 시간이 흐른 뒤에도 분명 더 단순한 형태가 얼마든지 존재할 수 있다.

아무도 시노사우롭테릭스나 미크로랍토르가 현대 새의 명확한 조상이라고 주장하는 사람은 없으며 심지어는 시조새에 대해서도 마찬가지다. 오히려 이들의 깃털과 골격의 유사성으로 볼 때 이들 생명체와 새는 수각류 계통의 위쪽 어딘가에 공동 조상을 갖고 있었을 것이다. 비록 유일하게 살아남은 것이 새뿐이긴 해도 가까운 유연관계에 있는 많은 집단이 각기 다른 진화 경로를 따라 꽤 오랜 시간 동안 존속했을 것이다.

진화의 패러다임에서는 반드시 불연속적인 교체가 이루어져야 하는 것이 아니다. 즉, 한 가지 형태가 다른 형태로 변하고 다시 그 형태를 넘어서서 또 다른 형태로 변해야 하는 것이 아니다. 진화의 패러다임은 갖가지 변종이 훨씬 뒤죽박죽으로, 훨씬 현란하게 축적되거나 사라지는 과정이다.

이다음에 텔레비전에서 우연히 애완견 대회를 보게 되거나 지역 동물보호소를 가게 되면 슈나우저에서 세터까지 수없이 많은 품종이 아주 최근에 와서야 선택 교배를 통해 개발된 품종임을 잊지 말라. 세상의 모든 개는 1만 5천 년 전에서 3만 년 전 사이에 중앙아시아에서 처음 가축으로 길들인 회색 늑대의 후손이다. 그때 이후 회색 늑대가 사람들과 함께 모든 대륙으로 퍼져갔고 수많은 품종이 생겼다가 사라졌다. 발바리 개는 2천 년 전보다 훨씬 오래전 중국 제국의 궁전에 산 적이 있고 페이즐리 테리어는 빅토리아 시대 영국에서는 흔했지만 1920년대에 모두 죽었다. 반면 지금 유행하는 래브라두들(래브라도 레트리버와 푸들을 교배한 개_옮긴이) 품종은 호주에서 처음 생긴 지 채 30년도 되지 않는다. 그 사이 회색 늑대는 변하지 않은 원래 모습 그대로 야생에서 살고 있다.

미래의 고생물학자가 산발적으로 나오는 화석만을 연구 자료로 삼아야 할 경우 이러한 현상은 뒤죽박죽 헝클어진 혼란이며 의미를 파악하기에는 위험성을 안고 있다. 가령 서태후의 발바리 개가 현대 늑대보다 시기적으로 먼저 존재했다는 이유만으로 현대 늑대의 조상이라고 가정한다면 완전히 빗나간 추론이 될 것이다. 하지만 모든 개 품종과 현대 늑대가 개과 계통에서 좀 더 앞선 시기 어디쯤에서 공동의 조상을 가졌다고 결론 내린다면 옳은 추론이 될 것이다.

이러한 주장이 타당한 방어가 되긴 하지만 수각류 공룡-새 이론을 지지하는 사람들은 시조새보다 오래된 깃털 공룡을 찾기를 여전히 갈망하고 있다. 그렇게 된다면 시간 역설을 완전히 잠재울 것이다. "특정 화석을 원한다면 정확한 시대의 퇴적물을 탐사해야 합니다." 쉬싱은 삽과 지질도만 있으면 누구라도 이제껏 가장 극적이었던 그의 발견을 또 다시 재현할 수 있을 것처럼 쉽게 말했다.

쉬싱의 충고대로 그와 그의 팀은 이시안 셰일층 아래 있는 하이판고우 지층의 잘 알려지지 않은 쥐라기 암석까지 내려가 뒤진 결과 안키오르니스 헉슬리아이Anchiornis huxleyi를 찾아냈다. 시조새와 마찬가지로 안키오르니스 헉슬리아이도 뚜렷한 비대칭 깃털을 자랑스럽게 갖고 있었으며 어쩌면 활공 비행을 했을지도 모른다. 하지만 이 생물체는 1억 6천만 년 전보다 더 오래 전에 살았으며 이는 '최초의 새'보다 적어도 1천만 년이나 앞선 시기였다.

안키오르니스 헉슬리아이는 길이가 겨우 30센티미터밖에 되지 않는 작은 공룡이며 생김새는 미크로랍토르를 닮았고 날개와 다리와 발에 깃털이 있을 뿐만 아니라 솜털 같은 몸통 깃도 갖고 있었다. 또한 안키오르니스 헉슬리아이는 현대의 홍관조나 스텔라 까마귀처럼 깃털이 나 있는 뚜렷한 머리볏도 자랑스럽게 달고 다녔다.

토머스 헉슬리에게 경의를 표하는 뜻에서 안키오르니스 헉슬리아이라고 이름을 붙인 이 화석은 쉬싱이 2009년도 척추동물 고생물학회 모임에서 처음으로 내놓았으며 거의 150년 전 헉슬리가 추측했던 수각류 공룡-새 이론에 대한 가장 중대한 비판 중 하나를 말끔하게 불식시켰다.

이들 깃털 공룡(그리고 이제껏 발굴된 그 밖의 20종)을 한데 모으면 프룸의 발달이론이 옳다는 것을 매우 설득력 있게 입증하는 근거가 된다. 이 깃털 공룡들은 모두 2단계 실가지 깃털을 갖고 있고 베이퍄오룽은 1단계 깃대를 갖고 있다. 카우딥테릭스는 3단계(그리고 어쩌면 4단계)를 보여주는 한편 미크로랍토르와 안키오르니스는 4단계와 5단계를 담당한다. "모두 다 보이는 건 아닙니다." 프룸이 수긍했다. "작은 깃가지는 화석이 되기에는 작고, 속이 빈 관 모양이 언제 생겼는지도 알기 힘듭니다. 하지만 화석 증거들이 우리에게 알려주는 내용에 대해 저는 대체로 만족합니다."

현대 새뿐만 아니라 수각류 공룡에게서도 깃털의 다섯 단계를 모두 볼 수 있다는 사실로 볼 때 두 집단 사이에 밀접한 유연관계가 있다는 것은 명확하다. 또한 조류 및 깃털의 기원과 관련해서 과학계가 확실하게 동의하는 일치된 의견을 갖게 될 경우 이 내용을 뒷받침하는 결정적인 증거로도 쓰일 것이다. 여전히 많은 세부 사항을 둘러싸고 옥신각신 논쟁이 벌어지고 있지만 이제는 고생물학자와 조류학자의 절대 다수가 수각류 공룡-새의 이론 틀에 신뢰를 보인다. 미국 캘리포니아 대학교 버클리 캠퍼스의 진화생물학자 케빈 퍼디언Kevin Padian은 이렇게 말하고 있다. "지구는 둥글고, 태양은 지구 주위를 돌지 않으며, 대륙은 이동하고, 새는 공룡에서 진화했다."

깃털 진화와 새의 기원과 관련하여 현재 통용되는 이론을 발전시키는

데 프룸과 쉬싱만큼 많은 기여를 한 학자도 없다. 하지만 이들 두 사람도 모든 점에서 의견을 같이하는 것은 아니다. 두 사람 모두와 대화를 나눠본 결과 둘 다 호기심이 무척 강하고, 끊임없이 물음을 던지며, 이론을 보다 명확하게 다듬고, 서로의 주장에 대해서는 물론 자신의 주장에 대해서도 계속 이의를 제기한다. 두 사람을 한 자리에 앉혀놓고 이야기를 나눠본 적은 없고 심지어는 두 사람이 같은 대륙에 있지도 않지만 나는 전화와 이메일 상으로, 그리고 예일 대학교의 피바디 자연사박물관에 있는 사무실에서 프룸을 만났을 때 말하자면 대담 비슷한 것을 이어갈 수 있었다. 두 사람이 의견을 같이하는 내용은 우리가 깃털의 기원을 이해하는 데 기본 틀을 제공하지만 두 사람의 의견이 다른 경우에도 그 엇갈리는 점은 진화 자체의 미묘한 차이에 대해 우리에게 뭔가 가르쳐준다.

프룸의 이론이 나온 지 몇 년 후 쉬싱은 자신이 생각하는 깃털의 발달 모델을 발표했다. 대체로 비슷하지만 쉬싱의 모델에서는 깃대와 실가지 깃털(프룸의 1단계와 2단계)이 우낭 형성 이전에 발달할 수도 있다고 보았다. 쉬싱은 자신이 화석에서 본 내용을 보다 잘 설명하기 위해서 이러한 수정이 필요하다고 느꼈다. 외피에 나 있는 실가지 깃털, 또는 '공룡 털'의 증거가 점점 더 광범위하게 드러나고 있었던 것이다. "올해 우리는 조반류 공룡(트리케라톱스를 비롯하여 그 밖에 삐죽삐죽 뿔이 솟은 공룡 집단으로 수각류 공룡과는 아주 먼 유연관계만 있다)이라는 새로운 종을 발표했습니다. 이 공룡 집단은 원시깃털이라고 볼 수 있는 긴 실가지가 나 있었습니다." 쉬싱이 내게 말했다. 공룡 털과 비슷하게 생긴 것이 심지어는 익룡에게도 나타났다. 그리하여 쉬싱은 실가지 깃털이 어쩌면 수각류 공룡 이전부터 생겨났거나 아니면 여러 차례에 걸쳐 독립적으로 진화했을 가능성도 있다고 생각했다.

"충분히 가능한 일입니다." 프룸에게 쉬싱의 주장을 어떻게 생각하는지 물었을 때 그 역시 수긍했다. "우리 두 사람의 연구는 다소 차이는 있지만 대체로 같은 결론에 이르렀습니다. 하지만 우낭이 있기 전에는 어떠한 구조적 복잡성도 띨 수 없을 겁니다. 깃가지도, 깃축도 생기지 않을 겁니다. 우낭이 없는 상태에서 깃털이란 기본적으로 혹 같은 겁니다."

쉬싱은 깃털의 초기 진화과정이 극도로 불안정하다고 보았다. 각기 다른 여러 계통에서 깃대, 실가지, 심지어는 이보다 조금 나아간 형태까지도 수차례 나타났다가 사라졌을 가능성이 있었다. "새로운 구조는 쉽게 사라졌다가 다시 나타날 수 있습니다. 깃털이 안정 단계에 들어선 이후에야 다양한 형태와 기능을 가질 수 있었습니다. 이러한 안정화 단계는 어쩌면 안키오르니스나 시조새 부근 어디쯤 와서야 겨우 생겨났을 겁니다."

깃털 진화는 새로운 형태론적 형질이 축적되는 과정이며 반복성을 띤다는 데 프룸과 쉬싱 모두 동의했다. 그렇다면 언제부터 깃털을 깃털이라고 부를 수 있을까? 내가 물었다.

"속이 빈 관 모양을 갖춘다면 깃털입니다." 프룸이 바로 대답했다. "제가 여러 차례 말하고 또 말하는 게 있어요. '원시깃털' 같은 건 없다는 겁니다. 아무도 '원시팔다리'에 대해 말하지 않습니다. 팔다리가 있든가 없든가 둘 중 하나입니다. 깃털이라고 왜 달라야 하지요? 관 모양을 갖추었으면 깃털입니다. 더 이상 다른 말은 필요 없어요."

쉬싱은 이보다 모호한 입장이었다. "이 문제에 대해 많은 생각을 해왔습니다. 구조를 어떻게 정의하죠? 분류학적 명칭이 제멋대로라는 데 대해서는 요즘 다들 동의합니다. 공룡인 것과 새인 것. 한쪽에서 다른 쪽으로 점차 진화해가고 있다면 어디서 선을 그어야 할까요? 구조의 경우에도 마찬가지라고 생각합니다." 쉬싱은 잠시 쉬면서 숨을 가다듬더니 더 많은 생각들을 마구 쏟아내었다. "깃털은 고유의 형태, 화학, 케라틴, 구조적 특징, 기타 등등을 갖고 있습니다. 이런 복잡한 특징들은 계단처럼 순차적인 방식으로 진화했을 가능성이 농후합니다. 그렇다면 어디서 선을 그어 깃털과 깃털이 아닌 것을 나눠야 할까요? 저는 잘 모르겠습니다."

앨런 페두차는 또 다른 관점을 보였다. 수각류 공룡 이론이 점차 합의된 의견으로 자리 잡고 있음에도 불구하고(아니, 어쩌면 그렇기 때문에), 새는 공룡이 아니라는 밴드의 남은 회원들은 여전히 방법과 결과에 문제를 제기하고 증거의 빈틈을 찾으면서 비판적 주장을 내놓고 있다. 페두차는 카우딥테릭스나 미크로랍토르 같은 화석에 깃털이 있다는 것을 부인하지 않는다. 하지만 그는 이 화석들이 현대의 타조, 레아, 에뮤처럼 2차적 특징으로 날지 못하는 새라고 본다. "제 입장은 한마디로 요약할 수 있습니다. 새 깃털이 있으면 새라고요." 페두차가 내게 이렇게 말했다.

"그게 바로 최근에 생각해낸 이야기군요!" 프룸은 내가 페두차의 말을 전하자 이렇게 소리쳤다. "공룡에게 정말로 깃털이 있다는 사실을 부정할 수 없으니까 그 다음에는 공룡을 그냥 새라고 하는 겁니다. 동일한 화석에 대해 새와 아무 관련이 없다고 그렇게 오랫동안 말해놓고는 이제 와서 이렇게 말하는군요!" 프룸은 페두차와 그 주변 인물들에게 화가 난다고 인정했다. 그들은 검증할 수 있는 명확한 대안도 제시하지 않은 채 프룸의 이론을 비판한다고 했다.

사실 새는 공룡이 아니라는 밴드의 소수 입장이 계속 언론에 보도되는 (언론의 공정성을 기하기 위해) 상황 때문에 어쩌면 대다수 과학자들이 이미

숙고를 끝내고 종결지은 논쟁이 사그라지지 않고 지속되는 것인지도 모른다. 하지만 내가 프룸을 압박하자 그는 특정 비판 때문에 비록 혈압이 올라가는 문제가 있긴 해도 자신의 생각을 보다 정확하게 다듬는 데 도움이 되었다고 인정했다. "전반적으로 이 논의는 사실상 지나치게 부풀려졌습니다." 페두차가 내게 말했다. "새와 공룡이 연관관계가 있다는 것은 모든 사람이 인정합니다. 프룸을 지지하는 집단에서는 새가 수각류 공룡에서 진화되었다고 생각하고 우리 집단에서는 새가 그보다 훨씬 이전에 진화되어 공룡과는 별개로 존재했다고 생각합니다."

페두차는 아직은 발견되지 않은 조룡에서 새가 진화되었다고 오래전부터 주장해왔다. 조룡은 고대 파충류의 하나로, 공룡보다 먼저 생겼으며 공룡의 조상이다(뿐만 아니라 현대 파충류가 속해 있는 악어목과 익룡의 조상이기도 하다). 밴드 측 이야기로는 새와 수각류 공룡이 먼 육촌 관계쯤 된다고 한다. 둘 사이에 비슷한 형질이 많이 나타나는 것은 밀접한 유연관계 때문이라기보다는 수렴진화 때문이라는 것이다. 즉 비슷한 생활방식에 맞도록 비슷하게 적응했다는 것이다.

페두차는 자신의 주장을 입증하기 위해 새와 공룡의 골격 특징 중 서로 들어맞지 않는 부분이 있다는 사실을 들었다. 이는 수각류 공룡-새 이론에서 마지막으로 남은 의문의 하나이다. 세 손가락 손을 구성하는 손가락이 각기 어떤 손가락인가 하는 점에서 명확한 불일치가 보이고 있다. 새와 수각류 공룡 모두 손가락이 다섯 개인 환경에서 진화되었기 때문에 과연 어떤 손가락이 없어졌는가 하는 문제가 남는다. 새의 경우에는 1번과 5번 손가락이 사라진 반면 수각류 공룡은 4번과 5번 손가락이 없어진 것으로 보인다.

이 주장이 프룸과 쉬싱에게는 설득력이 없었다. 그들은 반론을 제기했다. 발달이론 및 분자 연구에 따르면 몇 번째 손가락인지 확인하는 작업은 다른 요소에 쉽게 영향을 받으며 다양한 발달 패턴의 변경을 통해 손가락 세 개가 남는 결과가 나올 수 있다는 것이다. 쉬싱은 "손가락 쟁점을 해결하는 문제가 분명 연구의 최우선 사항"이라고 수긍했고, 첫 번째 손가락이 급격하게 줄어들어 새의 손가락 형태와 유사한 새로운 수각류 공룡 화석이 나올 가망성이 있다고 지적했다. 어쨌든 쉬싱과 프룸은 손가락 문제가 다른 압도적인 증거에 비해 사소한 걸림돌에 지나지 않는다고 보았다.

페두차는 수각류 공룡 '정설'을 반박할 때면 H. L. 멘켄H. L. Mencken의 표현을 즐겨 사용한다. "모든 복잡한 문제의 경우에는 단순하면서도 정돈된 틀린 해답이 있다." 하지만 여러 화석과 연구, 전문가 의견이 페두차를 반박하는 방향으로 모아지면서 이제는 페두차의 입장이 단순한 주장처럼 들리기 시작한다. 나는 대화를 끝내면서 페두차에게 늘 물살을 거슬러 수영하는 기분이 어떤지 물었다. "글쎄, 저는 이 모든 게 어떻게 끝날지 모르겠습니다." 페두차는 지친 듯하면서도 기분 좋게 대답했다. "하지만 정설의 관점에 대해 모든 차원에서 이의가 제기될 거라고 믿습니다."

새로운 화석이 세상에 나오면서 정설에 이의를 제기하고 정설이 바뀌고 개선될 것이라는 페두차의 말은 분명 옳다. 과학이란 원래 그렇게 움직이는 법이니까. 하지만 이제 비로소 이론적 틀은 확고하게 자리 잡은 것처럼 보이며 앞으로의 논쟁은 세부 사항과 관련하여 진행될 것이다. 수각류 공룡과 깃털의 발달 모델에서 취약점이 무엇인지 쉬싱에게 묻자 그는 선뜻 답하지 못하고 생각에 잠겼다. 우리 대화에서 가장 긴 침묵이 이어졌다. "아니요, 취약점은 실제로 없습니다." 쉬싱이 마침내 입을 열었다. "다만 더 많은 증거가 필요할 뿐이죠. 큰 틀은 있지만 많은 세부사항으로 그 틀을 채워야겠지요." 지금도 화석 사냥꾼이 되기에는 좋은 시기라는 이야기처럼 들렸다.

프룸도 비슷한 대답을 들려주었다. "제 원래 논문에서 뭔가 고쳐야 한다면 우낭의 중요성을 덜 강조할 것 같아요." 프룸이 말했다. 하지만 그것 말고 모델은 별 문제 없이 잘 적용되고 흥미로운 방향으로 나아가고 있다고 말했다. 프룸은 깃털 연구가 과학에서 아무도 가보지 않은 새로운 계곡을 우연히 찾은 것과 같다고 비유했다. "오르막길 꼭대기에 올라보니, 갑자기 아래쪽에 망상하천이 흐르는 아름다운 풍경이 펼쳐진 겁니다. '지금까지 아무도 여기 와본 사람이 없어!'라고 생각하면서 그 속으로 걸어 들어가는 거죠."

프룸의 사무실을 나서는 내 머릿속에 갖가지 생각이 무성했다. 프룸이 말한 모든 대답들이 제각기 뭔가 새롭고 흥미로운 문제를 머릿속에 남겨 놓은 것 같았다. 수각류 공룡에게 깃털이 있었다면 그들의 행동은 새와 얼마만큼 비슷했을까? 수각류 공룡이 화려한 색깔을 띠었다면 그 색상은 언제 어떻게 진화되었을까? 깃털이 그렇게 오래전부터 곳곳에 널려 있었다면 어떤 이상한 모양과 기능들이 생겼다가 사라졌을까?

예일 대학교를 찾던 날 때마침 폭설이 내렸고 나는 그날 늦게 뉴욕행 기차를 타고 와서 한겨울의 센트럴파크를 거닐게 되었다. 머릿속은 여전히 어지러웠다. 머리 위로 수각류 공룡의 후손들이 날개를 퍼덕이며 나무 사이를 스치듯 날고 있구나 하는 생각을 하는 순간 아무도 밟지 않은 눈밭 위에 짙은 색의 작은 깃털이 떨어져 있는 것을 발견했다.

나는 깃털을 집어 들었다. 좌우 대칭을 이룬 완벽한 형태의 깃판이 파르

도시 서식지 창공을 날아가는 바위비둘기

스름한 회색빛을 띠었다. 모두가 도시 새의 군주로 인정하는 바위비둘기의 깃털이 분명했다. 프룸을 만나고 돌아오는 길인 만큼 깃털이 우낭에서 나와 자라는 과정을 눈앞에 그려보지 않을 수 없었다. 프룸의 이론에서는 이 과정을 우아^{쩌뻐} 상피 기저층의 증식 및 펼침이라는 문구로 표현했다. 과학에서는 한없이 복잡했던 것을 새들은 쉽게 해내고 있었다. 새로운 깃털이 자라고 오래된 깃털이 빠지면서 체온을 따뜻하게 유지하고 몸을 식히고 심지어는 철마다 다른 색깔을 띠기도 했다.

홀로 달랑 남겨진 깃털을 보고 있자니 과학이 복잡하게 만들어놓은 깃털의 다른 주제도 많다는 생각이 들었다. 새는 왜 털갈이를 할까? 털갈이가 시작되는 계기는 무엇일까? 왜 그렇게 자주 털갈이를 할까? 깃털은 어디에 있다가 어떻게 갑자기 생겨나는 것일까? 어떻게 같은 우낭에서 그렇게 다양한 색깔과 형태의 깃털을 만들어낼까? 그런 문제라면 작은 슴새가 답할 수 있을 것이다.

제4장

습새 잡는 법

작은 참새 수컷 한 마리가 초록 나무에 앉아,
쩍쩍, 쩍쩍, 아주 즐겁게 노래 부르네.
장난꾸러기 소년이 작은 활과 화살을 들고 와서
말하네, 이 작은 참새 수컷을 쏠 테야.
몸뚱이는 맛있는 작은 스튜가 되어 내게 올 테고
내장은 작은 파이가 되어 내게 올 거야.
아, 안 돼요, 참새가 말했다. 나는 스튜가 되지 않을 거예요.
결국 참새는 날개를 퍼덕거리며 날아가버렸네.
— 〈마더 구스〉, 전래동요

깜깜한 어둠 속으로 손을 뻗었다. 손끝 저편에 깃털 달린 물체가 총총거리며 도망가는 것이 느껴졌다. 나는 구아노가 길게 줄무늬를 이룬 젖은 풀밭에 배를 대고 누워 생선 기름 냄새가 풍기는 좁은 구멍 속으로 팔을 넣어 어깨가 닿도록 뻗었다. 팔을 더 뻗어보았지만 손에는 진흙만 느껴졌다. 내가 습새에 가까이 다가갈 수 있는 건 여기까지였다. 솔직히 습새를 놓치자 왠지 안심이 되었다.

방금 전까지 나는 바닷새 전문가 피터 해리슨Peter Harrison이 구멍에서 가는부리고래새를 열심히 잡아당기는 모습을 지켜보고 있었다. 해리슨은 땅바닥에서 펄쩍 뛰어오르더니 마술사가 소매에서 꽃다발을 꺼내는 것처럼 작은 새를 꺼내 흔들어 보였다. 우리가 구경하려고 모여들었을 때 고래새는 햇빛에 몇 번 눈을 깜박거리긴 했지만 그것 말고는 평온하고 태연한 모습으로 피터의 손에 가만히 앉아 있었다. 고래새는 포클랜드 군도 서쪽 끝에 위치한 뉴아일랜드에 서식하면서 매와 도둑갈매기와 쥐, 그리고 더러는 도둑고양이를 무서워했지만 조류 관찰자 집단이나 영국 조류학자는 전혀 걱정하지 않았다.

과학과 동물보호에 기여한 공으로 최근 기사 작위를 받은 피터 경은 지구상에서 바다 위를 날아다니는 새의 모든 종을 본 유일한 사람으로 알려져 있다. 삽화가 곁들여진 그의 저서 『바닷새Seabirds』는 거의 완벽한 최고의 현장 안내서로 평가되며, 그가 탐사를 이끌 때마다 열렬한 조류 관찰자와 심지어는 전문 조류학자까지도 마치 록밴드 그레이트풀 데드 팬들이 맨 앞자리를 잡으려고 혈안이 되듯이 서로 먼저 티켓을 낚아채려고 한다.

놀랄 일도 아니지만 피터는 노련한 전문가답게 수월하게 고래새를 다루면서 부리 연결부에 뚜렷하게 뿔처럼 생긴 관을 가리켰다. 이 관 때문에 고래새는 슴새과로 분류된다. "이 새는 후각이 아주 예민해서 밤에도 자기 굴을 찾을 수 있으며 광활한 바다에서 크릴새우 구역을 냄새로 알아냅니다." 피터는 우리처럼 고래새를 처음 보는 듯이 경이로움이 가득한 어조로 말했다.

부화한 지 얼마 되지 않은 주먹 크기의 통통한 이 새는 보송보송한 공 모양에서 미끈한 비행 기계로 변신하는 데 필요한 지방질 에너지 층이 붙으면서 곧 어미새보다 무게가 더 나가게 될 것이다. 앞으로 60일이 채 지나지 않아 2백만 마리가 넘는 어린 고래새가 첫 비행을 시작하여 뉴아일랜드 창공을 지나 저 멀리 바다로 사라질 것이다. 남반구의 긴 겨울이 시작되면 새들은 끊임없이 먹이를 찾아 혼자서 또는 작은 무리를 이루어 돌아다닐 것이다. 이후 1년 가까이 절대로 땅에 내려오는 법이 없다.

뉴아일랜드에 있는 가는부리고래새 새끼

　고래새와 이들보다 몸집이 큰 친척인 슴새와 바다제비 새끼들은 육지에
서 꼼짝 못하는 데다 육질이 기름지고 풍부해서 한때 고래잡이와 어부, 그
밖에 포클랜드뿐만 아니라 남쪽 바다 새둥지 군락지역에 쉽게 닿을 수 있
는 사람들의 식탁에 자주 올랐다. 슴새라는 이름은 18세기 무렵 외로운
선원들이 구운 바닷새의 맛과 향이 고향집의 구운 양고기 맛과 냄새와 비
슷하다는 것을 서로 확인하면서부터 유래되었다(슴새는 영어로 머튼버드
muttonbird이고 머튼mutton은 양고기를 뜻한다_옮긴이). 고래새 굴에 코를 박고 냄
새를 맡은 나는 그런 이야기가 허튼 희망사항에서 나왔을 것이라고 단정
지었다. 하지만 슴새 사냥꾼이 미식가의 정확한 감각은 갖지 못했을지 몰
라도 서식지 선호도, 번식 행동, 깃털 성장의 정확한 시기 선택 등 사냥감
에 대한 지식만큼은 정통했을 것이다.

피터는 고래새 새끼를 잠깐 살펴보고 사진 몇 장을 찍은 뒤, 행여나 다른 둥지 구멍에 넣어 영역 소동이 일어나는 일이 없도록 세심한 주의를 기울이면서 고래새 새끼를 굴 속으로 돌려보냈다. 이후 우리 일행이 흩어져 섬을 돌아보는 동안 나는 다시 한 번 슴새 사냥을 시도해봐야겠다고 생각했다.

다른 새둥지를 찾는 것은 문제가 되지 않았다. 섬에는 말 그대로 수백만 개의 굴이 있어서 발밑에 닿는 땅이 스펀지 같은 느낌이었고 발걸음을 디딜 때마다 발밑에서 놀란 새끼 새들이 찍, 쉿 하면서 어디서 나는지 알 수 없는 으스스한 소리를 내곤 했다. 몇몇 굴에는 어미 새가 여전히 알을 품고 있기도 했지만 지금쯤은 대부분 솜털이 보송보송한 새끼가 한 마리씩 들어 있었다. 갓 부화한 뒤부터 깃털이 나서 둥지를 떠날 때까지 어린 새는 낮 시간 내내 혼자서 기다린다. 어미 새는 깜깜해져 어둠의 보호 아래 포식자를 안전하게 피할 수 있는 밤이 되어서야 새끼 새에게 먹이를 주기 위해 돌아왔다.

내가 택한 굴은 팔 길이보다 살짝 더 길었고 그 속에 든 새끼 새는 손아귀에서 간단하게 빠져나갔다. 어떤 점에서는 그 편이 내게 좋았다. 새끼 새를 잡아 눈에 보이는 모든 것을 손으로 찔러보고 눌러보고 싶은 마음이 굴뚝같다는 건 부정할 수 없지만 그런 행동이 때로는 마음 깊은 곳의 보존 윤리와 충돌을 일으켰다. 과학의 목표가 고귀하긴 해도 현장생물학에서 하는 일이 연구 대상에게는 몹시 무례한 짓이 된다는 사실은 부정할 수 없다. 발밑에는 고래새가 수도 없이 많은 것처럼 보였고 계속 다른 굴을 더 찾아볼 수도 있었다. 하지만 풍부하다는 것을 곧 회복력이 있는 것으로 착각하는 너무도 흔한 실수를 저지르고 싶지 않았다. 슴새를 잡지는 못했지만 한번 시도해보고 싶은 충동은 그런대로 채워졌으므로 나는 섬을 두루 살펴보러 나섰다. 더없이 기분 좋은 냄새와 한꺼번에 몰아치는 새떼의 아우성 소리에 흠뻑 취하면서.

머리 위에서는 검은눈썹알바트로스와 거친얼굴가마우지가 날개를 퍼덕거리며 둥글게 선회하다가 야트막한 언덕 위로 낮게 날아 둥지로 향했다. 젠투펭귄, 마카로니펭귄, 마젤란펭귄이 자기들이 사는 풀 많은 숲에서 해변까지 느릿느릿 걸어 가다가 잠시 발길을 멈추고는 부리를 하늘로 쳐들고 오래도록 끼룩끼룩 울었다. 풀이 더부룩하게 자란 풀밭 사이로 칼집부리 물떼새가 깊은 생각에 잠긴 키 작은 교수처럼 고개를 숙인 채 이리저리 거니는 모습이 흘깃 흘깃 보였다. 남방큰재갈매기, 큰풀마갈매기, 갈색도둑갈매기가 이 섬에 둥지를 트는 40여 종 새의 알과 새끼를 몰래 훔칠 생각에, 또는 대낮에 용감하게 둥지 굴 부근의 땅으로 기어 나온 특이한 고래새를 놀래줄 심산으로 곳곳에 숨어 있었다.

약간씩 변화가 있긴 해도 매년 이런 어지러운 장면이 남반부 바다 전체 섬에서 습새 사냥의 특징적인 배경 장면으로 펼쳐졌다. 또한 이 사냥 사업으로 말할 것 같으면, 뉴질랜드와 태즈메이니아에서 멀리 떨어진 섬에서 지금도 매년 25만 마리 이상의 회색습새와 10만 마리 가까이 되는 쇠부리습새가 잡히고 있다. 통통한 습새 한 쌍을 잡아 털을 뽑고 깨끗하게 손질한 뒤 소금을 쳐서 지역 시장에 내다팔면 20달러나 되는 돈을 벌 수 있으며 온라인 판매로는 그 이상을 벌었다. 이 장사는 마오리족과 호주 원주민족 수십 가구에 중요한 수입원이 되고 있으며 이들의 사냥 기술은 최고 수준이었다. 숙련된 습새 사냥꾼이 굴속에 들어앉은 주인 한 마리를 찾아내어 낚아챈 뒤 주머니에 담기까지 5~6분이 걸리며 30일간의 사냥으로 과장 없이 3만 달러라는 순이익을 거둬들일 수 있다.

마오리족은 사냥감의 자연사에 관한 정확한 지식을 바탕으로 슴새 사냥을 두 시기로 나누어 한다. 불운하게 끝나버린 나의 시도가 있었던 때는 이른바 '나나오nanao'라고 불리는 시기로, 굴 속에 있는 통통한 새끼 새를 직접 잡는 주간 채집기이다. 새가 가장 통통하게 살이 오른 시기에 잡기 때문에 나나오 새끼 새는 가장 높은 가격을 받는다. 야간 채집기는 '라마rama'라고 알려져 있으며 시즌 끝 무렵 특정 저녁시간에 채집이 이루어진다. 이 시기에 어린 새는 한꺼번에 굴에서 나와 첫 비행을 시도할 높은 지대나 절벽으로 가기 위해 무리를 이루어 풀밭을 가로질러 간다.

슴새 사냥꾼들은 깃털의 생명 활동에 대한 단순하면서도 깊은 이해를 기반으로 사냥을 성공리에 마친다. 나나오와 라마 사이에는 슴새의 첫 번째 털갈이가 이루어지며 태어날 때 갖고 있던 솜털 대신 첫해 내내 바다에서 어린 새에게서 보게 될 겉깃털, 비행깃, 반깃털, 솜털깃, 강모깃털, 가루 솜털깃, 털모양 깃털 등 다양한 종류의 깃털을 갖게 된다. 나나오 새는 무력하며, 비를 맞으면 살아남지 못하는 반면 라마 새는 지구의 거친 날씨에도 버틸 수 있는 깃털의 보호를 받는다. 몇 주에 걸쳐 이런 깃털 덮개가 자라려면 많은 에너지가 필요하며 어린 새 몸에 비축된 상당한 지방 성분이 빠르게 연소된다. (어린 새는 생선 기름과 다시 토해낸 크릴새우를 잔뜩 먹은 탓에 털갈이 전까지 몸집이 비대해져서 굴속에서 꺼낼 수도 없을 정도지만 라마 시기에는 미끈하고 건장한 비행 새가 되어 나타난다.)

현장 과학자는 자료 분석, 더디게 흘러가는 긴긴 시간 동안의 측정 활동, 메모, 그 밖의 소소한 관찰을 통해 생명 활동을 배운다. 하지만 오래전부터 내려오는 보다 직접적인 방법은 뱃속으로 배우는 방법이다. 생계형 사냥꾼들은 재빨리 통찰을 얻든가 해야지 그렇지 않으면 곧 이어 닥치는 결과로 고생한다. 일전에 사슴 사냥 잠복 움막 안에 한 젊은이와 함께 앉아 있은 적이 있었다. 이 젊은이네 가족은 사냥으로 먹고 살았으며 사냥감은 철마다 바뀌었다. 사슴 한 마리 지나가지 않는 가운데 춥고 오랜 시간을 지내는 동안 이 젊은이는 무료한 시간을 보내기 위해 재미 삼아 머리 위로 지나가는 오리 이름을 알아맞혔다. 추운 아침 공기 속에 오리마다 나는 특정한 날갯짓소리를 듣고 무슨 종인지 알아내는 것이었다. 나는 들고 있던 쌍안경으로 새가 지나갈 때마다 확인해 보았다. 젊은이는 한 번도 틀리지 않고 매번 맞혔다.

숩새 잡이는 깃털의 초기 성장에 대해 좋은 사례를 제공하지만 그 밖에도 '중요한 지식'에 대한 탁월한 본보기가 된다. 숩새 사냥꾼은 사냥감에 대해 몇 가지 사실을 알아야 하며 그렇지 않을 경우 배를 곯는다. 그렇다고 모든 걸 알아야 할 필요는 없다. 숩새 사냥꾼이라면 반드시 새가 언제 어디서 번식하고 털갈이를 하는지 알아야 한다. 하지만 세포분열을 하는 동안 어떻게 염색체 쌍이 짝을 짓는지 연구하지 않아도 나나오 사냥철에 자루를 가득 채울 수 있다. 우리는 깃털의 구조와 발달에 관한 복잡한 사항들을 탐구하는 과정에서 이를 중요한 교훈으로 염두에 두어야 할 것이다.

깃털을 제대로 인식하기 위해서는 기본적인 사항들, 가령 깃털이 무엇으로 이루어졌는지, 왜 어떻게 털갈이를 하는지, 우낭에서 어떻게 그토록 다양한 형태의 깃털이 만들어지는지 등을 이해해야 한다. 하지만 이 과정의 밑바탕에 깔린 화학, 물리, 분자 유전학은 직업 과학자도 계속 어려움에 부딪히는 깊고 넓은 웅덩이와도 같다. 숩새 사냥꾼들이 그랬듯이 우리의 사냥도 중요한 기본 사항을 알아내는 선에서 더 나아가지 않을 것이다.

• • •

깃털을 베이컨이나 스테이크, 혹은 햄 샌드위치라고 여기지는 않지만 그래도 깃털은 좋은 단백질원이다. 깃대에서부터 깃축, 깃판까지 깃털의 구성부분은 대개 케라틴으로 이루어졌으며, 케라틴은 머리카락과 손톱에 있는 것과 같은 단백질 종류이다. 통상적으로 사람들은 깃털을 먹지 않지만 동물 사료 산업에서는 깃털의 영양학적 가능성을 간과하지 않았다. 미국의 닭과 칠면조 가공 회사에서는 매년 45억 킬로그램 이상의 깃털을 쏟아낸다. 이들 회사는 처리 공정에서 나온 털을 콘아그라나 퓨리나 같은 동물 사료회사에 공급함으로써 상당한 수익을 거둔다. 이곳에서 깃털을 끓여 건조시킨 뒤 이를 갈아서 단백질이 풍부한 재료로 만들고 이 재료는 애견용 통조림에서 소 사료에 이르기까지 모든 동물 사료에 이용된다. 상황이 섬뜩하게 전개되는 경우에는 이 재료가 닭 사료에 들어가기도 한다.

깃털 케라틴은 유기농 농장에서도 한 몫 하는데 깃털을 재료로 쓴 비료는 토양 질소를 증진시키는 천연 방법으로 여겨지고 있다. 상추, 콩, 그 밖에 질소를 좋아하는 채소에 이 비료를 주면 깃털의 단백질이 유기농 농산물 코너까지 도달하는 놀라운 경로가 생긴다.

예전에 언짢은 표정을 하고 다니는 교수에게서 생화학 강의를 들은 적이 있었다. 헝클어진 머리에 미간에는 깊은 주름이 잡히고 말할 때면 강한 폴란드 악센트가 들어 있었던 교수는 케라틴에 대한 강의를 시작하면서 우리에게 코뿔소 클로즈업 사진을 보여주었다. "코뿔소는 꼭 탱크 같습니

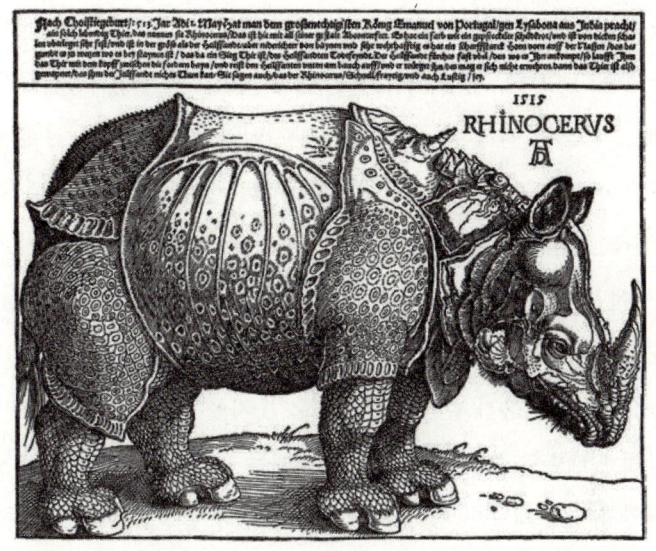

코뿔소의 갑옷 같은 가죽에는 강한 힘을 갖도록 설계된 단백질인 케라틴이 다량 들어 있다

다." 그가 수업시간에 버럭 소리를 지르며 말했다. 그냥 편안하게 멧종다리나 솔새 사진을 보여줄 수도 있었겠지만 그랬다면 코뿔소 사진 만한 효과는 없었을 것이다.

그 교수는 케라틴이 강한 힘을 갖도록 설계된 단백질이라는 것을 말하고자 했다. 케라틴의 긴 분자는 튼튼한 섬유 망을 형성하여 코뿔소 가죽에서 거북 등까지 모든 신체 외피를 두툼하게 만든다. 깃털에는 케라틴이 가득하며 손톱, 비늘, 발굽, 발톱, 뿔, 머리카락에도 케라틴이 잔뜩 들어 있다. 케라틴은 최초의 척추동물이 바다에서 나오기 전부터 발달되었으며 지금은 동물 왕국 곳곳에서 구조를 형성하는 기본 구성성분이 되고 있다. 그 시간을 지나오는 동안 케라틴은 아주 흔해졌지만 모든 케라틴이 똑같은 것은 아니다.

영화 〈졸업〉의 도입부에서 가족 모두가 아는 한 친구가 젊은 벤저민 브래독을 은밀히 한쪽으로 데려가서는 "플라스틱들은 어때?"하며 장래 직업에 대해 조언한다. 어색하고 무표정한 벤저민의 얼굴이 영화 전체의 분위기를 암시하는데 여기서 중요한 점은 복수를 사용했다는 것이다. 특별한 지식이 없는 사람들에게 플라스틱은 그냥 플라스틱이다. 하지만 이 사람은 플라스틱에 수십 가지 종류가 있으며 특별한 용도에 맞도록 제각기 다르게 만들 수 있다는 것을 알고 있었다.

재활용업자들은 용기 겉면에 찍힌 고유 숫자를 확인하여 플라스틱을 기본 중합체 형태별로 분류한다. 탄산수 병에는 1이라는 숫자가 적혀 있으며 이를 재활용하여 새로운 병이나 갖가지 종류의 합성섬유로 만든다. 우유통에는 2라는 숫자가 적혀 있으며 이것은 플라스틱 판재나 야외용 플라스틱 가구로 재생된다. 비닐 백은 4번, 일회용 커피잔 뚜껑은 6번, 등등이다. 이 모든 게 플라스틱이다. 하지만, 분자의 미묘한 차이로 각기 다른 형태를 띠게 되었으며 이 차이가 재활용 과정에서는 확연하게 구분된다. 번호별로 분리하면 새 제품을 만들 수 있는 소중한 플라스틱을 얻지만 뒤죽박죽 섞어버리면 쓸모없는 찌꺼기만 된다.

케라틴도 마찬가지다. 케라틴 분자도 플라스틱처럼 중합체를 형성하며 형태와 구성의 작은 차이가 최종 산물에서는 완전히 다르게 나타난다. 케라틴 재활용 과정이 있다면 올빼미 깃털을 원숭이 털이나 염소 발굽과 뒤섞지 않을 것이다. 깃털 케라틴은 포유류에게서 보이는 케라틴과 전혀 다른 그룹에 속하기 때문이다. 깃털은 파충류의 케라틴과 밀접한 연관이 있으며 새가 공룡에서 진화되었다는 주장의 한 부분으로 케라틴 유전자 암호의 세부 사항들이 들어간다.

유전학적으로도, 화학적으로도 깃털 케라틴은 별개의 독립적인 성분으로 본연의 목적에 완벽하게 들어맞는다. 케라틴은 깃털의 갖가지 중요한 특징들, 즉 강하면서도 가볍고, 단단하면서도 유연하고, 내구성이 있으며, 색깔이 변하지 않고, 탄력성을 갖게 하는 분자 기반을 이룬다. 젖소 뿔로 깃털을 만들 수 없다. 그러면 너무 잘 부러진다. 속눈썹 케라틴은 너무 무르고, 손톱 케라틴은 너무 쉽게 찢어진다. 한마디로 말해서 깃털은 깃털이고 발굽은 발굽이다. 두 가지는 결코 합쳐지지 않는다.

물론 우리가 머리를 빗거나 발톱을 깎을 때 그 구성성분인 케라틴에 대해 생각하지 않듯이 새들도 깃털 속의 케라틴에 대해 생각하지 않는다. 우리는 최종 결과물의 모양이나 기능에만 관심을 가질 뿐이며 새 역시 마찬가지다. 만일 숨새 굴속으로 기어들어가 가는부리고래새가 자라는 모습을 지켜본다면 처음 빳빳한 깃털이 자라기 시작할 때부터 일찌감치 몸단장 본능이 시작되는 것을 보게 될 것이다. 깜깜한 둥지 굴속인데도 어린 새는 깃털 관리에 몇 시간씩 들인다. 곧 있을 처녀비행을 꿈꾸면서, 그리고 머지않아 일상생활이 될 바람과 비와 파도의 거친 폐해에 대비하여 깃털 하나하나를 여러 번 손질한다. 깃털 관리에서 첫 번째 과제는 태어날 때 갖고 있던 솜털이 새로 자란 깃털의 끝에 여전히 보풀보풀 남아 있는 것을 잘라내는 일이다.

"개별 우낭에서 만들어지는 모든 깃털을 하나의 연속적인 긴 관이라고 보면 됩니다." 프룸은 이렇게 말했다. 태어날 때 갖고 있던 솜털에서 시작해 유년기, 성년기, 번식기의 깃털로 변해 가는 동안 개별 우낭에서는 새가 태어나 죽을 때까지 여러 형태와 색깔의 깃털을 만들어낸다. 빠른 시일 내에 깃털을 만들어낸 다음 작동을 멈춘 채 새로운 깃털이 필요할 때까지 몇 달 동안, 심지어는 일 년 꼬박 쉬도록 프로그래밍되어 있다. 그런 다음 우낭이 다시 활동을 시작하여, 프룸이 진화 모델을 밝히는 데 도움을 주었던 복잡한 나선형 패턴으로 케라틴을 만들어낸다. 태어날 때 갖고 있던 솜털이 첫 번째 유년기 깃털 끝에 매달려 있듯이 뒤이어 나오는 성인 깃털도 비록 일시적이나마 유년기 깃털과 한데 붙어 있다. 떨어진 깃털의 밑동 부분을 살펴보면 작은 구멍을 볼 수 있다. 이것은 말하자면 배꼽으로, 우낭에서 새 깃털이 자라서 예전 깃털이 옆으로 밀려나기 전 한때 두 깃털이 붙어 있던 지점이다.

이것이 털갈이이며 새의 생활 주기를 정하는 데 도움이 되는 재생과정으로 1년 또는 반년 주기로 이루어진다. 이 재생과정은 우낭을 반드시 필요로 하는데, 우낭은 프룸이 밝힌 중요한 진화적 신기성의 하나로, 새의 맨 처음 솜털에서 유년기 깃털, 그리고 번식기와 비번식기에 급격한 차이를 보이는 성인 깃털까지 복잡한 변화를 만들어낼 수 있는 생물학적인 경이이다. 우낭은 피부 속에 작은 원통 모양으로 오목하게 파인 곳으로 주변에는 근육과 신경이 둘러싸고 있으며 살아 있는 조직의 중심핵을 지니고 있다. 우낭은 깃털이 자라는 동안 영양분을 공급하는 방식을 통해 부분적으로 구조적 복잡성을 만들어낸다.

죽은 세포들이 하나의 단순한 끈을 이룬 머리카락과 달리, 무른 깃이라고 알려진 어린 깃털은 우낭의 살아 있는 핵 주변에서 자라며 손상을 입을 경우 출혈이 심하다. 깃가지, 작은 깃가지, 깃축 등 구체적인 배열이 완성된 최종 구조는 우낭 안쪽 표피층에서 결정되며 나선형 성장 패턴으로 깃털이 자란다. 무른 깃은 완전히 성장할 때까지 살아 있는 조직 속에 단단하게 뿌리박고 있다. (『요리의 즐거움』에서는 날카로운 칼끝과 플라이어로 이를 제거하라고 되어 있다.) 성장을 끝마친 다음에야 혈관이 몸 안에 들어가, 익숙하게 보는 속 빈 깃대만 남는다.

내가 겨울굴뚝새를 해동시켜 털을 뽑았을 때 우낭의 몇 가지 양상이 뚜렷하게 드러났다. 겉으로 보기에는 깃털이 온몸에 고르게 나 있는 것 같지만 실제로는 다발을 이루어 군데군데 몰려 있었다. 대다수 새와 마찬가지로 굴뚝새의 우낭은 뚜렷하게 윤곽선을 그리는 부위에 분포되어 있었다. 이 부위는 척추와 엉덩이를 따라, 옆면과 날개를 따라, 그리고 몇몇 핵심 지역에 분포되어 있으며 여기서 자란 깃털이 온몸을 깃털로 덮는다.

조류학자들은 이렇게 부위가 정해진 목적이 무엇인지 지금도 논의를 벌이는데, 대체로는 깃털이 다발을 이루어 자라면 두 가지 이점이 있다고 믿고 있다. 부위와 부위 사이에는 깃털이 비교적 듬성듬성하게 나고 특정 부위에만 몰려서 깃털이 나는 것은 다음 장에서 보게 되듯이 체온 조절과 매우 중요한 연관성을 지닌다. 또한 이 부위들은 깃털이 움직일 때도 일정한 몫을 한다. 깃털을 움직이는 데 관여하는 근육들을 별도로 한데 모을 수 있기 때문이다.

굴뚝새의 몸집은 비록 성냥갑보다 크지 않은 정도인데도 어떤 깃털의 경우는 뽑는 데 정말 애를 먹었다. 각 우낭 주변에는 강한 근육과 신경이 있어서 새의 깃털 하나하나를 놀랄 만큼 민첩하게 움직일 수 있다. 근육과 신경을 이용하여 깃털을 솜처럼 부풀어 오르게 할 수 있고 털 손질이나 과시 행동을 위해 깃털을 높이 쳐들 수 있으며 심지어는 하늘을 나는 동안 공기 역학적 효율을 극대화하기 위한 최상의 상태로 조정할 수도 있다.

게다가 몇몇 깃털, 특히 얼굴에 난 강모깃털, 비행깃 주변에 나 있는 작은 털모양 깃털은 중요한 감각기관이 되기도 한다. 아무리 몸집이 작은 새라도 몸 전체에 깃털이 수천 개나 된다는 점을 생각할 때 그러한 움직임들을 조정한다는 것은 공학적으로 대단한 기술이다. 사람으로 말하자면 귀털을 하나하나 씰룩인다든가, 눈썹을 스치는 산들바람의 풍속을 정확히 가늠하여 신체 각 부분을 바로 하는 것과 같다.

털갈이는 대체로 몇 주 또는 몇 달에 걸쳐 이루어지며, 이 기간 동안 어느 한 부위도 맨살이 심하게 드러나지 않도록 점진적으로 털갈이를 한다. 특히 비행깃의 털갈이는 시차 간격을 두면서 이루어지며 통상적으로 가장 안쪽에 있는 1차 깃털이 가장 먼저 털갈이를 시작해서 이후 날개 끝 방향으로 순차적으로 털갈이가 진행된다. 매처럼 하늘 높이 나는 큰 새들이 머리 위로 지나갈 때 한번 눈여겨보라. 양쪽 날개에서 정확히 대칭을 이루는 지점에 털이 빠져 그 사이로 좁다랗게 하늘이 보이는 경우가 있을 것이다. 몇몇 종의 경우에는 털갈이가 너무 급작스럽게 이루어져서 새 깃털이 자랄 때까지 날아다니지 못하는 일도 있다. 오리의 털갈이가 이런 양상을 띠는데, 오리가 꼼짝하지 못하는 이 시기 동안 오리 사냥 하는 것을 가리켜 '가만히 앉아 있는 오리'(공격하기 쉬운 만만한 상대 또는 봉이라는 뜻의 관용구_ 옮긴이)라는 말도 생겼다.

털갈이 시기는 실제로 불안정한 때이기도 하다. 닭을 키워본 사람이라면 누구나 알듯이 새 깃털이 자라는 데는 엄청난 에너지가 든다. 우리 집 암탉들은 1년에 한 번 털갈이를 하는데 이 몇 달 동안 우리는 집에 건강한 산란 닭을 네 마리나 키우면서도 매일 식료품점에서 달걀을 사와야 하는 한심한 일이 벌어진다. 새로서도 어쩔 수 없는 일이다. 생존 활동의 우선순위가 정해져 있으며 깃털을 유지 관리하는 일은 알을 생산하는 일보다 확실히 우위에 있다.

이런 위험과 대사가 따르는데 왜 새들은 굳이 털갈이를 하는 걸까? 굴뚝새, 습새, 닭들은 왜 한 번에 좋은 깃털을 만들어낸 뒤 이를 계속 지니지 않는 걸까? 동물행동학의 관점에서 볼 때 부분적으로 해답은 번식 전략에 있다. 대다수 새는 선천적으로 시각 동물이며 시기별로 나타나는 깃털 변화를 토대로 자기 짝을 알아보고 결정한다. 암컷은 괜찮은 성년 수컷이 미숙한 어린 새나 한 살배기에게 가지 않도록 뚜렷한 차별성을 띠고 자기 앞에 예비 구혼자들이 늘어서도록 해야 이롭다. 시기별로 털갈이를 할 경우 새, 특히 수컷은 번식기에 자신의 능력을 널리 알릴 수 있고 번식기가 아닌 때에는 눈에 띄지 않는 모습으로 지낼 수 있다. 진화의 시기를 거치는 동안 이런 체계 속에서 색깔과 과시 형태의 자연스런 극단적 양상이 나타났다. 우리는 뒤에 가서 이 주제를 보다 상세하게 살펴볼 것이다.

번식을 위한 색깔 변화 이외에도 자동차에 새 와이퍼를 갈아 끼우고 기타 줄을 새것으로 바꾸며 현장생물학자가 현장용 새 바지를 사는 것과 같은 이유에서 새는 털갈이를 한다. 계속 사용하는 장비가 그렇듯이 깃털도 닳는다. 햇빛, 비, 눈, 그 밖에 비행 과정에서 생기는 끊임없는 마찰 때문에 깃털이 손상되며 아무리 튼튼한 케라틴 성분의 깃털이라도 결국은 새것으로 교체되어야 한다.

깃털의 수명은 부분적으로 서식지 이용이나 행동과 관련이 있다. 쇠뜸부기나 흰눈썹뜸부기 등 초목이 우거진 곳을 종종걸음 치며 돌아다니거나 숨어 사는 사는 새들은 다른 종에 비해 두 배 정도 자주 털갈이를 한다. 식물 줄기나 잎사귀에 끊임없이 스치는 탓에 깃털이 빨리 마모되기 때문이다. 어떤 경우에는 마모 속도가 절묘하게 딱 맞아떨어져서 번식기에 특유의 깃털이 생기기도 한다. 들종다리의 가슴 깃털은 새로 나서 자랄 때에는 칙칙한 갈색을 띠지만 겨울을 지나는 동안 깃털 끝부분이 닳으면 봄철 짝짓기 계절에 딱 맞추어 깃털 끝이 화사한 노란색을 드러낸다.

하지만 물리적 마모 이외에도 깃털 이라는 극성스런 히치하이커 놈들이 끊임없이 깃털을 갉아먹는다. 퓨리나 회사에서 깃털 재료 음식의 가치를 알고 있던 것처럼 이 작은 벌레들도 그 가치를 아는 것이다. 하지만 개는 가금류 처리 과정에서 생긴 부산물을 먹지만 이는 깃털이 한창 사용되고 있을 때 갉아먹는다. 어린 새는 둥지에 있을 때 부모형제한테서 직접 이를 옮는다. 이후 털손질을 하거나, 목욕을 하거나, 열심히 긁으면서 이 기생충과 싸워나간다.

이런 투쟁을 한 단계 높은 차원에서 벌이는 새 집단도 있다. 뉴기니에 사는, 두건모양깃털피토휘와 이와 가까운 친척들은 선명한 주황색과 검은색 깃털에 이가 생기지 않도록 강력한 신경독을 분비한다. 이 신경독은 독화살개구리에게서 나오는 것과 같은 화합물로, 피토휘는 자신의 음식에 들어 있는 특정 딱정벌레의 화학물질을 이용하여 새 중에서 유일하게 이런 신경독을 만드는 방법을 개발해냈다. 하지만 세상의 다른 수만 종의 새들은 기생충의 폐해를 관리할 수 있는 가장 믿을 만한 방법으로 털갈이를 이용하며 꾸준히 새 깃털을 공급함으로써 이가 생기지 않도록 한다.

이 깃털 이를 고배율 현미경으로 보면 마치 SF영화에서 사람을 위협하는 우주 에일리언처럼 온몸이 체절로 나뉘어 있고 가시가 돋아 있다. 아래턱뼈는 뭐든 으깨어버릴 수 있을 것처럼 생겼지만 사실은 고작해야 작은 깃가지나 솜깃털의 가는 끝처럼 깃털의 가장 작은 구조를 겨우 공격할 수 있는 정도의 크기다. 심하게 감염된 깃털은 깃가지에서 작은 깃가지가 모조리 떨어져나가 꼬불꼬불한 모양이며 단열 및 방수 기능을 대부분 상실한 상태다.

갖가지 곰팡이와 세균 역시 깃털의 상태를 악화시키며 새가 곰팡이와 세균을 없애기 위한 복잡한 방법들(독개미, 달팽이, 과일 등으로 몸을 문지르는 등)을 개발했음에도 불구하고 결국에 가서는 털갈이를 통해 기생충으로부터 깃털을 보호할 수밖에 없다.

마지막으로, 깃털이 빠지거나 부러진 경우 이를 교체하기 위해 새 깃털이 난다. 현장생물학자는 실제로 목격한 다양한 '동물들의 황당한 실수'에서 풍부한 이야깃거리를 얻는 경우가 많다. 예를 들면 바람에 대고 오줌을 누는 치타, 나무 사이를 뛰어다니다가 나뭇가지를 놓치고 떨어지는 원숭이, 위풍당당하게 가지를 뻗은 뿔이 덤불에 걸려 꼼짝하지 못하는 수사슴 등이 이야기 주제가 된다.

새의 황당한 실수로 꼽을 수 있는 것으로는 추락, 공중 충돌 등이 있는데 이런 사고가 깃털 손상을 가져오기도 한다. 영역 또는 번식 기회를 놓고 물리적 싸움을 벌이는 경우에도 깃털이 손상을 입는다. 이런 경우 대부분 새는 우낭을 느슨하게 풀어 다친 깃털을 내버리고 '복구' 털갈이 과정을 시작한다. 스트레스를 받거나 충격으로 놀라서 깃털이 한꺼번에 우수수 빠지는 경우에도 이런 능력이 이용된다.

일전에 집에 있는 닭장 옆 풀밭에 닭털이 한 무더기 빠진 것을 보고는 비관적인 생각이 스쳤다. 하지만 닭 머릿수를 세보니 모두 그대로였고 모두들 행복하게 먹이를 쪼아대고 있었다. 닭털이 무더기로 빠졌다는 것은 곤두박질치듯 달려드는 매에 하마터면 잡힐 뻔한 일촉즉발의 위기 상황이 벌어졌다는 증거였다. 이런 적응은 분명 방어기제에 뿌리를 두고 있으며 포식자가 고작해야 깃털만 입 안 가득 물고 가도록 하기 위한 방법이다.

털갈이는 많은 역할을 하며 깃털이 진화하기 시작했을 때나, 적어도 우낭이 발달한 것과 같은 시기에 아주 일찍부터 진화되었던 것으로 보인다. 지금까지 알려진 것 중 가장 오래된 깃털 화석은 시조새의 날개 깃털로, 분명 깃털 하나가 털갈이 직후 오래된 졸른호펜 똥 속에 빠져 있었을 것이다. 최근 쉬싱은 일련의 작은 수각류 공룡 화석을 발견했는데 여기서 어린 공룡들은 어른 공룡에게서 보이는 것과는 완전히 다른 깃털을 자랑하고 있었다. "이 아기공룡에게는 묘하게 생긴 비행깃이 있었습니다." 쉬싱은 인터뷰에서 이렇게 말하면서 현대 새의 경우에는 여러 털갈이에서 이렇게 뚜렷하게 깃털 구조의 현저한 변화를 보이는 경우가 없다고 지적했다. 분명 깃털 성장의 복잡성은 오래전부터 있어왔던 것이다.

·   ·   ·

이제 우리는 깃털이 케라틴 성분으로 되어 있다는 것을 알았고 새(그리고 공룡)들이 어떤 이유로, 어떻게 털갈이를 하는지 이해했다. 하지만 정확히 우낭이 어떻게 활동하는지 추가 설명이 필요하다. 프룸이 바로 이 과정을 이해했을 때 깃털 진화에 대해 '아하' 하고 처음 깨달은 순간이 왔다.

"가지를 뻗은 깃털이 자라는 모양은 정말 놀랍습니다." 프룸은 이런 이야기를 여러 차례 했고 우리는 프룸이 강의에 사용하기 위해 디자인한 컴퓨터 그래픽을 함께 살펴보았다. 깃판이 있는 깃털이 자랄 때 깃가지가 우낭 안쪽 표피층에서 한 가닥 올라와 우낭 안쪽 표피층의 둥그런 테두리를 타고 움직이면서 점점 자라나 깃축과 합쳐진다. 사람이 많이 들어찬 운동장에서 '파도타기' 하는 것을 상상하면 된다. 파도가 지나갈 때 한 사람씩

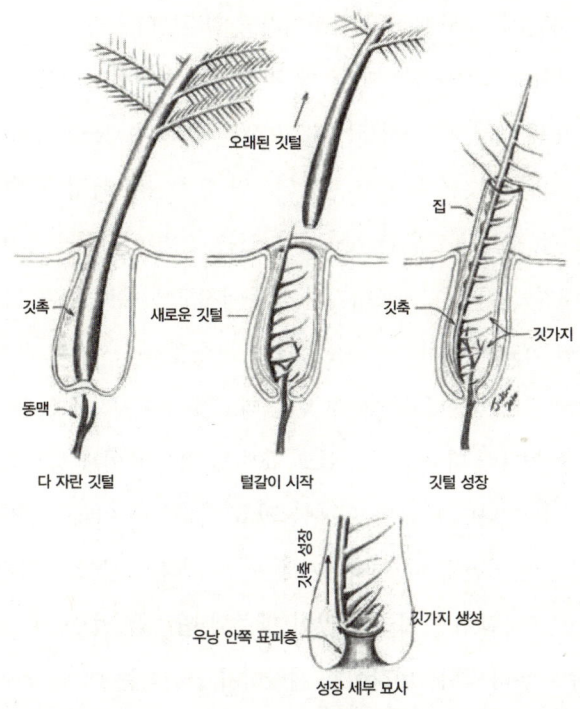

오래된 깃털

집

깃촉　　　　　새로운 깃털　　　깃축
　　　　　　　　　　　　　　　　　깃가지

동맥

다 자란 깃털　　　　털갈이 시작　　　깃털 성장

깃축 성장

깃가지 생성

우낭 안쪽 표피층

성장 세부 묘사

깃털 성장과 털갈이. 왼편 그림에서 다 자란 깃털의 깃촉은 그 아래 살아 있는 조직의 혈류와 연결되지 않은 채 우낭 안에 들어 있다. 털갈이가 시작되면(가운데) 우낭에서 새 깃털을 만들기 위한 깃가지와 깃촉을 만들며, 이제 살아 있는 조직이 아치 모양으로 자라는 깃가지 안에까지 들어와 영양분을 공급한다. 오래된 깃털은 바깥으로 밀려 나고 그 자리에는 새 깃털이 자리를 잡으면서 깃가지는 임시 집 밖으로 나와 쫙 펴지면서 깃판을 이룬다(오른쪽). 케라틴으로 된 단단한 관, 새 깃촉이 형성되면 깃털 성장은 마무리된다. 확대된 모양에서 깃가지는 마치 스포츠팬들이 관중석에서 파도타기를 하듯 우낭 안쪽 표피층 테두리를 따라 나선형으로 자라다가 이후 단단한 깃축과 합쳐지면서 위쪽으로 올라간다

일어서 정확한 시간에 두 팔을 들어 올리면 관중석 전체에 출렁이며 파도가 부드럽게 일렁인다. 우낭 안쪽 표피층에 있는 세포들이 이런 식이지만, 자리에서 일어서서 두 팔을 흔드는 대신 자라는 깃털 깃가지에 케라틴을 첨가한다. 우낭 안쪽 표피층의 테두리를 따라 나선형(또는 반나선형)으로

진행되는 까닭에 이를 나선형 성장이라고 일컫는다.

'켜짐' 상황(케라틴을 생산함)일 때 자리에서 일어서고 '꺼짐' 상황(케라틴을 생산하지 않음)일 때 다시 앉는다고 생각하면 이 파도타기 비유가 잘 들어맞는다. 깃털의 깃판 부분이 형성되려면 관중석의 특정 구역이 계속 '켜짐' 상태를 유지하며 단단한 깃축을 만드는 한편 깃가지는 관중석 양편으로 좌우 대칭을 이루는 파도타기가 이루어지도록 해야 한다. (상상이 잘 되지 않는다면 파도가 지나가는 순간 해당 사람이 옆자리 사람의 빈 맥주잔에 자신의 빈 맥주잔을 쌓는다고 상상해 보라. 파도 하나가 깃축에 닿을 무렵 마지막 사람은 아주 높다란 맥주잔 탑을 들고 있게 될 것이다. 이게 깃털 깃가지다.) 깃판을 다 만들고 나면 다음은 깃대를 만들 차례인데 이때는 관중석에 있는 모든 사람이 한꺼번에 다 일어나면 단단한 케라틴 관이 형성된다. 깃대가 끝날 때 모든 사람에게 자리에 앉아 맥주와 팝콘을 먹으면서 경기를 즐기라고 말하면 된다. 다음 털갈이가 시작되기 전까지는 더 이상 이런 활동이 필요하지 않다.

우낭 안쪽 표피층에서 케라틴이 생산되는 위치와 타이밍에 따라 강모깃털에서 솜깃털까지, 1차 깃털에서 털모양 깃털까지 갖가지 형태의 깃털이 만들어진다. 기기묘묘한 깃털 모양도 이런 문맥에서 설명될 수 있다. 여새는 날개 끝이 단단하고 붉은색인데 이는 단지 케라틴이 통통한 구 모양을 이룬 것으로, 깃가지 생산이라는 파도타기가 시작되기 전 깃축에 해당하는 관중석의 한 구역이 독자적으로 서 있었던 까닭에 이런 날개 끝 모양이 생겼다.

기드림풍조 깃털에 달린 기이한 깃발은 관중석 구역이 번갈아가며 일어나 통상적으로 얇은 깃가지를 만들어야 하는 시점에 케라틴 판을 만들면서 자란다. 이런 솜씨를 완성하기 위해서 우낭의 세포들은 완벽한 조화를 이루어 활동해야 하는데 이는 특정 유전자가 통제하는 시작과 중단의 교향곡이라 할 수 있다. 이 유전자는 매우 유명한 것으로, 우리 책에서 유일하게 언급되는 유전자다. 바로 소닉 헤지호그^{Sonic Hedgehog} 유전자다.

소닉 헤지호그 유전자를 발견한 과학자들은 그 당시 모든 동물의 성장 패턴을 통제하는 것에 대해 연구하던 중이었다. 초파리 유충에게 반복적으로 나타나는 부분들은 어떻게 만들어지는가? 또한 그 문제와 관련하여 척추 뼈마디나 손가락 마디는 어떻게 만들어지는가? 위와 아래, 앞과 뒤, 왼쪽과 오른쪽의 패턴은 어떻게 정해지는가? 또한 세포가 자라는 동안 어떻게 이 패턴이 유지되고 평생에 걸쳐 계속 나타나는가?

이런 연구를 하던 도중 과학자들은 켜짐/꺼짐 스위치처럼 작동되는 신호 유전자 집단을 발견했는데, 이 유전자는 각 세포에 언제 어떤 방식으로 자랄지 일러준다. (실제로 이 유전자들은 밝기 조절 스위치처럼 작동되며, 세포 성장의 시작뿐만 아니라 성장 정도도 통제한다.) 실험실 엔지니어들은 이 유전자들이 완전하게 이해되지도 않은 1970년대에 일찌감치 이런 별명을 붙여 놓았다.

이 유전자가 없는 돌연변이 초파리는 정상적인 마디가 있는 유충 대신 뻣뻣한 털이 난 작은 헤지호그처럼 동그란 모양의 유충을 낳는다. 헤지호그 유전자가 제대로 가동되지 않는 상태에서는 세포 성장을 관리할 수 없으며 일관된 패턴을 확립할 수 없다. 소닉 헤지호그 유전자는 십이지장충에서 검은 표범이나 새에 이르기까지 거의 모든 동물과 모든 인간 세포에서 발견될 만큼 헤지호그 유전자 가운데 가장 널리 존재하고 또한 가장 많이 연구되었다.

대규모 집단의 사람들이 소닉 헤지호그 유전자를 분리하여 암호를 푸는 작업에 참여했고 이들의 노력으로 1995년 노벨 생리학상을 탈 수 있었다. 우리는 이들이 실험실에서 수많은 시간을 보냈으며 인내심을 갖고 치밀하게 관찰했다고 믿고 있다. 또한 이들이 비디오게임을 즐겼을 것이라고 믿고 있다.

비디오게임에 정통한 사람들에게 소니사의 헤지호그는 전설적인 캐릭터다. 만화계의 미키 마우스 또는 스파이스릴러 영화의 제임스 본드처럼 소니사는 게임 초창기 시절부터 시작하여 오랜 세월 동안 유명세를 떨치면서 하나의 장르를 규정하는 데 기여했다. 오락기에서 닌텐도, 엑스박스 비디오게임기, 아이팟에 이르기까지 소니사의 헤지호그가 등장하는 게임은 7천만 개 이상이 팔렸다. 나는 1970년대에 테니스 오락 게임인 퐁에 푹 빠지면서 비디오게임을 시작했지만 비디오게임기 회사인 아타리가 망한 직

수컷 기드림풍조의 번식깃

후부터 시들해졌다. 그렇긴 해도 소니사 헤지호그에 대해 들어보긴 했으며 이 캐릭터가 어떻게 최첨단 유전학과 관련을 갖게 되었을지 궁금했다.

깃털 성장의 관점에서 볼 때 소닉 헤지호그 유전자는 절대적으로 없어서는 안 된다. 요컨대 자연 조직 가운데 깃털만큼 고도로 패턴화된 조직도 없기 때문이다. 깃털 성장의 유전학을 연구하는 사람들은 소닉 헤지호그 유전자가 시작과 중단으로 이어지는 복잡한 무용을 편성하여 쇼를 지휘 감독하는 과정을 보게 되었다.

물론 소닉 헤지호그 유전자를 켜짐/꺼짐 스위치라고 지칭하는 것은 지나친 단순화다. 이 유전자는 고도로 보존된 대사 경로를 활성화하는 (또는 중지하는) 단백질을 생산하는 유전자다. 분자 유전학자에게는 아주 쉬운 이야기이겠지만 나로서는 이 과정이 머릿속에 잘 그려지지 않았다. 나로서는 관중석 파도타기 이미지를 빌려 나선형 깃털 성장의 복잡한 과정을 이해할 수 있었다. 깃털 유전을 이해하는 데에도 비디오게임을 해보면 이와 같은 효과가 있지 않을까 싶다.

관심이 있다면 인터넷에서 쉽게 찾아볼 수 있을 텐데, 원래 소니사 헤지호그의 모험은 2차원의 푸른 풍경에 뭉툭한 나무와 화사한 꽃들이 요란스러운 색깔을 이루는 배경에서 펼쳐진다. 게임 제목과 똑같은 이름을 쓰는 유명한 헤지호그 캐릭터는 파란색의 작은 놈으로, 지그재그로 자른 머리에 빨간 운동화를 신었으며 정신없이 보물을 찾는 과정에서 다양한 적을 피하면서 빠르게 달리고 풀쩍 풀쩍 뛰어오르기도 한다.

나는 공중에 떠있는 금반지를 만나고 불을 던지는 짜증나는 원숭이를 피할 줄 알게 되면서 비로소 이 게임의 요령을 터득하는가 싶었다. 하지만 그 다음 내 헤지호그는 깊은 크레바스 속으로 빠져 완전히 사라져버렸다.

게임을 해보았다고 의문이 말끔히 씻긴 것은 아니었다. 하지만 정신없이 깃털을 따라가다 보면 발달유전학에 너무 깊이 빠질 위험이 있으니 조심하라고 인상적인 비유를 통해 깨우쳐 주었다. 나는 컴퓨터를 끄고 다시 황금관상모솔새, 진눈깨비, 솜털의 진화 같은 익숙한 것으로 관심을 돌렸다.

2부

솜털

온몸을 늘어뜨리고 우주를 둥둥 떠다닌다는 건 우리가 상상할 수 있는 가장 낯선 느낌일 것이다. 처음에는 정말 두려울 만큼 낯설다가, 두려움이 지나고 나면 불쾌한 느낌이 전혀 없이 아주 편안할 것이다. 내가 아는 지상의 경험 가운데 이와 가장 가까운 것을 꼽아보면 아마도 푹신푹신하고 두툼한 깃털 침대에 누운 기분이 아닐까.

— H. G. 웰스, 『최초로 달에 간 사람들』(1901년)

제 5 장
따뜻하다

로디 아줌마에게 가서 말해
로디 아줌마에게 가서 말해
로디 아줌마에게 가서 말해
늙은 회색 거위가 죽었다고
아줌마가 남겨둔 거위
아줌마가 남겨둔 거위
아줌마가 남겨둔 거위
깃털 침대를 만들기 위해
― 〈로디 아줌마〉 전래민요

어디선가 느닷없이 속삭이는 노랫소리가 밀려와 정적을 깼다. 풍경 소리
같기도 하고 작은 리드에서 흘러나오는 셋잇단음표 리듬 같기도 했다.

"상모솔새다." 내가 다급하게 필에게 속닥였다. 우리는 얼른 자리를 떴고
설피를 신은 두 발이 얼음 위를 미끄러지듯 달렸다. 머리 위로 휘리릭 새들
이 날아가는 게 눈에 스쳤다. 동그스름한 회색빛 새 네 마리가 헐벗은 겨
울 단풍나무를 떠나 발삼 전나무 그늘 쪽으로 향했다.

우리는 속도를 늦추었고, 새들이 초록색 가지 사이로 가볍게 뛰어다니
면서 먹이를 찾기 위해 흩어질 때쯤 도착했다. 필은 새 무리 중 아무거나
한 마리를 뒤쫓아 덤불을 헤치며 갔고 어깨 너머로 나지막이 데이터 자료
를 불러주었다. "곁가지, 곁가지, 가지, 곁가지." 나는 그가 불러주는 말을
하나도 빠뜨리지 않고 받아 적었다. 괜찮은 소재거리였다. 프로젝트 마감

시간이 다가오고 있었고 우리는 황금관상모솔새에 필사적으로 매달렸다.

메인 주 서부지방의 1월은 매년 혹독한 날씨이지만 이번 계절은 지난 세대를 통틀어 가장 심한 진눈깨비를 기록했다. 나무 위에 눈이 쌓여 얼어붙는 바람에 무게를 이기지 못한 나무들이 집 지붕을 수없이 덮치는가 하면 지역 곳곳의 도로와 고속도로에도 나무들이 쓰러져 있었다. 전신주와 철탑이 3만 5천 개 이상 넘어져 4백만 명의 사람이 장장 한 달 동안이나 전기 없이 살아야 했다. 가게들이 문을 닫고 공항이 폐쇄되었으며 주방위군 병력이 거리를 순찰하고 롤링 스톤즈가 토론토, 시러큐스, 몬트리올, 퀘벡 시에서 갖기로 했던 〈브리지스 투 바빌론Bridges to Babylon〉 순회공연이 부득이 취소되었다.

이 모든 혼란이 벌어지는 와중에도 필과 나는 아무것도 모르고 지냈다. 일찌감치 전기와 물이 끊기고 도로도 막혀 버린 외딴 통나무집에 머물고 있었기 때문에 진눈깨비가 몰아쳤다고 해도 우리는 설피를 신고 다니기가 미끄럽다는 성가신 골칫거리 말고는 별다른 변화가 없었다. 자연재해가 닥쳤을 때에는 현장 야영지도 지내기에 나쁜 곳이 아니었다.

우리의 연구 활동은 겨울 생태학이라는 명목 아래 떠난 여행의 일환으로 진행되었다. 이 여행은 버몬트 대학교의 유명한 생물학자 베른트 하인리히Bernd Heinrich 교수가 이끌었으며 추운 기후 생태계를 연구하는 직접 탐사 활동이었다. 호박벌과 습지식물에서부터 까마귀에 이르기까지 다루지 않은 것이 없을 만큼 모든 주제를 포괄하는 연구 활동 속에서 베른트는 수십 편의 과학 논문을 발표했고 17권의 저서를 썼으며 곤충이 어떻게 체온 조절을 하는지, 새가 어떻게 생각하는지에 대해 획기적인 사실을 밝혀내었다. 또한 야영지 빵을 기막히게 잘 구우며 튀긴 들쥐에 어떤 양념을 뿌려야 하는지도 알았다.

매년 십수 명가량 되는 모험심 많은 학생들이 추운 계절 동안 식물과 동물이 어떻게 적응하면서 살아가는지 연구하기 위해 메인 주에 있는 그의 오두막집을 찾는다. 오랫동안 겨울 숲을 돌아다니다가 어떤 생명체와 질문을 만나든 여기서 시작해서 각자 어떤 호기심을 느끼고 어떤 기회를 만나는가에 따라 커리큘럼은 제각기 달랐다. 여행이 끝날 때쯤 시험을 치렀고 리포트도 제출했다. 하지만 결과에 제한 받는 강의가 아니라 숲에서 무엇을 만나든 그에 따라 범위가 정해지는 강의였고 가장 중요한 수업은 보다 기본적인 것, 즉 먼저 왜 과학을 하는가에 대한 것이었다.

"오늘 우리는 물음이 가득한 베른트의 세계에 들어섰다." 첫 현장 탐사를 마치고 일지에 이렇게 쓰는데 언뜻 누군가의 목소리가 들렸다. "이 숲이 그에게는 아주 멋진 큰 놀이터야!" 완벽한 동식물학자 베른트는 숲속에서 모든 감각을 이용하며 자기 자신도, 학생들도 결코 일반적인 학술적 틀 속에 가두려고 하지 않는다. 과학이란 근본적인 물음표, 즉 알고 싶어 하는 원초적 욕구라고 가르치면서 무엇을 만나든 새로운 것으로 다룬다.

"때로는 전문가가 아닌 게 더 낫습니다." 그날 저녁 장작난로 주변에 모두 둘러앉았을 때 베른트가 우리에게 충고했다. 탄탄하고 다부진 체격에 머리카락이 희끗희끗하고 눈이 반짝거리는 베른트는 말투에 조국 독일의 악센트가 여전히 남아 있었다. 과학을 대하는 접근 태도에는 구세계의 흔적이 얼마간 담겨 있으며 위대한 자연철학자들의 시대에 공감하는 모습을 보였다. "조류학자든 곤충학자든 이들은 한 가지를 봅니다. 하지만 모든 것에 관심을 갖는 사람은 완전히 새로운 관점을 들고 나와 사물을 다르게 보지요."

첫 주에는 모든 것을 두루두루 조금씩 배워나갔다. 쥐, 여우, 족제비, 사슴을 어떻게 뒤쫓는지, 저물녘 딱따구리를 어디에서 찾는지, 어린 가지와 싹을 보고 어떻게 나무 이름을 알아내는지 등등. 그런 다음 베른트는 사람들이 마음대로 돌아다니면서 자기 나름의 연구 프로젝트를 기획하고 실행하도록 했다. 교과서나 도서관 검색을 통해 연구 프로젝트를 정하는 것이 아니라 그날그날 숲속을 돌아다니면서 찬찬히 관찰하고 저녁에는 버드와이저 캔맥주를 앞에 놓고 브레인스토밍 시간을 가지면서 연구 프로젝트를 정하도록 했다.

당시 나는 석사학위 과정을 절반 정도 마친 상태였고 겨울 생태학 여행은 매혹적인 새로운 풍경 속에서 완벽한 생물학적 몰입 상태를 경험할 수 있는, 일종의 멋진 휴식기 같은 것이었다. 나는 명금류의 먹이 전략, 그리고 겨울을 나기 위해 서로 다른 종이 떼 지어 다니는 모습을 연구하기로 했다. "지금까지 아무도 그런 것에 눈길을 준 사람이 없었습니다." 베른트가 깊은 생각에 잠기며 말했다. 나는 '역사상 아무도 없었다'는 의미로 해석했는데 사실 베른트는 "이전 겨울 생태학 강의에서 아무도 없었다"는 의미로 말한 것이었다. 아무래도 상관없었다. 필 실버먼이라는 학부생이 나와 함께 해보겠다고 자원했다. 우리는 진정한 과학 개척자의 부푼 기대를 안고 출발했다.

날개가 같은 새끼리 함께 모인다(끼리끼리 모인다는 뜻_ 옮긴이)는 말은 플라톤이 한 얘기이며 자연에서는 대체로 맞는 말이다. 거위 떼에 검둥오리나 비둘기, 쇠물닭이 섞여 있는 일은 없으며 메추라기 무리 속에서 에뮤, 작은 왕부리류, 바다오리, 숲솔새를 볼 수 없다. 하지만 검은머리쇠박새는 겨울철 동안 다양한 무리를 끌어 모은다. 이 새는 메인 주 숲에서 여러 종이 섞인 무리의 중심을 형성하며 이 중심에는 통상적으로 붉은가슴동고비와 갈색나무발발이, 솜털딱따구리뿐만 아니라 필과 내가 그토록 열심히 찾아다녔던 황금관상모솔새가 포함되어 있다.

　이 새들은 여러 날 동안 함께 이동하고 먹이를 찾는다. 아침이면 다들 모여 소란스럽게 무리 지어 숲속을 돌아다니는데 이 무리에 섞이는 성원은 늘 바뀐다. 이런 습관은 아마도 올빼미와 매 같은 포식자를 피하거나 이들로부터 방어하기 위한 방편으로 생겨났을 것이다. 하지만 우리는 이들 새들이 어떻게 다 같이 섞여 다니면서도 그렇게 잘 지낼 수 있는지 궁금했다. 겨울철에는 먹을 것이 모자랄 테고, 찬장이 거의 비어 있는데 배고픈 경쟁자들을 저녁식사에 초대한다는 것은 얼핏 생각하기에 직관에 어긋나기 때문이다. 다양한 종이 뒤섞인 새떼는 어떻게 그들 내부의 경쟁을 피할 수 있을까?

　방법은 간단했다. 숲속을 걸어 다니면서 새를 찾고 그들의 뒤를 쫓는 것이었다. 우리는 박새와 동고비, 상모솔새를 중심으로 이들의 행동을 꼼꼼하게 관찰하고 수치로 표시했다. 각 종은 나무 몸통, 가지, 곁가지에 각기 몇 번씩 내려앉을까? 함께 먹잇감을 찾는 동안에도 서로의 서식지를 나눔으로써 갈등을 피하는 걸까? 쉽게 상상할 수 있듯이 통계적 분석을 위해 명금류가 나무에 내려앉는 횟수를 재는 일은 시간이 걸리며, 날이 갈수록 필의 태도에 점점 짜증이 보이기 시작했다. 추위가 계속 이어지고 얼음판처럼 미끄러운 눈 위에서 자꾸 넘어져 정강이가 까지는 것도 어느 정도는 짜증의 원인이 되었을 것이다. 아니, 자존감을 지닌 대다수 버몬트 대학교 졸업반 학생들이 버링턴의 괜찮은 바에서 뜨거운 토디 음료를 맛보면서 마지막 1월을 보내는 이때 뭐 하러 강박적인 대학원생과 함께 새나 쫓아다니고 있는지 의구심이 들기 시작했을 것이다. 그럼에도 우리는 충분한 자료를 확보했다. 또한 동고비는 대체로 나무 몸통에서 먹잇감을 찾는 한편 박새는 큰 가지들을 점령하고 상모솔새는 곁가지 주변을 돌아다니는 것을 확인했다. 생태학자들이 이른바 '생태 지위 분할'이라고 지칭하는 현상을 아주 잘 보여주는 사례였다. 생태 지위 분할이란 행동 상의 작은 차이를 바탕으로 잠재적 경쟁자 사이에 자원을 분할하는 현상을 말한다.

생태적 지위 연구가 그해 열린 메인 주 조류학회에서 좋은 대화 주제가 되는 동안 겨울 생태학 여행은 내게 깃털에 관한 보다 강렬한 기억을 심어 주었다. 진눈깨비가 거의 그쳐가던 끝자락의 어느 날 하늘은 맑았고 기온은 영하 27도까지 떨어졌다. 버드와이저 캔맥주를 눈 위에 엎지르면 캔 속의 맥주가 다 흘러나오기도 전에 맥주가 꽁꽁 얼어붙을 만큼 몹시 추운 날이었다. 이런 사실을 알 수 있었던 것은 베른트 교수의 오두막에서 내 텐트까지 걸어가는 도중 버드와이저 캔맥주를 떨어뜨린 경험이 있기 때문이다.

단풍나무와 소나무가 동쪽으로 휘었고 얼음이 두껍게 쌓인 가지들이 달빛 속에서 마치 블로운 글라스(녹아서 엿처럼 된 유리를 금속제 파이프 한 쪽 끝에 묻힌 뒤 파이프의 다른 한쪽으로 입김을 불어넣어 만든 유리 제품_옮긴이)처럼 반짝이고 있었다. 잭 런던^{Jack London}의 단편소설 중 유콘 강 이야기 「불을 지피다」가 있는데, 나는 잠잘 준비를 하다 말고 불현듯 그 작품에 등장하는 불운한 '체차코'(아메리카 인디언 치누크 족의 말로, 처음 온 사람 또는 신참을 뜻한다_옮긴이) 생각이 저절로 났다. 하지만 이 작품의 체차코는 "벙어리장갑, 방한용 귀덮개, 따뜻한 모카신, 두꺼운 양말"로 혹한을 피해보려 했지만 나는 플러시 천으로 된 거위털 슬리핑백으로 온몸을 감쌀 수 있었다. (나는 실내 장작난로 옆에서 잠을 자는 한 친구에게서 거위털 슬리핑백을 빌렸다) 따뜻하고 안락한 거위털 슬리핑백 속에 누워 있으니, 그날 오후 내내 필과 함께 쫓아 다녔던 작은 명금류들도 근처 어딘가에서 나와 똑같이 깃털 속에 파묻혀 있을 거라는 생각이 들었다.

그토록 혹독한 추위에 야외에서 살아가는 생명체는 매우 인상적인 느낌을 불러일으키는데, 북부지방 숲에 사는 황금관상모솔새는 아주 작은 체질량으로 야외에서 혹한을 견딘다. 생태학에서 베르그만의 법칙에 따르면 위도가 높을수록 같은 종의 동물이라도 대체로 몸집이 크다. 추운 지방에서는 몸집이 커야 체온을 보다 효율적으로 유지할 수 있기 때문이다. 눈보라가 치는 날 커다란 스튜 냄비를 바깥에 내놓으면 그릴드 치즈샌드위치나 달걀 프라이에 비해 훨씬 오랫동안 따뜻한 상태를 유지한다. 하지만 황금관상모솔새는 겨우 5그램 약간 넘는 정도로, 5센트짜리 동전이나 소금 한 티스푼 크기밖에 되지 않는다. 함께 무리 지어 다니는 동고비와 박새 몸집의 반도 안 되는데, 밤이면 동고비와 박새는 따뜻하게 지내기 위해 빈 둥지 구멍에 옹기종기 모이지만 상모솔새는 야외에서 밤을 지낸다.

필과 나는 저물녘에 여러 차례 상모솔새를 쫓아간 적이 있으며 한번은 어린 발삼전나무 꼭대기로 날아 가 앉는 상모솔새 한 쌍을 뒤쫓은 일이 있었다. 어둠이 깔린 터라 나는 상모솔새가 앉은 횃대 가지까지 기어 올라가 보려고 했지만 나뭇가지가 빽빽하게 얽혀 있어 도저히 갈 수 없었다. 게다가 나무가 너무 작아 안락한 둥지를 틀지도 못할 정도였다. 상모솔새 한 쌍이 밤을 보낼 안식처는 기껏 해야 눈이 얇게 쌓인 전나무 나뭇가지 하나가 전부였다. 체온을 올리는 한 가지 방법으로 몸을 떨기도 하며, 어떤 종의 경우는 밤 동안 물질대사 속도를 전체적으로 떨어뜨린 채 일종의 저체

황금관상모솔새

온 휴면 상태로 들어가 해 뜨기 전까지 밤을 보내기도 한다. 하지만 상모솔새를 비롯한 수많은 다른 새들이 혹독한 추위 속에서도 꽁꽁 얼어 죽지 않도록 지켜주는 유일한 한 가지가 있다. 바로 깃털의 놀라운 보온 기능이다.

열전달은 세 가지 방식으로 이루어진다. 아무것도 없는 공기 중에 전자기파를 통해 전달되는 방식(복사), 공기의 움직임을 통해 전달되는 방식(대류), 서로 인접한 표면을 통해 직접 물체에 전달되는 방식(전도)이다. 캠프파이어는 복사를 통해 몸을 따뜻하게 해주고 자동차의 히터는 대류에 의해 열을 전달하며 뜨거운 피자를 먹다가 혀를 데는 것은 전도 때문이다. 보온은 공기를 가둬 이를 장벽으로 이용함으로써 세 가지 방식의 열전달 속도를 더디게 한다. 물질 속에 고정된 공기 양이 많을수록 뜨거운 것은 뜨겁게, 차가운 것은 차갑게 잘 유지시킨다. 슬리핑백 제조회사에서는 이런 단열 특성을 로프트라고 하고 건설회사에서는 R치$^{R\ value}$라고 한다.

복잡하고 푹신푹신한 물질은 내부 표면적이 아주 넓어서 공기 분자로 된 주머니를 많이 품은 채 그대로 간직하는 데 매우 효과적이다. 스키 파카가 푹신하게 부풀어 올라 있는 것도, 섬유 유리 건축 단열재가 솜사탕과 똑같이 생긴 것도 이 때문이다. 또한 상모솔새의 몸집 크기가 작은데도 겉으로는 소금 한 티스푼보다 훨씬 크게 보이는 것도 이런 이유 때문이다. 솜깃털은 공기를 품는 복잡한 미세구조를 지닌 덕분에 지구상에서 가장 뛰어난 천연 보온 물질로 꼽힌다. 새는 깃털을 부풀게 하여 기본적으로 깃털의 R치를 자기 마음대로 조절하는 능력이 있다.

리처드 프룸의 이론에서는 솜깃털이 매우 일찍 진화되었다고 주장하는데, 솜깃털이 새에게 얼마나 중요한지 간단한 수학만으로도 드러난다. 보통 명금류의 몸에는 깃털이 모두 2000~4000개 정도 있는데(고니의 경우는 2만 5천 개), 이 가운데 거의 대부분이 기본적인 솜깃털 깃가지를 지니거나 뒷축깃이라 불리는 솜털 같은 부속물을 갖고 있으며, 전적으로 솜깃털 구조를 지니는 깃털도 많다. 한편 비행에 적응된 깃털 수는 겨우 수십 개 정도밖에 되지 않는다. 방수 기능을 가진 겉깃털로 안전하게 감싸인 솜깃털은 피부 근처에서 따뜻하고 건조한 공기 주머니를 수없이 품고 있어서 추운 날씨에도 생활할 수 있게 해준다.

메인 주에서 진눈깨비가 쏟아지는 기후에 살아가는 상모솔새가 극단적인 사례에 해당되지만 사실 모든 새들은 예측할 수 없는 기후 상황과 기온 변화가 극심한 날씨에서도 살아가야 한다. 솜깃털의 수와 품질은 새들이 사는 환경이나 생활방식과 직접적인 연관을 지니며, 새는 날씨와 계절, 시간에 따라 깃털이 열을 품거나 방출하도록 조절한다.

내가 겨울 생태학 여행을 다녀오고 나서 몇 년 지난 뒤 베른트 교수는 황금관상모솔새와 이 새가 추위를 견디는 능력에 점점 많은 관심을 갖게 되었다. 교수의 저서 『겨울 세계Winter World』에서는 이 작은 새를 주연으로 삼아 이 새의 위장 내용물(나방 애벌레)을 연구하고 이 새의 칼로리 연소율 (1분당 13칼로리)을 계산하며 이 새가 내려앉을 장소를 찾아 끊임없이 돌아다니는 모습에 대해 묘사해놓았다. 상모솔새의 깃털을 관찰하던 베른트 교수는 깃털의 대부분이 보온 기능에 쓰이며 전체 몸무게에서 7퍼센트를 차지한다는 것을 알게 되었다. 상모솔새 깃털 안쪽의 아늑한 공간과 외부 기온 차이는 무려 78도나 될 만큼 매우 크다. 내가 편안한 슬리핑백에서 밤을 보내던 그때처럼 혹독하게 추운 밤에 상모솔새가 깃털 없이 나뭇가지에 앉아 지낸다면 1분만 지나도 엎질러진 맥주처럼 순식간에 꽁꽁 얼어붙을 것이다.

솜깃털의 장점을 보여주는 증거는 지구상에 있는 새 분포지역에서 풍부하게 발견된다. 북극권 위쪽의 작은 바위섬이나 툰드라 지역을 찾는 새 종류가 300종 이상이나 되고 고비 사막의 추운 고원지대에도 240종의 새가 서식한다. 황제펭귄은 바람이 몰아치는 남극에서 아무 보호 장비도 없이 바깥에서 알을 품으며 인도기러기는 매년 히말라야 산맥을 넘어 9000미터 상공을 날아 이동한다. 이 정도 고도에서는 보통 공기 온도와 풍속 냉각효과가 결합되어 섭씨 영하 62도까지 내려가기도 한다. 상모솔새와 마찬가지로 이들 새 역시 모두 기후로부터 몸을 보온하기 위해 깃털에 의존한다. 하지만 솜깃털의 유용성이 단지 새의 피부에만 작용하는 것은 아니다. 다른 동물들이 보온을 위해 깃털을 이용하는 수많은 방법에서도 마찬가지로 강력한 증거를 찾을 수 있다.

∙　∙　∙

　라쿤 오두막에 있는 책상에 앉아 바깥을 바라보면 과수원 한 모퉁이와 울타리, 버드나무 숲 가장자리, 오리나무가 자라는 오래된 초원 한 귀퉁이가 보인다. 어느 봄날 오후 나는 노랑엉덩이솔새 암컷 한 마리가 버드나무 숲에서 뻔질나게 나와서는 닭들이 흙 목욕을 하는 구덩이 바로 옆 울타리 위에 내려앉는 것을 지켜보았다. 그럴 때마다 노랑엉덩이솔새는 주변을 경계하듯 둘러본 뒤 곧장 땅으로 내려가 부리에 깃털 하나를 물고는 종종걸음 쳤다. 나는 이 새의 둥지를 굳이 찾아보지 않아도 둥지가 거의 완성되었고 우리 집 산란 닭에게서 떨어진 깃털이 오목한 둥지 벽을 따라 단정하게 세워져 있을 것이라고 알 수 있었다. 추운 밤이면 상모솔새가 솜깃털을 부풀게 할 줄 알듯이 어느 곳에서든 새들은 여분의 깃털이 자기 새끼들을 따뜻하게 지켜주는 데 도움이 된다는 것을 알았던 것이다.

　거의 모든 오리, 굴뚝새, 제비뿐만 아니라 많은 솔새와 핀치 등 북미 새 종의 4분의 1이 둥지에서 깃털을 이용한다. 캐나다거위와 아메리카수리부엉이는 자기 가슴에서 솜깃털을 뽑아서 사용하지만 대부분의 새는 노랑엉덩이솔새의 전략처럼 다른 종의 새에게서 떨어진 깃털을 주워 와서 사용한다. 상모솔새는 깃털로 둥지를 짓는 데 매우 뛰어난 솜씨를 보이며, 때로는 새매나 매가 부근 새떼를 공격하고 난 뒤에 나타나 둥지 재료들을 모아 오기도 한다. (맹금류는 먹잇감 새를 죽인 직후 바로 깃털을 뽑아서, 다른 새가 가져가기 좋도록 깔끔하게 무더기를 만들어 놓는다.) 유럽 상모솔새에 대한 한 연구에서 둥지 세 개를 힘들게 해체한 결과 둥지 한 개당 깃털이 평균 2611개가 들어 있는 것으로 밝혀졌다.

깃털을 사용한 둥지에서 어린 새가 자라면 깃털 없는 둥지보다 따뜻하다는 이점이 있을 뿐만 아니라 몸집이 더 크고 깃털도 더 빨리 자란다. 또한 깃털 층은 기생충으로부터 어린 새를 보호하는 데도 도움이 된다. 사실 많은 동물들이 깃털을 가져다 이용한다. 사슴쥐와 흰발붉은쥐는 자기 굴 속에 깃털을 채워 넣고 호박벌은 설치류들이 굴을 옮겨간 뒤 그 속에 있던 깃털 재료를 가져다 재사용한다. 사막지역에 사는 숲쥐는 제멋대로 뻗은 두엄 더미 속에 깃털 더미를 쌓아놓는데 건조한 기후와 결정체를 이룬 쥐 오줌의 복합작용으로 깃털이 수천 년씩이나 보존되기도 한다.

하지만 다른 어떤 동물도 따라가지 못할 만큼 독보적으로 깃털의 보온 기능을 창조적으로 활용한 종이 있다. 슬리핑백에서 이불까지, 베개에서 파카까지, 깃털 모자에서 부츠와 강아지 침대까지 오리털과 깃털을 수십 억 달러 규모의 글로벌 기업으로 변모시킨 것은 호모 사피엔스뿐이다.

오리털 사업을 잘 이해하기 위한 당연한 첫 단계 행동을 취했다. 내 베개에 붙은 라벨을 읽는 일이었다. 베개는 파란색과 초록색 바탕에 멋진 흰색 깃털이 그려져 있고 금색 깃발 위에 퍼시픽 코스트 깃털회사라는 단어가 새겨져 있었다. 놀랍게도 주소가 워싱턴 주 시애틀이었다. 페리 호를 타고 가서 자동차로 두 시간 정도 가면 되면 곳이었다. 나는 전화번호를 누른 뒤 친절한 안내원에게 상황을 설명했다. 그녀는 적임자에게 전화를 연결해주었고, 불과 얼마 뒤 나는 미국에서 가장 큰 오리털 및 깃털 공장을 견학하기 위한 약속을 정했다.

몇 세대에 걸쳐 가족 대물림으로 경영해온 퍼시픽 코스트 깃털회사는 매년 수백만 개의 베개와 이불을 제조 판매한다. 이는 북미 시장에서 상당한 비중을 차지하는 양이다. 이 회사는 10개 주와 캐나다에 13개 제조공장을 운영하지만 제품에 들어가는 모든 깃털은 시애틀 북부 지역의 한 조용한 골목 끝에 위치한 처리 시설에서만 나온다.

가을이 막 시작되는 날 그곳에 도착한 나는 포플러 나뭇잎이 카펫처럼 깔려 바람에 서걱거리며 뒹굴어 다니는 주차장을 가로질러 걸어갔다. 그때 낙엽 속에 뭔가 섞여 떠다니는 게 보였다. 흰 깃털과 솜깃털이 흩날리고 있었으며 공장 가까이 다가갈수록 깃털과 솜깃털이 점점 더 많이 흩날렸다. 공기처럼 가벼운 재료로 작업할 경우 이렇게 흩날려 유실되는 것은 어쩔 수 없으며, 이 회사가 공장을 시골로 옮긴 것도 이상한 일이 아니었다. 예전에는 모든 공정이 시내 본부에서 처리되었고, 더러 파이프가 부서지는 사고가 있을 때면 시애틀 중심부에 때 아닌 눈보라가 치듯 보풀과 깃털이 온 시내에 흩날리곤 했던 것으로 알려졌다.

"우리가 이곳에서 처리하는 깃털 양은 매달 9만 킬로그램 정도 됩니다." 안내자가 내게 말했다. 이름은 트래비스 스티어로 성실해 보이는 30대 후반의 상냥한 남자였다. 그는 이야기를 하는 중간쯤 이를 드러내며 미소 짓기 시작해서 이야기가 모두 끝날 무렵에는 소리 내어 웃곤 했다. 퍼시픽 코스트 깃털회사의 구매 팀장인 트래비스가 통상적으로 협상하는 거래 물량은 전 세계 거위털과 오리털 연간 생산량의 5퍼센트가 넘는다. 거위털과 오리털은 중국, 태국, 베트남, 프랑스, 헝가리, 폴란드 등 오리와 거위가 지역 음식의 재료로 많이 쓰이는 수십여 국에서 생산된다. 트래비스는 16년 동안 깃털 구매를 담당해 왔지만 그럼에도 바이어 가운데 젊은 축에 속한다. "나이든 사람들은 인맥이 탄탄한 편이지요." 그가 털어놓았다. "이 일에는 본능적인 감각이 필요해요."

대다수 산업은 완성된 제품에 대한 수요가 공급을 결정하지만 깃털과 솜깃털 산업의 공급망은 시장과 전혀 무관하다. 베개, 이불, 슬리핑백, 그밖에 고급 소비제품을 찾는 사람들이 수요층을 형성하는 반면 공급은 거의 전적으로 거위와 오리 고기의 소비량에 의해 정해지며 1차적으로 중국 시골 지방과 동남아시아에서 제공된다. 사람들이 가금류를 많이 먹으면 구매할 수 있는 깃털의 양이 늘어나고 가금류 소비가 주춤하거나 입맛이 변하거나 가금류 생산량이 좋지 않으면 깃털 공급이 달린다.

또한 타이밍도 중요하다. 가을 털갈이 시기 동안 솜깃털이 더 많이 생기기도 전에 너무 일찍 가금류를 도살하면 가금류 고기 공급량에 문제가 없어도 깃털은 풍족하지 않다. 게다가 조류독감 같은 질병이 발생하는 등 예측할 수 없는 상황까지 터지면 깃털은 공급이 매우 불안정한 상품이 된다. 누군가 깃털 시장을 장악하려고 시도한 적은 없는지 물었더니 그가 껄껄 웃었다. "그런 시도는 항상 있지요!" 지난해만 해도 중국 투기꾼들이 솜깃털이란 솜깃털은 보이는 대로 사들이는 바람에 트래비스는 깃털 가격이 몇 개월 동안 세 배나 폭등하는 경험을 했다. 새에게서 베개에 이르는 긴 여정에 편승해갈 수 있는 기회가 한 번 더 있는 것이다.

"중국 각 마을에는 이 농장 저 농장 자전거를 타고 돌아다니면서 깃털을 사들이는 사람이 있습니다." 트래비스가 설명했다. 이어서 그는 그곳의 농장이 얼마나 넓은지, 그리고 깃털 판매가 마무리되기 전까지 농장 가족이 거실 한쪽에 깃털 더미를 얼마나 기막히게 모아놓는지 말해주었다. 오리가 주축을 이루고 솜깃털 공급량의 대부분을 차지하지만 거위 역시 인기 품목이며 거위털이 대체로 더 높은 가격을 받는다.

가금류를 키우는 기본 목적이 고기를 얻는 데 있지만 깃털 역시 사람들이 깊은 관심을 보이는 중요 부가가치 상품이다. 시골 농부와 바이어 사이에서부터 힘든 협상이 시작되며 공급망의 매 단계마다 협상이 이루어진다. 자전거에 가득 싣고 온 깃털을 모두 모아 한 트럭 가득 채운 지방 바이어는 자신의 물량을 지역 공장에 판매하며 이 공장에서 기본적인 세척과 분류 과정이 이루어진다. 그 다음 이들 소규모 공장은 몇몇 큰 가공공장에 깃털을 판매한다. 큰 가공공장은 이외에도 중국에서 산업 규모로 운영되는 가금류 농장으로부터 많은 깃털을 사들이기도 한다. 트래비스는 퍼시픽 코스트 깃털회사가 1972년부터 쌓아온 관계를 바탕으로 규모가 큰 공장에서 깃털을 사들인다. 퍼시픽 코스트 깃털회사는 1972년 닉슨이 '죽의 장막'에 거래 창구를 튼 직후부터 중국에 거래 관계를 구축해왔다.

"깃털 사업이 보다 원활하게 굴어가도록 하려고 합니다." 대화 도중 트래비스가 말했다. 겉으로 보기에는 조용한 듯해도 내면에 강한 고집이 흐르는 것을 엿볼 수 있었다. 아마도 이런 고집이 있기에 탁월한 협상가로 자리 잡았을 것이다. "속이기는 쉬워요. 여러 단계를 거치는 도중에 어느 지점에서 막대기나 돌, 모래 같은 것을 제품에 넣는 겁니다. 무조건 무게 단위로 파니까요!" 트래비스가 퍼시픽 코스트 깃털회사에 들어와 처음 맡은 일이 공급망 가운데 질 나쁜 곳을 찾아내는 일이었고 자신의 기준에 미치지 못하는 곳은 누구든 배제시켰다고 한다. "지금은 모두 받아들이고 있습니다." 트래비스가 만족스런 뜻으로 고개를 끄덕이며 말했다. "그건 이제 더 이상 문제가 되지 않아요."

공장 작업 현장으로 내려가기 전 우리는 작은 실험실에 들렀다. 그곳에서는 최근 대만에서 들여온 물량을 대상으로 품질 검사가 진행되고 있었다. 친근한 인상의 건장한 남자 한 명이 하던 일을 멈추고 우리 쪽으로 와서 쾌활한 모습으로 그곳을 안내해 주었다. ("제 동생 존이에요." 나중에 트래비스가 말했다. 높은 시장점유율을 가진 회사인데도 여전히 매우 가족적인 분위기를 유지하고 있었다.)

깃털이 그득하게 담긴 상자들이 줄지어 검사를 기다리고 있었다. 고품질의 솜깃털은 마치 액체처럼 잔잔하게 일렁였으며 깃털들이 날려 주변을 떠다녔다. 나는 전형적인 베개용 혼합 재료 속에 손을 넣어 보았다. 대개는 목과 몸에 난 겉깃털이었고 간간이 솜깃털이 섞여 있었다. 그런데도 아주 부드러웠고 금방 따뜻해졌다. "거위털이에요." 트래비스가 이렇게 말하고는 이내 흰색과 검은색이 어우러진 같은 깃털 더미를 보면서 눈살을 찌푸렸다. "하지만 그 안에 닭털이 섞여 있네요."

공장의 큰 창고로 들어가자 주차장을 지나올 때 보았던 깃털들이 이제는 그야말로 물결을 이루면서 우리가 내딛는 발걸음마다 주변에 소용돌이를 일으켰다. 그곳에서는 한 남자가 적재 구역으로 이어지는 180센티미터 높이의 큰 더미에 갈퀴질을 하여 큰 다발들을 만들어내고 있었으며 적재 구역에서는 파이프 두 개가 깃털을 빨아들여 생산 라인에다 깃털을 쏟아부었다. 이 남자 뒤편으로 커다란 초록색 기계들이 일렬로 늘어서서 철커덕 윙윙 철커덕 윙윙 하며 천장 쪽으로 연기를 내뿜었다.

천장에는 더 많은 파이프와 관이 가로세로로 얽혀 어지러운 그물망을 이루었다. 나무틀로 된 건조기와 미끄럼 운반대, 호스, 전선, 줄줄이 나 있는 의문의 문들이 보였고 멀리 삼층 탑 두 개가 바닥에서 창문 달린 천장까지 솟아 있었다. 윌리 웡카(로알드 달이 쓴 『찰리와 초콜릿 공장』의 주인공_옮긴이)가 이곳에 왔더라면 제집처럼 느꼈을 것 같은 곳이었다.

사진을 찍어도 되는지 물었다. 트래비스의 웃음소리가 공장 소음 너머로 울려 퍼졌다. "원하는 건 뭐든 찍어도 됩니다." 트래비스가 확인시켜 주었다. "우리에겐 비밀이 없어요. 지난 백 년 동안 깃털 기술은 변한 게 없거든요!" 구식 기계처럼 생긴 것들도 많았는데, 니스 칠을 한 나무 쪽문과 액자식 유리창이 달린 가구처럼 보이기도 했다. 하지만 백 년 전에는 훨씬 많은 사람들이 갈퀴와 쇠스랑을 들고 깃털 운반 작업에 매달렸을 것이다. 현대식 자동화 덕분에 파이프로 공기를 빨아들여 모든 걸 퍼 올릴 수 있게 된 결과 이제는 라인을 관리하는 노동자 6명만 있으면 되었다. 트래비스와 함께 걸어가는 동안 스냅 사진을 몇 장 찍었지만 정신없이 돌아가는 이곳의 소란스러움과 특유의 냄새를 사진에 담을 수는 없었다. 그것은 동물 냄새였으며, 숨 막힐 듯 강하지는 않지만 그래도 이른 아침 스프 냄비가 끓고 있는 방안처럼 냄새가 꽤 짙게 풍겼다.

"깃털 공장에서 하는 일은 세 가집니다." 트래비스가 설명했다. "씻고, 분류하고, 섞는 일이죠." 트래비스가 큰 드럼통을 보여주었다. 그 안에서는 깃털을 증기로 세탁한 뒤 최소한 여섯 번의 행굼 과정을 거쳐 먼지나 흙이 하나도 남지 않도록 했다. (일반의 여론과는 달리 깨끗하게 세탁한 솜깃털은 알레르기를 일으키지 않는다는 연구 결과가 나와 있다. 사람들이 알레르기 반응을 일으키는 것은 먼지와 그에 관련된 진드기들 때문이다.)

다 말린 자연 상태의 솜깃털과 깃털은 분류실로 보낸다. 건물 맨 끝에 커다란 탑 두 채가 서 있는데, 이곳이 분류실이다. 우리가 도착했을 때 새로운 깃털 더미가 막 쏟아지고 있었으며 창문마다 흰 깃털이 소용돌이치는 모습이 보였다. 참으로 아름다운 장면이었다. 최면에 걸린 듯이 마치 새로 형성된 수십 개 은하가 회전하며 떠 있는 것 같았다. 최상급 솜깃털은 바람에 가장 높이 떠서 날아간다. 그러므로 이 분류탑에서는 자연 상태로 뒤섞인 깃털을 칸막이와 바람이라는 간단한 장치만으로 무려 일곱 등급으

퍼시픽 코스트 깃털회사 공장에 있는 3층짜리 분류기계

로 분류했다. 너무 커서 이용할 수 없는 깃털은 맨 밑바닥에 떨어지며, 이
깃털은 갈아서 폐기물로 만든다.

기계가 어떻게 작동하는지 원리는 이해가 되었지만, 겉모습을 보고 있으
면 혼란스러웠다. 수없이 많은 창문이 보기에는 멋지지만 너무 지나친 것
같았다. 적절한 위치에 몇 개만 달려 있어도 내부에서 이루어지는 과정을
충분히 확인할 수 있을 것이다. 나중에 가서야 이런 설계가 보다 큰 행동
양식에 맞추기 위해 나왔다는 사실을 알게 되었다. 깃털을 갖고 일하는 사

람들은 깃털을 보는 것을 좋아한다. 플라이 낚시에 플라이를 매든, 모자나 의복에 깃털 장식을 달든, 공기 역학을 연구하든, 깃털 공장에서 일하든 깃털은 이들의 고된 노동 너머로 하나의 매혹을 불러일으킨다.

우리는 그 자리에 잠시 서서 깃털이 떠다니다가 내려앉는 모습을 지켜보았다. "일전에 중국에서 온통 유리로 된 분류기를 본 적이 있습니다." 트래비스가 말했다. 나는 유리가 틀에 끼워져 있었던 게 아닌지 물었다. "아니요, 전체가 유리로 되어 있었습니다." 트래비스는 여전히 깃털을 뚫어지게 쳐다보면서 말했다.

견학을 모두 마친 뒤 우리는 악수를 나누었다. 나는 완성품 더미 앞에 서 있는 트래비스의 사진을 찍었다. 분류 작업을 거쳐 전국 공장으로 내갈 준비를 모두 마친 거대한 깃털 뭉치들이었다. 뭉치 겉면에는 솜깃털 다발이 붙어 있었고 적재 구역 문 밖으로 나가 바람을 타고 날아가는 솜깃털도 있었다. 도저히 믿기지 않는 저 가벼움 속에 바로 솜깃털이 지닌 보온 성질, 즉 어떤 것도 따라올 수 없을 만큼 뛰어나게 공기를 잘 품는 성질의 열쇠가 있다.

다시 주차장을 가로질러 걸어가던 나는 허리를 굽히고 오렌지색 낙엽 사이에 떨어진 깃털 몇 개를 주워들었다. 완벽한 형태를 갖춘 솜깃털이었고 제멋대로 뻗은 깃가지와 작은 깃가지가 환상적일 만큼 섬세하게 생긴 말미잘의 촉수처럼 하늘거리고 있었다. 중국 농장의 오리 가슴에서 시작해서 결국 주차장에서 긴 여정을 마감한다고 생각하니 아쉬운 마음이 들었다. 이 솜깃털이 누군가를 상모솔새처럼 따뜻하게 지켜주는 데 도움이 될 수 있도록 솜깃털을 도로 공장 안에다 갖다놓고 싶었다.

분명 솜깃털만큼 보온 성질이 뛰어난 것은 어디에도 없다. 에스키모의 카리부 모피가 따뜻하긴 해도 적당한 방한화와 장갑까지 완벽하게 방한복을 갖춰 입으면 무게가 8킬로그램이 훨씬 넘는다. 합성 제품은 동물 가죽보다 가볍긴 해도 산악인이 오리털 재킷을 입었을 때만큼 열을 품으려면 폴리프로필렌 긴 내의를 11벌이나 입어야 한다. 최고급 거위털은 같은 무게일 때 합성 보온소재인 신설레이트, 폴라가드, 프리마로프트, 그 밖에 다른 합성소재에 비해 효과가 두 배 이상이고 아무리 여러 번 입어도 몇 년 동안 그대로일 정도로 내구성이 오래간다.

비밀은 솜깃털의 구조에 있다. 깃털 하나하나가 가지를 뻗어 깃가지와 작은 깃가지로 뒤얽힌 그물망을 이루며 이 깃가지와 작은 깃가지가 공기와 열을 모아두는 역할을 한다. 깃털은 저절로 저렇게 자라지만 그렇게 섬세하게 가지를 뻗은 실가지를 제조하는 일은 매우 어렵다. 합성섬유도 속이 빈 실을 만들 수 있고 실을 둥글게 휘감을 수도 있고 비틀 수도 있으며 씨줄과 날줄을 엮어 복잡한 구조로 만들 수 있다. 그러나 합성섬유는 기본적으로 외가닥 구조이며, 이는 보온 기능 면에서 불리하고 지금까지 공학 기술을 아무리 쏟아 부어도 이런 불리함을 극복하지 못했다.

그럼에도 솜깃털은 보온제품 시장에서 적은 비중을 차지하는 데 그치며, 깃털이 폴리프로필렌 관련 사람들을 업계에서 몰아낼 가능성은 거의 없다. 이는 부분적으로 공급 제한 때문이다. 슬리핑백, 강아지 침대, 겨울 코트를 모두 거위털로 채우려면 세계적으로 거위 스튜를 엄청 많이 먹어야 할 것이다. 하지만 깃털이 보온제품 시장을 완전히 장악하지 못하는 보다 근본적인 이유가 있다. 바로 물이다.

솜깃털은 물에 젖으면 습기를 빨아들이는데, 그렇게 되면 따뜻한 온기를 품고 있던 작은 공기 주머니가 물에 흠뻑 젖은 곤죽이 되어 본래의 보온

성능을 대부분 잃어버린다. 게다가 솜깃털의 물기를 말리고 다시 부풀게 하려면 습도가 낮은 곳에 오랜 시간 두어야 하는데, 폭풍우가 내리는 텐트 안에 옹송그리고 모여 있으면서 솜깃털을 말리기는 힘들다. 새는 방수 되는 겉깃털 층 아래 솜깃털이 안전하게 들어 있기 때문에 이런 문제를 피할 수 있다. 하지만 아웃도어 의류와 캠핑 장비는 그런 시스템을 완벽하게 갖추지 못한다.

반면 합성섬유는 일반적으로 석유를 원료로 만들어지며 물과 잘 섞이지 않기 때문에 물속에 완전히 잠겼을 때에도 물을 밀어내고 보온 기능을 그대로 유지한다. 보온 산업 분야에서 이루어지는 최근 연구들은 두 세계의 좋은 점을 결합하는 데 중점을 두고 있으며, 방수 기능이 있는 재료를 이용하여 인공으로 깃털 같은 구조를 만들어내는 방법을 찾는 중이다. 이는 말하자면 성배 원정과도 같으며 솜깃털 산업에 몸담은 사람 중 이를 염려하는 이는 아무도 없다. "합성섬유는 이미 장점을 많이 확보했어요." 트래비스 스티어가 말했다. "하지만 여전히 솜깃털보다 무겁지요. 게다가 솜깃털은 숨을 쉬지만 합성섬유는 그렇지 않잖아요."

• • •

겨울 생태학 여행이 끝나는 밤 나는 마지막으로 얼음과 달빛에 감탄하면서 베른트 하인리히 숲까지 걸어갔다. 날씨는 많이 풀렸지만, 그래도 기온은 여전히 영하 18도 부근을 맴돌았고 나는 최대한 따뜻하게 옷을 입었다. 모직 양말, 안감을 댄 스노우마스터 부츠, 긴 내의, 레인저 휩코드 모직 바지, 스카프, 모자, 장갑, 그리고 셔츠 세 개 위에 두꺼운 야크 털 모직 스웨터를 껴입었다. (대학원 시절 옷장 안에 깃털 제품이 없었던 이유는 거위털의 또 다른 단점 때문이었다고 설명할 수 있다. 바로 비싼 가격이다!)

상쾌한 밤공기는 정적에 싸여 있었고, 더러 얼음 무게를 이기지 못한 나뭇가지가 우지끈 부러지는 소리와 내 숨소리만 정적을 뚫고 울렸다. 추위가 느껴지기 시작할 때면 나는 운동으로 몸이 다시 데워질 때까지 걸음을 빨리하거나 달렸다. 그러다 문득 상모솔새에게는 몸을 따뜻하게 하는 문제뿐만 아니라 체온을 조절하는 것도 큰 문제겠다는 생각이 들었다. 메인 주의 겨울 날씨는 온도 차이가 적게는 10도, 많게는 17도까지 나고 여름 몇 달 동안은 50도나 더 높은 열파가 몰려오기도 한다. 사막 기후에 사는 새는 하루 동안에도 그런 극단적인 기온차를 맞기도 한다. 깃털이 추위에 맞서 보온 기능을 효과적으로 발휘하도록 진화되었다면 기온이 올라갈 때에는 어떤 기능을 발휘하게 될까?

제 6 장

시원하다

체온이 높은 새는 몸을 식히기 위해 호흡계와 구강 인두에서
증발성 표면의 통풍 양을 늘려야 하며
그러면서도 심한 혈중 탄산가스 감소나
알칼리 혈증이 일어나지 않도록 해야 한다.
— 마이크 글리슨, 『가금류가 숨을 헐떡이는 동안 호흡 양태 분석』(1985년)

흰머리수리가 다시 공격을 감행했다. 쏜살같이 내려와 물속으로 처박히
는가 싶더니 방금까지 가마우지가 떠 있던 물위에 사방으로 물살이 튀었
다. 수면에 물결이 일면서 둥글게 퍼져 나갔고 흰머리수리는 날개를 세차
게 퍼덕이며 하늘로 솟구쳐 올랐다. 아래로 깃털이 몇 개 떨어졌다. 흰머리
수리의 두 발톱에는 아무것도 없었다. 연못 수면을 살펴보니, 물가 근처에
서 가마우지가 고개를 숙인 채 수면 위로 쑥 올라왔다. 흰머리수리가 헐벗
은 겨울 단풍나무 꼭대기에 내려앉자 가마우지는 재빨리 물 위로 올라왔
다. 그렇게 두 마리 새는 유난히 힘들었던 라운드를 마친 권투선수처럼 긴
장과 피로에 지친 멍한 얼굴로 앉아 있었다.

흰머리수리는 기회가 있을 때마다 버려진 고기를 뒤져 먹거나 남의 먹
이를 훔치곤 한다. 어쩔 수 없이 사냥을 해야 하는 경우에는 알을 낳은 물

고기나 힘없는 새끼 새, 작은 포유류 등 약한 상대를 목표물로 삼는다. 부득이한 경우에는 다른 새에게 눈길을 돌리기도 하지만 보다시피 이 영리한 쌍뿔가마우지를 쫓는 일은 결코 녹록하지 않았다.

거의 한 시간 가까이 전투가 지루하게 이어지는 것을 지켜보았다. 독수리는 이 사냥감을 죽어라고 괴롭힐 심산인지 물속으로 곤두박질치고 또 곤두박질쳤다. 가마우지로서는 위험천만한 전략을 구사하고 있었다. 마치 거대한 맹금류에게 어디 한 번 물속까지 따라와 보라는 듯이 독수리의 발톱이 닿기 직전에야 물속으로 잠수했다. 결국에 가서는 두 새 모두 똑같이 지친 듯 보였다.

두 새가 부리를 헤 벌린 채 혓바닥까지 축 늘어뜨린 모습은 결코 잊지 못할 것이다. 새가 숨을 헐떡이는 모습을 본 것은 이때가 처음이었다. 결국 독수리는 포기하고 말았다. 곤두박질치는 동작을 도가 지나칠 만큼 너무 많이 한 뒤라서 마지막에는 날갯짓을 하여 다시 하늘로 날아오르지 못한 채 긴 날개를 수면에서 첨벙첨벙 하며 애처로운 모습으로 물가까지 헤엄쳐 갔다.

이 사건이 벌어진 곳은 작은 호수 위였다. 그곳은 내가 한겨울에 여름용 오두막집을 임대하는 대단한 거래를 한 곳이기도 했다. 오두막집은 얼어 죽을 만큼 추웠고 장작도 모자랐다. 그래서 그 당시 내 머릿속에는 온통 불편 사항에 대한 것들로 가득했고 물에 젖은 불쌍한 새들이 얼마나 추웠을까 하는 생각밖에 하지 못했다. 깃털 생각을 하면서 지내는 지금은 새들이 어떻게 열사병으로 죽지 않는지 궁금했다.

근육 활동은 칼로리를 연소시켜 이 에너지를 운동과 열로 내보낸다. 동작이 격렬할수록(저녁 식사거리를 구하려고 날아서 다이빙을 하거나 또는 목

숨을 건지기 위해 헤엄치는 등) 체온이 올라갈 가능성은 커진다. 모든 동물의 신체활동이 마찬가지며 장거리 달리기 선수가 야크 울과 장화보다 반바지에 티셔츠를 입는 것도 이 때문이다. 운동하는 포유류는 땀을 흘려서 몸을 식히지만 조류는 그런 기능이 없다. 더욱이 조류는 기초대사율이 포유류보다 상당히 높기 때문에 이미 체온이 높은 상태에서 움직인다.

예를 들어 황금관상모솔새의 체온은 일 년 내내 변함없이 44도를 유지한다. 살아 있는 세포 내에서 단백질이 교체되는 속도보다 더 빨리 파괴되기 시작하는 온도 범위가 있는데 44도가 그 범위 내에 있다. 이런 상황이 되면 순식간에 방향감각 상실, 의식 상실, 그리고 죽음으로 이어질 수 있다. 따라서 새는 체온이 상승할 여지가 없다. 새가 추운 기후에 적응해서 살아가는 것도 놀랍지만 그에 못지않게 격렬한 운동으로 인한 열기나 더운 기후를 견디며 살아가는 것 역시 무척 놀라운 일이다. 게다가 새들은 가장 뛰어난 자연 보온재인 깃털이 온몸을 완전히 감싼 상태에서 이런 상황을 견뎌내는 것이다. 이는 슬리핑백으로 온몸을 감싼 채 마라톤을 하는 것과 같다.

깃털에 감싸인 새의 몸을 시원하게 식히는 일은 각기 다른 두 분야로 나눌 수 있다. 하나는 내부의 열(예를 들어 몸을 움직이는 동안 근육 활동에서 생기는 열)을 처리하는 것이고 다른 하나는 외부에서 오는 열(예를 들어 햇빛)을 처리하는 것이다. 나는 두 번째 문제부터 덤벼보기로 했다. 죽은 딱따구리와 온도계 두 개만 있으면 답을 찾을 수 있을 것 같았다.

당신이 깃털에 관한 책을 쓰겠다고 하면 주변 사람들이 당신을 위해 깃털을 모아오기 시작한다. 하나짜리 깃털이나 부러진 날개를 가져오는가 하면 더러는 자기 집 창틀 밑에서 발견한 새 사체를 가져오기도 한다. 고양이가 갖고 있던 새 사체나 도로 변에서 주운 사체를 가져오는 이도 있다. 미국에서 법적으로 이런 행동은 불법이다. 철새법에 따르면 새뿐만 아니라 둥지, 알, 깃털도 손으로 만지고 옮기거나 장난쳐서는 안 된다고 보호하고 있다.

그럼에도 표본이 심심찮게 내게 전달된다. 딱따구리는 쓰레기봉투에 깨끗하게 싸인 상태로 집 현관에 놓여 있었고 내가 이를 보관하기 위해 냉장고에 넣어둘 때도 아주 신선한 상태였다. 북극권 한계선(북위 66도 33분) 위쪽 산맥에서 중미와 카리브 해 열대림에 걸쳐 서식하는 쇠부리딱따구리 종이었다. 이 새는 심지어 캘리포니아 죽음의 계곡에서도 살아남는데 이곳은 움푹 들어간 사막분지로, 여름철 기온이 57도까지 올라간다. 깃털이 애초 새의 몸을 따뜻하게 보온하면서도 시원하게 식혀주려고 설계되었다면 분명 깃털은 이 새를 위한 것이다.

늦은 여름 어느 날 딱따구리를 냉장고에서 꺼내 라쿤 오두막집의 그늘진 현관에 내놓고 서서히 데워지도록 했다. 딱따구리를 바라보고 있자니 아무리 흔해빠진 새일망정 그 안에 순수한 경이로움이 담겨 있다는 생각이 들었다. 쇠부리딱따구리는 어디서나 볼 수 있으며 길들여져 있기 때문에 자연 관찰자들이 한 번 흘낏 쳐다보고는 그만이다. 하지만 자세히 들여다보면 마치 안에서 빛이 나는 것처럼 깃털의 색조들이 환하게 빛난다. 이 새는 수컷인데 부리에서 뒤로 빗어 넘긴 것 같은 작은 깃털에 희끗희끗 진홍색 줄무늬가 나 있고 뺨과 목으로 가면서 점차 잿빛 막을 형성한다. 또한 눈 위쪽은 밝은 밤색이다가 차츰 색조를 달리하면서 목에 이르면 완연히 올리브색으로 바뀌고 이 올리브색은 다시 등 쪽으로 내려가면서 진한

쇠부리딱따구리, 존 제임스 오듀본 그림

갈색으로 바뀌고 검은 얼룩무늬가 나타난다.

접힌 날개를 들춰보니 깃털 뿌리 쪽에 붉게 묽든 아침 바다 같은 장밋빛 피부가 드러났고 비행할 때 뚜렷하게 보이는 엉덩이의 흰 부위도 보였다. 심지어는 가슴 털에도 장식이 들어가 있다. 크림색 바탕에 검은 반점이 군데군데 흩어져 있는데 각 반점은 정확히 각 깃털의 깃판 끝 정가운데 위치해 있고 반짝반짝 윤기가 흘렀다. 없는 색이 없을 정도로 다채로운 색상을 갖춘 팔레트와 강렬한 상상력으로 무장한 화가도 이런 모습을 그려내지 못할 것이다.

나는 현관 그늘에서 죽은 새의 온도를 쟀다. 온도계 한 개는 아름다운 깃털 외피 바깥쪽에 두었고 다른 한 개는 깃털 안쪽에 넣어 두었다. 얼마 뒤 두 온도계 모두 23도의 쾌적한 온도를 가리켰다. 이는 얼었던 표본이 완전히 녹아 바깥 기온에 완전히 적응되었다는 의미였다. 이제 딱따구리를 바깥 햇빛으로 가져가 풀을 벤 풀밭에 바른 자세로 세워놓았다. 딱따구리가 땅에서 먹잇감을 먹을 때 이런 자세를 취하는 것을 종종 본 적이 있었다.

햇빛의 복사에너지에 내 살갗이 점점 따뜻해지는 것을 느낄 수 있었고 딱따구리의 검은색 깃털을 만져보니 순식간에 뜨거워지고 있었다. 나는 등 깃털 바깥쪽에 온도계 한 개를 기대어놓고 다른 한 개는 날개 아래 피부 가까이 있는 겉깃털과 반깃털 사이로 찔러 넣었다. 몇 분 지나자 등 깃털 표면의 온도는 39도까지 치솟았지만 안쪽에 넣어둔 온도계는 겨우 31도를 가리켰다. 30분이 경과하자 깃털 안쪽의 온도는 겨우 2도가량 올라갔다. 그늘진 현관에서 잰 온도보다는 높지만 새의 짙은 색 깃털 표면보다는 불과 2~3센티미터 안쪽인데도 훨씬 시원했다.

태양의 복사에너지를 차단하고 깃털이라는 복잡한 구조의 장벽으로 전도 속도를 늦춤으로써 딱따구리의 깃털은 7도에서 8도 정도의 온도 차이를 만들어낼 수 있었다. 비교해보기 위해 두께 0.6센티미터짜리 큰 도자기 타일을 새 옆에 기대어 놓았다. 이 타일은 라쿤 오두막집 장작난로 밑에 있던 것으로, 마룻바닥에 과도한 열이 가해지지 않도록 보호하기 위해 쓰던 것이었다. 타일 표면은 딱따구리의 등보다 훨씬 밝은 색상이며 온도가 36도까지 올라갔다. 하지만 열전도 때문에 타일 전체가 순식간에 뜨거워졌고 타일 아랫면은 곧 33도까지 올라갔다. 윗면과 겨우 3도 차이밖에 나지 않았다.

이 간단한 실험에서 쇠부리딱따구리는 아무 활력도 없는 상태인 데도 단열 도자기 타일보다 두세 배 뛰어난 단열 효과를 보였다. 살아 있는 새였다면 자세를 바꾸거나 깃털을 쳐들거나 부풀리거나 조절하는 등 수많은 전략이 있었을 테고 깃털은 훨씬 더 효율적인 열 차폐 기능을 발휘했을 것이다.

지난 수십 년 동안 전문학자 중에는 '열 차폐' 개념을 깃털 진화의 기원으로 내세우는 사람들이 있었다. 이 주장은 파충류 학자들이 맨 처음 내놓기 시작했으며 이구아나처럼 생긴 여러 도마뱀이 살짝 들려진 긴 비늘을 갖고 있고 그 비늘로 생긴 작은 그늘이 더운 날씨에 체온이 과도하게 올라가는 것을 막아주었다고 지적했다. 이후 이 주장은 더욱 발전하여, 조류로 이어지는 이들 도마뱀의 조상에게서 이 작은 열 차폐 기관이 지속적으로 길어지면서 가장자리부터 너덜너덜해지고 유연성을 띠다가 마침내 비늘의 성질이 완전히 사라지고 다양한 형태의 현대 깃털로 진화되었다는 이론이 나왔다.

이 이론은 결국 터무니없는 것으로 밝혀졌다. 그렇다고 해서 도마뱀과

갑옷도마뱀

새가 기본적인 체온조절 행동 면에서 몇 가지 공통점이 있다는 사실까지 부정하는 것은 아니다. 냉혈동물인 도마뱀은 햇볕에 의존해서 몸을 따뜻하게 데우며 하루 종일 몸의 위치를 세심하게 바꿔가면서 계속 쾌적한 환경에 머문다. 아침이면 최대한 많은 열을 얻기 위해 몸의 옆면이 햇빛을 마주 하도록 가로로 뻗어 햇볕이 가능한 한 많이 내리쬐도록 하고 한낮에 기온이 올라가면 햇볕에 가능한 적게 노출되도록 햇빛과 평행하게 세로 방향으로 자세를 취한다. 주위가 그야말로 뜨거워지면 도마뱀은 대류 냉각을 늘리기 위해 두 발로 서 있으며 한낮의 열기가 지나갈 때까지 그늘진 틈 속으로 숨기도 한다.

새들도 마찬가지로 이런 행동을 하는데 다만 도마뱀이 마지막 방어선으로 그늘을 찾는다면 새는 맨 먼저 그늘을 찾는 점에서 차이를 보인다. 새 관찰자들이 이른 아침이나 땅거미가 지기 직전에 주로 관찰 활동을 하는 데는 다 그럴 만한 이유가 있다. 거의 모든 새 종이 하루 중 가장 서늘한 이 시각에 주로 활동하기 때문이다. 이 쇠부리딱따구리도 살아 있는 새였다면 등 깃털이 그렇게 점점 뜨거워지는 동안 그대로 풀밭에 있지 않고 어디 그늘진 횃대를 찾아 나섰을 것이다. 하지만 어쩔 수 없는 상황 때문에 쨍쨍한 햇빛을 피할 수 없는 경우가 있고, 이럴 경우 새들은 자세를 바꾸는 도마뱀의 탁월한 전략을 따른다.

아프리카와 아시아에 사는 흰목대머리수리는 사냥터 부근에 햇볕이 내리쬐는 가지에 앉아 몇 시간이고 기다리는데, 이때 방향과 자세를 바꾸는 간단한 변화로 햇볕에 노출되는 정도를 줄일 수 있으며 그와 동시에 맨살이 바람에 노출되는 면적을 네 배나 늘려 대류 냉각을 대폭 촉진시킨다. (캘리포니아콘도르와 다른 미국독수리들도 같은 방법을 따르지만 이 새들은 이

밖에도 대변을 통한 증발작용으로 냉각 효과를 늘리기 위해 서서 똥을 누기도 한다.)

재갈매기와 그 밖의 많은 바닷새들은 작은 바위섬 위에 둥지를 틀며 아무리 더운 날이라도 알을 놔두고 다른 곳으로 갈 수 없다. 대신 이 새들은 강한 햇빛과 등이 평행선을 이루도록 세심하게 주의를 기울이면서 마치 깃털 달린 해바라기마냥 둥지에서 빙빙 돈다. 한 유명한 연구에서는 둥지를 트는 검은등제비갈매기가 각기 다른 여섯 가지 냉각 전략을 구사하며 그 중에는 숨 헐떡이기, 등 깃털 헝클어뜨리기, 일어서서 맨 다리 드러내기 등이 있다고 확인한 바 있다.

열을 피하는 행동과 깃털의 기본적인 보호 기능이 햇볕으로 인한 효과를 완화하는 데 도움이 되지만 새는 체내에서 발생하는 열 때문에 보다 심

둥지에 앉은 검은등제비갈매기는 최소한 여섯 가지 방법을 구사하여 몸을 시원한 상태로 유지한다. ① 날개 안쪽의 무깃구역 드러내기, ② 숨 헐떡이기, ③ 정수리 깃털 헝클어뜨리기, ④ 등 깃털 헝클어뜨리기, ⑤ 축축한 복부의 증발작용, ⑥ 드러낸 다리의 혈류량 늘리기

각한 어려움에 처한다. 이 열은 새들의 일상적인 순수 신체 활동에서 어쩔 수 없이 생기는 부산물이다. 지구상에 있는 척추동물 중에서 새는 물질대사율이 가장 높고 가장 많은 열을 발생시킨다. 비행 근육 하나만 해도 새 몸무게의 35퍼센트나 차지하며 이 근육이 이용하는 에너지의 90퍼센트가 과잉 열로 발산된다.

새가 비행할 때에는 나무에 앉아 있을 때보다 순간적으로 7배, 10배, 심지어는 20배나 많은 체열이 발생한다. (달리는 새들의 커다란 다리 근육에서도 비슷한 상황이 벌어지며 레아나 타조의 경우 최고 속도로 달릴 때 물질대사가 엄청나게 증가한다.) 깃털을 들어 올리거나 헝클어뜨려서 열기를 조금 내보낼 수 있을 것이다. 하지만 틀림없이 다른 신체적 적응 기능을 갖추고 있기 때문에 그렇게 뜨거운 열을 발생시키면서도 시원한 상태를 유지할 수 있을 것이다.

자연의 혁신은 스트레스 지점, 즉 상반되는 적응압으로 진화적 딜레마가 생기는 지점에서 일어난다. 새는 세상에서 가장 좋은 보온 덮개로 몸을 감싼 상태에서 비행하거나 빠르게 달리기 때문에 엄청난 체열을 만들어낸다. 깃털이 수각류 공룡에서 진화되었고 보온 기능이 있는 솜깃털 형태가 비행깃털보다 먼저 생겼다는 일반적인 합의를 받아들인다면 동력 비행과 특수하게 분화된 냉각 기제가 동시에 발달했다고 가정해야 할 것이다. 날개를 퍼덕이는 능력을 갖게 된 결과 초기 날짐승에게서 많은 열이 발생했을 것이고, 진즉부터 보온 상태에 감싸인 몸에서 열을 없애는 방법이 진화했을 것이다.

또한 공룡이 활동적인 온혈동물이었다는 존 오스트롬의 이론을 받아들인다면 조류의 기본적인 냉각 기능은 수각류 공룡에게서도 벌써부터 자리 잡고 있었을 것이다. 빠른 속도로 달리는 수각류 공룡의 생활방식은 그 자체로 다량의 근육 열을 발생시켰기 때문이다. 이 두 가지 전제는 타당한 것으로 보인다. 따라서 새들이 더운 날 비행할 때에도 몸에서 생기는 열보다 더 많은 열을 방출하도록 깃털을 조정하고, 혈류를 조절하며, 증발 냉각 작용을 하는 등 복합적인 구조가 형성되었을 것이라는 결론이 나온다.

체온을 내리기 위한 새의 갖가지 전략은 긴밀한 협력 하에 작용하지만 크게 세 범주로 나뉜다. 첫째 범주는 깃털이 난 자리와 관계가 있다. 라쿤 오두막집에서 겨울굴뚝새의 깃털을 벗기던 날 맨 먼저 눈에 들어온 것은 깃털의 분포 양상이었다. 깃털이 온몸을 다 덮도록 배열되어 있긴 해도 깃털의 뿌리 부분은 특정 부위에서만 자라고 중간 중간에 무깃구역이라고 일컬어지는, 깃털 없는 맨살 부위가 있었다. 체온이 올라가면 새는 맨살 부위가 드러나도록 깃털을 들어 올리는데, 이렇게 하면 공기와 바람의 대류 작용으로 몸의 열이 날아간다.

또한 새는 땀샘이 없는 반면 이 맨살 부위의 피부 표면으로 직접 수분을 내보내는 능력이 있어서 체열 발산이 보다 효과적으로 이루어진다. 이런 무깃구역이 뚜렷하게 존재하지 않는 몇몇 새 중에 펭귄이 있다. 펭귄 깃털은 몸 전체에 골고루 두껍게 나 있다. 하지만 펭귄은 매우 추운 환경에서 살기 때문에 열을 내보낼 수 있는 다른 선택 방법이 많다.

사람의 몸은 체온이 오르면 피부 표면 가까이 있는 모세혈관이 저절로 확대되어 동맥 혈류가 열을 외부 공기에 전달한다. 사람들이 뛰어서 언덕을 올라가거나 사우나실에 앉아 있을 때 얼굴이 붉게 달아오르는 것이 이 때문이다. 또한 얼굴이 지나치게 붉어지는 현상을 열사병의 고전적 증상으로 꼽기도 한다. 새 역시 마찬가지 작용을 한다. 하지만 새는 발산할 열이

단관레그혼 수탉의 몸 표면에 깃털이 난 구역(깃구역)과 맨살 구역(무깃구역)이 복잡하게 나뉜 형태

많고 이를 내보낼 맨살 부위는 적기 때문에 혈류 양을 늘린다.

갈매기와 왜가리는 맨살의 다리와 발에 혈류를 20배나 늘림으로써 주변 공기나 물로 과잉 열이 빠르게 빠져나가도록 한다. 비행하는 동안 열을 없애기 위해 다리를 밑으로 늘어뜨리고 다니는 새들도 수십 종 있다. 파랑목벌잡이새 같은 열대 새들이 더운 한낮에 이런 습성을 더 많이 보이는 것으로 알려져 있다. 실험적인 시험들에서 날아가는 집비둘기의 다리에 인위적으로 단열 처리를 한 결과 순식간에 위험한 고열 상태가 되었다.

열 스트레스가 높은 새는 무깃구역, 눈 주위 맨살, 혹은 육수(칠면조 닭 등의 목 부분에 늘어져 있는 붉은 피부_ 옮긴이)에 더 많은 혈액을 보낸다. 부리에 있는 혈관에서도 체열을 내보낸다. 밤이나 추운 날씨에 부리를 깃털 속에 처박고 있는 새가 많은 것도 이런 이유로 설명할 수 있다. 그런가 하면 더운 기후에 사는 새 중에 유난스레 부리가 큰 종이 있는 것도 이 때문이다. 연구자들이 큰부리새과에 속하는 토코투칸을 적외선 카메라로 촬영해보니 체온이 안전 범위를 벗어날 때마다 우스꽝스러울 만치 큰 부리가 백열전구처럼 환하게 빛났다. 부리로 흘러가는 혈류가 몸 전체 열 발산의 30~60퍼센트를 책임지기 때문에 투칸의 부리는 동물 왕국에서 가장 크고 효율적인 '열 창' 중 하나로 꼽힌다.

조류의 체온을 식히는 마지막 전략은 증발이라는 물리적 현상을 바탕으로 한다. 액체가 기체로 바뀔 때 에너지가 들어가며 물방울이 증발할 때 인접한 표면의 열을 이용한다. 개, 고양이, 그 밖의 동물들이 숨을 헐떡이는 배경에도 이 원리가 들어 있다. 빠르게 호흡하면 입안, 목, 비강의 수분이 증발하고 이 과정에서 아래 있는 조직들의 온도가 내려간다. 체온이 지나치게 상승하고 지친 독수리 또는 가마우지가 보여주었듯이 새들도 숨을 헐떡인다. 하지만 새의 호흡계는 특이해서 증발을 통한 냉각 작용이 완전히 새로운 차원에서 이루어진다.

새가 숨을 들이쉴 때 공기는 우회로를 거쳐 들어간다. 공기가 바로 허파로 들어가서 잠시 머물다가 다시 밖으로 나오는 것이 아니다. 새의 호흡은 네 단계로 이루어지며 이 과정을 통해 체강 전체, 심지어는 뼛속까지 끊임없이 공기가 흐르도록 한다. 들숨과 날숨의 간단한 동작으로 호흡하는 포유류와 그 밖의 대다수 척추동물과 달리 새는 허파 이외에도 9개가 넘는 공기주머니로 이루어진 복잡한 체계가 진화되었다. 이 공기주머니들이 각기 내부 기관을 감싸고 있으며 다리나 날개 뼈에도 공기주머니가 들어 있다. (수각류 공룡에게도 비슷한 공기주머니가 있다는 것을 보여주는 화석 증거는 새-공룡의 연관성을 다시 입증하며, 온혈성의 조류 조상도 이미 훌륭한 냉각 시스템을 필요로 했을 것이라는 오스트롬의 입장을 확인시켜주었다.)

숨을 들이마신 새는 공기를 첫 번째 공기주머니 연결조직으로 보내고 숨을 내쉬면 이 공기를 폐 속으로 밀어 넣는다. 그 다음 숨을 들이쉬면 공기는 그 앞에 있는 공기주머니로 옮겨가고 두 번째 날숨을 쉴 때에야 원래 부리 가득 들어 있던 공기가 입이나 코를 통해 바깥으로 나온다. 이 체계는 폐의 효율성을 높이지만 내부 증발을 위한 표면 영역을 크게 늘리는 효과도 있다. 열이 발생하는 근육 주변과 속까지 공기가 들어가 숨을 쉴 때마다 빠르고 광범위한 냉각작용이 일어날 수 있다.

또한 숨을 헐떡이는 새가 1분당 수백 차례 숨을 쉴 때 매우 효율적인 시스템이 될 수 있다. 풍동(공기의 흐름이 비행기 등에 미치는 영향을 시험하기 위한 터널형 인공 장치_옮긴이) 실험을 해보면 하늘에 떠있는 벌새의 경우는

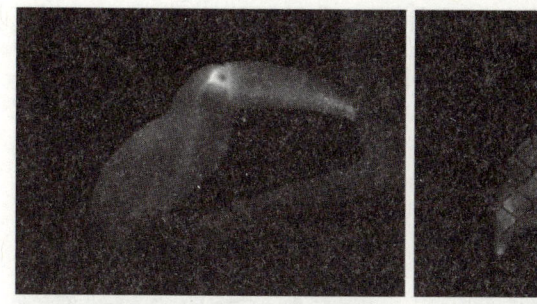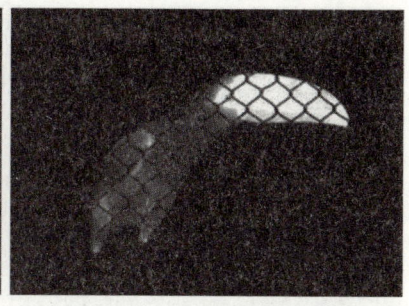

서늘한 환경에 있는 토코투칸의 열화상(왼쪽)과 더운 환경에서 부리가 과도한 체열을 방출하기 시작하는 때의 열화상(오른쪽)

생성된 열의 4분의 1, 그리고 날아가는 앵무새의 경우는 생성된 열의 절반 가까이가 증발을 통한 냉각 작용으로 없어진다. 다리 늘어뜨리기, 깃털이 별로 없는 열 창의 혈류량 늘이기와 병행할 경우 호흡만으로도 활동적인 새의 체온이 지나치게 올라가는 것을 막을 수 있다.

새가 체온을 낮추는 체계를 형성하는 데 깃털이 어떤 영향을 미쳤는지 완벽하게 이해하기 위해서는 박쥐를 살펴보기만 해도 된다. 새 이외에 유일하게 동력 비행을 할 줄 아는 척추동물이 박쥐이기 때문이다. 새와 마찬가지로 박쥐도 공중에 날아올라 날갯짓을 시작할 때면 열이 엄청나게 많이 생성된다. 또한 박쥐의 커다란 비행근육은 대사 요구와 대사산물이 새의 비행근육과 거의 정확하게 똑같다. 하지만 새는 호흡 구역을 정교하고 독특한 내부 증발체계로 바꿔놓았지만 박쥐는 생쥐, 족제비, 그 밖의 다른 포유류와 똑같은 폐와 냉각 기능으로 버텨낸다.

깃털이 없는 박쥐는 훨씬 단순한 냉각 방법들을 이용한다. 깃털이 나지 않은 커다란 날개는 더운 피가 가득한 상태로 펄럭이면서 바람 속에서 부채 기능을 하는 확실한 천연 '열 창' 구실을 한다. 하지만 이조차도 극한

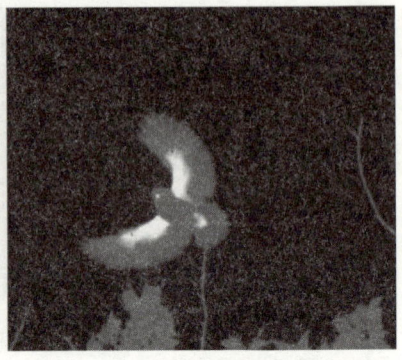

왼쪽 사진의 브라질자유꼬리박쥐는 몸 전체에서 열을 내보내는 반면 원숭이올빼미(오른쪽)는 부리, 다리, 날개 밑의 무깃구역에서만 열을 내보낸다

상황에서만 이용된다. 포획한 박쥐를 연구한 결과 박쥐는 단거리 또는 그리 길지 않은 비행 시에 쾌적한 체온을 완벽하게 유지할 수 있으며 더운 실내에서 부득이 30분 이상 공중에 떠 있어야 할 때에만 날개에 피를 보내 가득 채운다.

박쥐의 털은 보온 기능이 조금밖에 없기 때문에 갑작스런 추위가 닥칠 때에는 동굴이나 바위틈에 떼 지어 옹기종기 모여 추위를 피한다. 하지만 피부에 털이 별로 없기 때문에 비행 시에 몸에서 직접 열을 내보낼 수 있다. 열화상으로 보면 이런 모습이 완벽하게 드러난다. 박쥐는 몸 전체가 불타는 석탄처럼 환하게 빛나지만 새는 부리, 다리, 그리고 날개 안쪽 깃털이 별로 없는 구역 등 몇몇 부위에서만 열을 내보낸다.

새는 온몸이 보온재로 감싸인 채 비행하는 데 따른 체온 문제를 극복함으로써 생태 영역이 놀랄 만큼 넓어졌다. 쇠부리딱따구리 같은 종은 열대 지방에서 북극까지 어느 곳에서든 잘살아갈 수 있으며 대개 새들은 사실상 지구상의 어떤 기후에서도 살아남아 모든 대륙에 서식하고 넓은 바다를 돌아다닌다. 박쥐는 체열을 비교적 쉽게 식힐 수 있지만 여기에는 대가가 따른다. 포유류 가운데 가장 수가 많으면서도 적당한 기후조건과 서식지에서만 살 수 있다. 열기를 피하기 위해 주로 밤에만 활동하며 추위를 피하기 위해 집단으로 이주하거나 겨울잠을 자야 한다. 박쥐가 현재의 서식지보다 훨씬 추운 기후에서 살아가기 위해서는 더 나은 보온기능을 갖추어야 하는데, 그럴 경우 비행 과정에서 생기는 열을 보다 잘 식힐 방법이 필요하다.

새가 체열을 식히는 것과 비행하는 것 사이에는 밀접한 관계가 있으며 이는 결코 놀라운 일이 아니다. 새와 관련된 논의를 진행하다 보면 거의 모든 내용이 곧 새의 형질 중 가장 근본적인 이런 특성으로 이어지는데, 이 습성은 깃털과 너무나 밀접하게 얽혀 있어서 우리의 논의 역시 바로 이 습성을 언급하지 않을 수 없다. 다음 내용에서는 비행 능력이 어떻게 진화되었는지, 그 과정에서 깃털이 어떤 역할을 했는지 살펴볼 것이다.

3부
비행

비행에는 기술이 있다. (……) 아니, 그보다는 요령이 있다. 땅바닥으로 자신을 내던지면서도 그곳에 닿지 않는 법을 배우는 것이 요령이다.
— 더글러스 애덤스, 『삶, 우주, 그리고 모든 것』(1982년)

제7장

땅에서 날아올랐을까, 나무에서 뛰어내렸을까?

진저: 우리는 뜨지도 못했어. 왜일까?
맥: 추력…… 우리에겐 추력이 없어.
로키: 그런 말은 못 들었는데…… 장담하는데 그녀는 사실적인 말을 사용하지 않을 거야.
진저: 그녀는 우리에게 추진력이 더 필요하다고 말했어.
로키: 추진력!?! 그렇지, 우리에겐 추진력이 필요해.
— 공기 역학을 논의하는 닭들, 〈치킨런〉(2000년) 중에서

우리 부부는 아이를 갖기 전에 닭부터 키웠다. 닭을 데려오는 일은 아이를 낳는 과정과 조금은 닮았다. 우선 계획을 세우고, 책을 찾아 읽고, 의논하고, 울타리를 치고, '파인드마이치킨닷컴Findmychicken.com' 같은 사이트를 이곳저곳 돌아다니는 기나긴 잉태 기간이 시작된다. 그런 다음 출생의 시련이 따랐다. 우리 부부 같은 과학도 유형들은 망치와 못으로 실용적인 닭장을 짓는 실질적인 면에서 많은 고충이 따르기 때문이었다. 카운티의 가축 품평회를 다녀오고 4H 클럽(head, hands, heart, health를 모토로 하는 미국 농촌 청년 교육기관_옮긴이)에서 열리는 가축 경매에서 치열한 입찰경쟁을 치른 끝에 마침내 트라우저, 패티, 화이트원이 우리 집에 왔다.

당시 닭들은 영계였다. 몇 달밖에 되지 않은 어린 닭으로, 알을 잘 낳지도 못하고 닭 생활의 기술과 선禪에(『선과 모터사이클 관리술』이라는 미국 소

설 제목을 패러디한 표현이다. 이 소설은 아버지와 아들이 함께 떠난 17일간의 모터사이클 여행을 기록한 이야기이자 가치에 대한 철학적 탐구서이기도 하다_ 옮긴이) 대해 배워야 할 것이 아직 많았다. 땅에서 먹이를 찾아 먹는 법도 몰랐고, 제대로 꼬꼬댁 하면서 울지도 못했다. 심지어는 자기네 우리를 재빠르게 들락날락하면서 입 안 가득 모이를 물고 달아나는 참새들처럼 자기도 날아야 하는 건지 아닌지조차 확실하게 알지 못하는 것 같았다.

우리 집에 온 닭들은 온종일 뭉툭한 날개를 퍼덕이면서, 심지어는 짧은 순간 낮게 공중에 뜨기도 하면서 과수원을 미친 듯이 쏘다녔다. 세 마리 모두 은색레이스무늬 와이언도트 종으로, 흰색 깃털에 검은색 선이 레이스처럼 우아한 무늬를 그린 아름다운 닭이었다.

하지만 공중으로 날려고 할 때에는 그토록 예쁜 깃털이 나 있는데도 통통한 몸매 어디 한 구석에도 우아한 모습을 볼 수 없었다. 배가 불룩한 태엽 장난감처럼 뒤뚱뒤뚱 앞으로 돌진하면서 목은 앞으로 쭉 내민 채 어떻게든 잠깐 몇 센티미터라도 공중에 뜨기 위해 미친 듯이 날개를 퍼덕거렸다. 〈로드러너Roadrunner〉라는 오래전 만화에 등장한 닭 와일 E. 코요테가 절벽에서 뛰어내렸을 때와 비슷한 모습이었다. 다리를 마구 휘저은 덕분에 몇 초간 공중에 잠시 떠 있긴 했지만 결국은 늘 중력이 이겼다. 라쿤 오두막집에서 이런 광경을 지켜보던 나는 우리 집 닭이 어쩌면 자신의 진화과정 중 한 장면을 연기하고 있는지도 모른다는 생각이 들었다. 물론 아닐 수도 있다. 당신이 어떤 이론을 믿는가에 따라서.

날개를 퍼덕이면서 달리는 닭은 조류학계에서 가장 의견이 분분한 문제, 즉 땅에서 날아올랐는지 아니면 나무에서 뛰어내렸는지 하는 문제의 중심에 정확하게 가 닿는다. 나는 이 문제에 관해 여러 과학자에게 물어보았다.

은색레이스무늬 와이언도트 암컷

그때마다 다들 바로 대답이 나왔다. 이 문제는 비행의 진화과정을 둘러싼 커다란 논쟁에서 서로 대립하는 양 진영을 정확하게 가른다.

'땅에서 날아올랐다는 진영'에서는 발 빠른 수각류 공룡이 날개를 퍼덕이고 우리 집 어린 와이언도트처럼 얼마간 공중으로 뛰어오르기 시작하면서 이들 공룡들 사이에 비행 능력이 진화되었다고 믿는다. '나무에서 뛰어내렸다는 진영'에서는 나무 위에서 사는 동물들이 이 나무에서 저 나무로 펄쩍 뛰는 거리를 늘리기 위한 수단으로 비행 능력이 진화되었다고 단호하게 믿는다. 이 논쟁은 새와 깃털의 진화 문제와 뗄 수 없을 만큼 한데 얽혀 있으며 양 진영은 주장을 뒷받침할 화석 기록의 증거를 내놓고 있다. 더러는 같은 표본을 놓고도 서로 자기 진영의 주장을 뒷받침하는 증거라고 주장한다. 비행 과정이 정확히 어떻게 진행되었는지 알 길은 없다. 하지만 이러한 이분법(그리고 또 다른 가능성)을 탐구하는 작업은 깃털을 이용한 최초의 비행이 어디서 기원했는지 여러 가지 진화적 가능성들을 밝혀줄 것이다.

땅에서 날아올랐다는 이론을 거슬러 올라가면 곧바로 토머스 헉슬리에게, 그리고 시조새를 콤프소그나투스와 연결시키는 그의 유명한 논문과 강연에 가 닿는다. 두 발로 걸어 다니는 육상 공룡에서 새가 진화되었다는 헉슬리의 주장에 따르면 최초로 날아오른 동물이 두 다리로 달리는 동물이었다는 결론이 나온다. 이런 정황에서 비행은 포식 전략으로 큰 의미를 지닌다. 좀 더 오래 공중에 떠있을 수 있고 활공을 하기도 하며 그러다가 마침내 날갯짓을 할 수 있게 된 수각류 공룡과 새들은 맛있는 곤충들이 가득한 하늘을 갑자기 만나게 되었을 것이다. (곤충의 비행은 알려진 최초의 새보다 적어도 1억 5천만 년 앞서 진화되었다.)

땅에서 날아올랐다는 진영은 두 다리로 걷는 조상만이 독립된 날개로 진화할 자유로운 두 팔을 가질 수 있을 것이라고 지적한다. 박쥐나 하늘다람쥐같이 하늘을 날거나 활공하는 다른 대다수 척추동물들은 이동시 네 다리 모두 사용하는 네발짐승의 후손이다. 네발짐승은 새처럼 두 팔로 날갯짓하는 법을 배우려고 하는 순간 태고시대의 동물 배설물 속에 얼굴을 처박았을 것이다. 마지막으로 땅에서 뛰어올라 나는 법을 배울 경우 균형 잡기, 방향 조정, 정교한 공기 역학에 적응하고 개선하는 데 안전한 환경이 마련될 수 있다. 선구자 역할을 했던 많은 인간 비행가(그리고 그중 살아남은 생존자)들이 깨달았듯이 나무나 절벽에서 뛰어내리는 것보다는 낮은 활공을 하다가 떨어지거나 부딪히는 쪽이 위험 부담이 훨씬 적다.

수각류 공룡-새 이론이 전반적으로 그러했듯이 땅에서 날아올랐다는 가설은 20세기 내내 별 호응을 얻지 못한 채 시들한 상태였다. 그러다가 1970년대 존 오스트롬이 시조새와 온혈성 공룡을 재조명하면서 부상하기 시작했고 새로운 발견을 통해 위시본(닭이나 오리 등의 목과 가슴 사이에 있는 V자형 뼈. 두 사람이 이 뼈의 양 끝을 잡고 서로 잡아당겨 긴 쪽을 갖게 된 사람이 소원을 빌면 이루어진다고 하여 이런 이름이 붙었다_옮긴이)과 모래주머니, 둥지 짓는 습성과 잠자는 자세 등 수많은 유사성이 강조되면서 이 이론은 굳건하게 자리 잡았다.

게다가 비행 적응 과정이 깃털 진화에서 비교적 늦게 시작되었다는 프룸의 이론이 나옴으로써, 땅에서 날아올랐다는 이론은 더욱 기세등등하게 불타올랐다. 나무에서 뛰어내린 데서 비행이 시작되었다고 보는 주장을 배제하지 않으려고 세심하게 신경 쓰는 가운데 프룸은 2002년의 논문에서 "날갯짓의 주요 구성요소가 완전한 육상생활의 정황 아래 두 발로 걷는 수각류 공룡에서 이미 진화되었다"고 지적했다. 이시안 셰일 지층에서 시노사우롭테릭스를 비롯하여 깃털이 뚜렷하게 보이는, 두 발로 걷는 수각류 공룡 화석이 등장하자, 땅에서 날아올랐다는 이론 진영은 이 화석이 확실한 증거라고 환영했으며 이들의 주장은 갑자기 주류 이론으로 자리 잡았다.

이러한 르네상스 시기를 거치긴 했지만 그럼에도 땅에서 날아올랐다는 이론은 여전히 중요한 약점을 지니며, 이 지점에서 논리가 흔들린다. 이 약점은 우리 집 어린 닭 패티, 트라우저, 화이트원이 과수원을 헤집고 다니면서 전력 질주했지만 끝내 날지 못했을 때 뼈저리게 깨달은 교훈이었다. 바로 땅에서 날아오르는 일은 어렵다는 것이다.

대다수 새는 날개를 유연하고 힘차게 아래로 펄럭일 수 있게 해주는 특수화된 비행 근육과 어깨 관절을 이용하여 땅에서 날아오른다. 잇달아 날개를 힘차게 퍼덕이며 날갯짓을 할 때 동력 비행에 요구되는 상승력과 추진력이 제공된다. 하지만 깃털 달린 수각류 공룡뿐만 아니라 시조새에게도 이런 적응 구조는 존재하지 않거나 원시적인 상태에 머문 것으로 보인다. (닭은 공중에 뜰 만한 적합한 구조를 갖고 있지만 지속적인 비행을 하기에는 체질량 대비 날개의 비율이 적합하지 않다!) 수각류 공룡이 빨리 달리다가 뛰어오를 수도 있었겠지만 과연 그런 방법으로 이륙에 필요한 추진력과 상승력을 얻을 수 있었을까? 이런 의문 때문에 나무에서 뛰어내렸다는 이론이 지속적으로 대단한 생명력을 얻고 있다.

"공룡 집단 내에서는 문제를 해결했다는 일정한 희열 같은 게 있습니다." 앨런 페두차가 말했다. 하지만 그를 비롯하여 새는 공룡이 아니라고 주장하는 다른 밴드 회원들은 비행 능력이 육상 환경에서 진화할 수 있다는 생각을 거부한다. "진화론에서 벗어나다시피 한 주장입니다." 페두차가 소리쳤다. "자, 모든 척추동물 집단마다 일종의 비행 능력이 발달되어 있습니다. 날도마뱀(활공하는 도마뱀), 유대하늘다람쥐(유대동물), 개구리, 하늘다람쥐, 익룡, 박쥐 등이 있죠. 모두에게 공통되는 한 가지 점이 있습니다. 공통점은 이 한 가지뿐이죠. 모두 중력이라는 손쉬운 에너지를 이용하면서, 나무에서 뛰어내리는 방식으로 비행 능력이 진화되었어요."

가지 또는 다른 높은 지점에서 떨어져 내리는 것은 하늘을 날 수 있는 가장 일반적인 길이며 나무에 살면서 활공하는 동물 목록은 대단히 많다. 심지어는 개미도 나무에서 뛰어내리는 방식을 따른다. 페루 아마존 지역 울창한 우림 지대에 사는 종 중에는 머리가 납작하고 공기 역학적인 형태로 발달했으며, 나무줄기에서 떨어진 뒤 다시 나무줄기로 활공해서 돌아갈 수 있게 해주는 다리를 지니고 있다. 나무에서 뛰어내렸다는 이론에서는 새 조상도 같은 환경에서 나뭇가지와 덩굴을 따라 달리다가 풀쩍 뛰어서 다른 가지나 나무줄기로 날아갔을 것이라고 본다.

가상의 생물종 프로아비스Proavis, 즉 새의 조상을 그린 옛날 삽화 그림은

게르하르트 하일만이 그린 프로아비스. 나무 위로 기어 올라가 이 나무에서 저 나무로 활공하며 날아다녔던 가상의 새 조상

우리 의식 속에 이런 이미지를 깊이 새겨놓았으며 이후에 나온 시조새의 이미지도 거의 모두 그와 비슷한 서식지에서 활공하거나 높은 곳으로 올라가는 모습으로 등장한다. 이러한 배경무대에서는 어떠한 공기 역학적 적응 능력도 곧바로 확실하게 이점을 얻으며, 이 이점은 복잡한 비행의 단계적 진화과정에서 중요한 고려사항이 된다.

나무에서 뛰어내렸다는 진영은 육상 조상에게서 중간 매개 단계를 상상하기 힘들다고 주장한다. 땅에서 날아오르지 못하는 동물에게 반쪽짜리 날개가 무슨 소용이 있겠는가? 나무에서 뛰어내렸다는 진영의 주장에서 이 문제는 핵심사항을 이룬다. 땅에서 살아가는 닭이나 수각류 공룡으로서는 도저히 해결하기 힘든 상승력과 추진력의 문제를 극복하기 위해 비행 진화과정에는 반드시 중력이라는 '손쉬운 에너지'가 필요하다는 것이다.

이 논리는 설득력을 지닌다. 새가 아닌 동물 중에서 가장 날렵하게 날아다니는 박쥐도 땅에서는 어찌 해볼 도리가 없다. 비행 속도에 도달하려면 다만 몇 십 센티미터라도 높은 곳에서 뛰어내려야 한다. 그러고 나면 어설픈 모습은 곧 사라지고 날쌔게 날아간다. 나는 어스름 저녁 우리 집 현관 앞 홰 상자에 모습을 드러낸 박쥐가 홰 상자에서 뛰어내리면서 날개를 활짝 펴고는 곧 정확한 각도로 방향을 틀어 데크 난간 사이를 매끄럽게 빠져나가는 모습을 지켜본 일이 있다. 이 정도 조종 기술을 보이는 경우 공군에서는 표창장을 준다.

하지만 나무에서 뛰어내렸다는 이론에서 내세우는 손쉬운 중력이 진화상의 강력한 힘이 되긴 해도 깃털은 매우 복잡한 것이다. 페두차는 하늘을 날거나 활공하는 다른 모든 척추동물이 공통으로 갖고 있는 다른 한 가지를 언급하지 않는다. 유대류든, 포유류든, 양서류든, 도마뱀이든 모두 막을 펼친 상태로 공중에 떠 있다. 이 막은 얇은 피부 덮개로, 한 신체 부위에서 다른 신체부위까지 팽팽하게 펼쳐져 있다.

이 책 제목이 깃털이 아니라 막이었다면 척추동물이 활공하거나 비행하기 위해 막이 발달했다는 사실을 관련 없는 24가지 이상의 이야기로 여러 차례 연구하는 데 많은 장을 할애했을 것이다. 박쥐는 손가락 사이가 막으로 이어져 있으며 뒷발 발목까지 넓게 막이 펼쳐져 있다. 날도마뱀은 유연하고 길쭉한 갈비 사이가 막으로 이어져 있다. 익룡은 기이할 정도로 긴 네 번째 손가락과 뒷다리 사이가 섬유막으로 이어져 있다. 월리스날개구리는 접시처럼 생긴 큰 발을 이용하여 높이 솟아오르는데, 쭉 뻗은 발가락들 사이에 반투명 조직의 물갈퀴가 깔끔하게 이어져 있다.

날아다니거나 활공하는 동물 가운데 오로지 조류 계통만이 깃털을 비

월리스날개구리는 넓은 물갈퀴로 이어진 아주 커다란 발을 이용하여 활공한다

행 날개로 이용하는 방향으로 발달했다. 이런 사실 때문에 페두차의 근거는 오히려 반대 근거로 더 타당성을 지닌다. 나무에서 뛰어내리는 비행 능력을 갖는 데 필요한 진화상의 해답이 막이라면 새의 깃털은 예외가 되며 다른 이력을 지닌다는 것을 암시한다. 깃털은 독특한 우낭이 있고 나선형으로 자라며 복잡한 구조와 다양한 형태를 지닌다. 하는 일에 비해 필요 이상의 특성을 너무 많이 갖고 있는 것이다. 간단한 피부막 하나면 되는데 뭐 하러 이 모든 수고를 들이는 것일까?

땅에서 날아올랐다는 주장과 나무에서 뛰어내렸다는 주장이 논쟁을 벌이는 동안 서로 친숙한 많은 인물들이 서먹해졌지만 양 진영이 칼로 자른 듯 명확하게 나뉘는 것은 아니다. 프룸이 지적했듯이 육상에서 깃털의 기원이 시작되었다고 해서 반드시 육상에서 비행의 기원이 시작되었다는 의미는 아니다. 이미 깃털이 생긴 수각류 공룡이 나무에 오르는 법을 배웠을 가능성도 분명 있다.

땅에서 날아올랐다는 주장과 나무에서 뛰어내렸다는 주장의 논쟁이 잘못된 이분법이라고 여기는 과학자들이 점차 늘고 있으며 중간노선을 찾는 새로운 가설을 제기하고 있다. 쉬싱과 그의 동료들이 찾아낸 발견들이 상황을 잘 보여준다. 한편에서 카우딥테릭스와 베이퍄오룽 같은 화석 증거에 따르면 두 발로 걷는 육상 공룡이 복잡한 구조의 깃털을 지니고 있었다. 그런데 미크로랍토르와 안키오르니스는 펄쩍펄쩍 뛰고 달리는 동물에게 어울리지 않게 날개뿐만 아니라 다리에도 비행깃을 지니고 있었다. 이제 쉬싱은 그와 같이 '날개가 네 개 달린' 수각류 공룡이 나무에서 생활하면서 땅과 하늘의 간극을 이어주는 다리가 되었을 것이라고 믿는다.

"새로 이어져 내려오는 계통상의 생물 분류군을 모두 살펴보면 비행과 관련 있는 많은 특징들이 육상 환경에서 진화되었습니다. 문제는 비행을 하기 위한 마지막 단계입니다. 그러려면 중력의 도움이 필요합니다. 나무에서 생활하는 공룡이 이 틈을 이어줄 수 있습니다." 미크로랍토르나 안키오르니스 다리에 난 깃털이 비행에 어떤 역할을 했는지 정확히 알지는 못한다고 인정했지만 그래도 쉬싱은 이 공룡들이 중요한 이행단계라고 파악한다. "날개가 네 개 달린 공룡의 존재는 땅에서 날아오르는 것만으로는 이행 단계를 설명할 수 없다는 것을 분명하게 암시합니다."

먼 옛날에 일어난 일과 관련된 많은 물음이 그렇듯이 비행의 기원을 밝혀내는 일은 한심할 정도로 불완전한 화석 기록 때문에 벽에 부딪히고 있다. 랴오닝 성에서 아무리 놀라운 표본들이 나왔더라도 이를 바탕으로 어렴풋하게 짐작만 할 뿐이다. 기껏해야 수각류 몇몇 종과 초기 새가 있을 뿐이며 게다가 그 사이에는 수백만 년에 이르는 빈 공백이 가로놓여 있다. 마치 복잡한 이야기의 소설책을 놓고 각 장마다 아무데나 한쪽씩 펼쳐 읽은 다음 전체 줄거리를 파악하려는 것과 같다.

때로는 현대에 살아 있는 유사한 동물을 연구하는 과정에서 통찰을 얻기도 한다. 깃털이 자라는 양상을 보고 프룸이 깃털 진화에 대한 단서를 얻었듯이 새의 성장 과정이 비행의 시작에 대해 뭔가를 알려줄지도 모른다. 어린 새가 날개를 사용하는 법을 배우는 과정에서 무의식적으로 날개의 진화 역사를 따라하지 않을까?

켄 다이얼Ken Dial이라는 이름의 한 조류학자가 메추라기닭과 관련해서 그런 물음을 던진 일이 있었다. 메추라기닭은 우리 집 과수원을 뛰어다니던 어린 닭과 별로 다르지 않은 아시아의 사냥감 새다. 켄 다이얼이 알아낸 놀라운 결과들을 토대로 새로운 이론이 제기되었으며 어쩌면 이 새로운 이론이 땅에서 날아올랐다는 주장과 나무에서 뛰어내렸다는 주장 사이의 간극을 메울 수 있을 것이다.

"이전까지 아무도 눈치 채지 못한 새로운 행동을 발견했습니다." 켄 다이얼이 몬태나 대학교에 있는 자신의 사무실에서 전화로 말해주었다. 켄은 저음의 또렷한 목소리를 지녔고 설명하는 데 익숙한, 자신감에 찬 소리로 말했다. 사실 켄은 1990년대 후반 애니멀플래닛이라는 케이블방송의 자연 다큐멘터리 시리즈 〈올 버드 티브이All Bird TV〉의 사회자였다. 이 프로그램을 찍는 과정에서 켄은 세계 곳곳의 탐사 현장을 돌아다녔고 그곳에서 어린 꿩, 메추라기, 티나무, 그 밖에 지면에 둥우리를 짓는 새들이 어미 새 뒤를 따라 일정한 패턴으로 줄지어 달리는 것을 발견했다.

"팝콘이 튀어 오르는 모양과 꼭 닮았습니다." 켄은 어린 새들이 반쯤 자란 날개를 퍼덕이면서 공중에 잠깐 뛰어오르는 모습을 이렇게 설명했다. 그리하여 대학원생으로 '이루어진 한 집단이 땅에서 날아올랐다는 주장과 나무에서 뛰어내렸다는 주장의 해묵은 논쟁에 관해 새로운 자료를 들고 와서 켄에게 문제를 제기했을 때 그는 어린 사냥감 새들이 나는 법을 배우는 과정에 어떤 단서가 들어 있을지 알아보기 위한 프로젝트를 기획했다.

켄은 메추라기닭을 모델 종으로 정했지만, 그에게 새를 공급하는 지방 사육업자의 중요한 충고 한 마디가 없었다면 새로운 사실을 발견하지 못했을지도 모른다. 일이 어떻게 진행되는지 보기 위해 사육업자가 잠시 들렀을 때 켄은 깔끔하게 정돈된 훌륭한 시설을 그에게 보여주면서 새가 맨 처음 뛰어올라 날기 시작하는 과정을 어떻게 측정할 것인지 설명했다. 사육업자는 못 믿겠다는 듯한 표정이었다. "그는 한번 쓱 둘러보더니 무척 생생한 말투로 이렇게 말했습니다. '저 새들은 땅바닥에서 뭐하고 있는 거죠?

저러고 땅바닥에 있는 걸 싫어해요! 뭔가 올라설 만한 걸 줘야지요!'"

처음에는 이상한 얘기로 들렸다. 땅에서 사는 새들이 땅을 싫어한다고? 하지만 그의 말을 곰곰이 생각하는 동안 그가 야생에서 관찰했던 모든 종이 튀어나온 바위나 낮은 가지, 그 밖에 포식자로부터 안전한 높은 자리 등에 앉아 있는 것을 더 좋아했다는 것을 깨달았다. 실제로 그 새들은 먹이를 먹거나 이동할 때에만 땅을 이용했다. 그리하여 켄은 메추라기닭이 올라앉을 만한 건초더미를 들여놓은 뒤 잠시 출장으로 자리를 비운 동안 아들에게 먹이를 주고 자료 수집하는 일을 맡겨두었다.

당시 막 십대 나이로 들어선 어린 테리 다이얼은 아버지가 돌아왔을 때 무척 속상한 모습이었다. "무슨 일인지 물었습니다." 켄이 당시 일을 떠올렸다. "아들이 이러더군요. '말도 마세요! 새들이 속였어요!'" 아기 메추라기닭은 홰까지 날아올라가지 않고 다리를 사용했다. 테리가 지켜보는 동안 몇 번이고 아기 메추라기닭들이 내내 날개를 퍼덕이면서도 두 발로 달려와 건초 더미 위로 올라갔다. 켄은 직접 확인하기 위해 달려갔다. 그 순간 '아하' 하는 깨달음이 왔다. "새들은 날개와 다리를 함께 사용하고 있었습니다." 켄이 말했다. 이 한 번의 관찰이 가능성의 세계를 열어주었다.

켄은 테리(이후 그는 계속해서 동물의 운동을 연구하는 박사과정을 밟았다)와 함께 연구하면서 일련의 독창적인 실험 방법을 생각해냈고 미끄럽지 않은 질감 있는 경사로의 경사 각도를 점점 높이면서 이 위를 달려가는 새를 촬영했다. 경사 각도가 점점 높아지자 자고새는 날개를 퍼덕이기 시작했다. 하지만 날개를 퍼덕이는 방향이 하늘을 나는 새들과는 달랐다. 새들은 뒤쪽 아래 방향으로 날개를 퍼덕이면서, 힘을 위로 날아오르는 데 이용하지 않고 두 다리를 경사로에 단단하게 밀착시키는 데 힘을 이용했다.

"경주용 자동차 뒤에 달린 스포일러 같았습니다." 켄이 설명했다. 아주 적절한 비유였다. F1 자동차 경주에서 스포일러는 커다란 공기 역학적 안전판 기능을 하며, 자동차 속도가 올라가는 동안 차가 뜨지 않도록 아래로 눌러주어 정지마찰력을 늘리고 핸들링 기능을 향상시킨다. 새는 날개로 이런 작용을 하면서, 그렇지 않으면 도저히 올라가지 못할 경사로를 올라간다.

켄은 이 기술을 WAIR이라고 불렀다. '날개를 이용한 경사로 달리기wing-assisted incline running'의 약자였다. 또한 다른 여러 종에도 실험을 실시하여 이런 기술이 나타나는 것을 입증해냈다. 이 기술을 이용하면 태어난 지 몇 주일 안 되었을 때에도 가파른 표면을 올라갈 수 있었다. 다 자란 새의 경우에도 날지 않고 에너지를 효율적으로 이용할 수 있는 대안이 되었다. 메추라기닭 실험에서 다 자란 새는 통상적으로 90도가 넘는 경사로를 오를 때 WAIR을 이용했으며 벽을 타고 천장까지 올라갈 때에도 기본적으로 달려서 올라갔다. 야생에서 호주숲칠면조 같은 종은 부화한 날부터 바로 WAIR을 이용했으며 다 자란 이후에도 비행보다 WAIR을 더 선호하는 것처럼 보였다. 켄은 이렇게 말했다. "새를 바위나 절벽, 나무 등 3차원 환경에 내놓는 순간 새는 그 위로 올라가는 최선의 방법을 찾아낼 겁니다."

진화의 문맥에서 볼 때 WAIR은 놀라운 설명력을 지닌다. 다이얼 부자는 날개를 퍼덕거리며 날아가는 비행 날갯짓으로 진화할 만한 기원(활공하는 동물은 이런 날갯짓을 하지 못하며 이는 나무에서 뛰어내렸다고 주장하는 이론이 해결하지 못하는 문제점이다)과 절반밖에 되지 않는 날개의 공기 역학적 기능(땅에서 날아올랐다는 가설이 해결하지 못하는 커다란 문제점 중 하나다)을 단번에 보여준 것이다. 깃털의 관점에서 볼 때 WAIR은 신체 덮개로

어린 메추라기닭이 날개를 이용하여 가파른 경사로를 오르고 있다. 새의 조상도 비행으로 나아가는 과정에서 이와 똑같이 했을까?

쓰이던 깃털이 현대의 비행깃으로 이행하기 위한 적응 역할을 제공한다. 날개 깃털을 자르거나 없앨 경우 언제나 메추라기닭은 경사로를 잘 오르지 못하고 미끄러졌다. 아주 어린 메추라기닭이라도 반밖에 자라지 않은 깃털에서 상당한 추진력을 얻었다. "깃털 재질이 그런 상황에 꼭 맞습니다." 켄이 내게 확인해주었다. "우리가 알아낸 사실은 프룸의 연구와 완전히 일치합니다."

WAIR 가설은 두 발로 걷는 육상 조상과 깃털 달린 날개를 퍼덕이며 날아다니는 종 사이에 점증적인 적응 단계들을 설정하도록 해주는 점에서 커다란 장점을 지닌다. 땅에서 날아올랐다고 주장하는 측과 나무에서 뛰어내렸다고 주장하는 측 모두 이 가설을 받아들일 만한 이유가 있다. 땅에서 날아올랐다는 진영에서 볼 때 WAIR 가설은 절반짜리 날개라도 육상 생활 하는 수각류에게 잠재적으로 이점이 되었다는 점, 깃털과 날개의 공기 역학적 기능이 커질 경우 어린 새가 더 많이 살아남는 결과를 낳는다는 점을 입증해준다. 나무에서 뛰어내렸다는 진영에서 볼 때 최초의 새들이 우선 나무 위로 오르는 방법이 나와 있고 최초의 새들이 여기에서 시작해서 진정한 비행으로 이행할 수 있다.

"이야기의 다른 반쪽이 나온 겁니다." 켄이 설명했다. "새가 WAIR를 이용하여 높은 곳에 있는 피난처에 가게 되었지만 그럼에도 새들은 다시 내려와야 할 필요가 있었으니까요. 그럼 어떻게 했겠습니까? 뛰어내리면서 날개를 퍼덕이는 거죠!"

많은 조류학자와 고생물학자는 WAIR을 가장 타당성 있는 비행 진화 이야기로 지금까지 받아들이고 있다. 하지만 이 바닥에서 제기된 새로운 가설이 WAIR만 있는 것은 아니다. 나는 와이오밍 공룡박물관에서 우연히 또 다른 주장을 접했다. 이 박물관의 한 전시실에 영화 〈쥐라기 공원〉의 출연진들을 공포에 떨게 했던 (그리고 끊임없이 이 출연진들의 수를 줄여나갔던) 것으로 유명한 탐욕스런 포식자 벨로키랍토르가 진열되어 있었다.

표본은 추적 과정의 한 순간을 포착해 놓았다. 벨로키랍토르가 큰 발톱이 있는 두 발로 모래를 움켜쥐듯 딛고 서서 앞발을 쭉 뻗은 채 놀라운 각도로 몸을 휙 돌리는 순간을 재현해 놓았다. 추가 설명이 붙어 있었고 그 안에 담긴 한 삽화에서 이 야수는 자줏빛 깃털이 풍성하게 나있고 날개 끝이 땅바닥을 살짝 스치고 있었다. 몇몇 벨라키랍토르 화석에서 깃혹, 즉 비행깃이 나기 위한 뼈 돌기 같은 것이 보인 적이 있지만 벨라키랍토르에게서 진짜 깃털이 발견된 적은 없었다. 나는 벨라키랍토르의 뼈를 합체한 고생물학자이자 미술가인 스콧 하트먼Scott Hartman에게 전화를 걸어 이 야수에게 왜 새의 날개 같은 것을 달아주었는지 물었다.

"방향 조정 때문입니다." 하트먼은 한마디로 대답한 뒤 수각류 공룡의 경우 고관절 유연성이 부족해서 빨리 달리는 도중에 급히 방향을 틀지 못했다고 설명했다. 이는 포식자에게 없어서는 안 되는 기술이었다. 하트먼은 벨로키랍토르를 비롯한 두 발로 걷는 다른 사냥꾼들의 경우 비록 날개를 퍼덕일 꿈은 꾸지 않았을망정 방향을 트는 데 도움이 되도록 공기 역학적 날개와 깃털이 발달했을 가능성이 있다고 믿었다. "비행하는 데 나무가 한 몫을 했을 수도 있습니다." 하트먼은 수긍했다. "하지만 제가 말씀드릴 수 있는 것은 나무에 올라간 동물들에게 이미 날개가 있었다는 겁니다!"

비행의 진화과정에서 모든 단계의 비밀을 해독하기란 불가능하다. 이 이야기는 지난 1억 5천만 년에 걸쳐 전개되었고, 화석은 수십 년이나 논쟁을 끌 정도로 애매모호한 것투성이였다. 앨런 페두차는 이렇게 말했다. "이것은 30년 전 존 오스트롬과 제가 논쟁을 벌였던 것과 같은 오래된 문제입니다!" 하지만 새가 비행 능력을 어떻게 얻었든 관계없이 과학자들은 조류 계통이 비행 능력을 얻음으로써 새로운 진화 가능성이 활짝 열렸다는 데 모두 동의한다.

공중으로 날아오른 새들은 사방으로 퍼져 적합한 환경을 다양하게 찾아내었고 새의 몸도 하늘의 삶에 맞도록 계속 적응해갔다. 작은 구멍이 송송 뚫려 공기주머니로 가득 차 있는 빈 뼈, 가볍고 이빨 없는 부리, 작고 효율적인 폐, 한 방향으로 진행되는 호흡 등이 그것이다. 이 가운데 몇 가지 특징은 수각류 공룡에게서도 발견되었지만 하늘을 날아다니는 새에게서 고도로 정교한 모습을 갖추었다.

비행깃 역시 계속 적응해나갔다. 퍼덕거리는 날갯짓의 부담을 견딜 수 있도록 깃축이 두꺼워졌고 비대칭으로 생긴 깃판들이 서로 겹치면서 미세한 움직임으로 무한히 조정할 수 있는 날개로 기능했다. 닭이 달리는 모습을 지켜보고 여러 이론을 살펴본 결과 나는 비행 능력이 진화되는 여러 가지 가능한 양상을 머릿속으로 그려볼 수 있었다. 하지만 날개를 편 채 우아하게, 그리고 편안하면서도 날렵하게 날아가는 새를 보고 있자니 땅에서 날아올랐다는 주장이든 나무에서 뛰어내렸다는 주장이든 아직 중요한 뭔가를 설명하지 못했다는 것을 깨달았다. 아직도 나는 새가 실제로 어떻게 나는지 알지 못했다.

제8장
망치 같은 깃털

나의 매는 지금 날카롭고 잠시 배가 비었다.
몸을 숙이지 않는 한 매는 배가 부른 것이 아니다.
매가 미끼를 내려다보며 구경만 하는 일은 결코 없기 때문이다.
— 윌리엄 셰익스피어, 『말괄량이 길들이기』(1590년경)

　달에 착륙한 우주비행사는 시간이 많지 않았다. 아폴로 15호는 최초로 월면차를 준비하여 떠난 나사 우주비행이었고 두 명의 승무원은 겨우 18시간 동안 달 표면에 머물면서 해들리 열구와 엘보우 분화구를 탐사하고 제니시스 록Genesis Rock에서 샘플을 채취하며 획기적인 시험과 조치들을 연이어 부리나케 실행해야 했다. 그리하여 1971년 8월 3일 사전 허락되지 않은 한 가지 실험을 하기 위해 작동중인 카메라 앞에 섰을 때 스콧 선장은 제발 실험이 성공하기를 바랐다.

　"처음으로 시험해보려고 했습니다." 스콧 선장은 훗날 이렇게 말했다. 하지만 빠듯한 임무 계획표 때문에 도저히 기회가 오지 않았다. "결국에 가선 그냥 즉흥적으로 해치웠습니다."

　지상 통제시설로 곧장 송신하여 그곳에서 다시 세계로 쏘아 보낸 거친

화면 속에는 스콧 선장이 흰색의 두툼한 우주복을 입은 채 두 물체를 들고 나오는 장면이 보였다. 망치와 깃털이었다. 뒤편으로는 달착륙선이 시커먼 곤충처럼 거대하게 웅크리고 있고 그 너머로 검은 지평선 끝까지 달 풍경이 펼쳐졌다. 스콧이 무엇을 하려는지 설명하는 동안 목소리가 마치 깡통 때리는 것 같았지만 그래도 또렷하게 들렸다. "오늘 우리가 이곳에 온 이유 중 하나가 갈릴레오라는 신사 때문이 아닌가 합니다." 그는 이렇게 말문을 열었다. "그 신사는 중력장에서 떨어지는 물체에 대해 다소 중요한 발견을 한 바 있습니다."

몇 초 뒤 스콧 선장은 어깨 높이에서 깃털과 망치를 동시에 떨어뜨렸다. 두 물체는 보이지 않는 끈이 밑에서 잡아당기는 것처럼 똑바로 떨어지더니 정확히 같은 시각에 스콧 선장의 발밑 회색빛 달 지면에 닿았다.

"정말 대단하군요!" 스콧이 감탄했고, 실험은 끝났다. 스콧과 그의 동료는 곧바로 각자 일로 돌아가 긴 귀환 길에 오르기 위해 기구들을 챙겼다. 그들은 단 1초의 시간도 내지 못한 채 이제는 유명해진 그 깃털을 다시 주워오지 못했다. 깃털은 지금도 달 위에 그대로 있다.

이 짧은 행사는 아폴로 우주 프로그램의 상징적인 이미지 중 하나가 되었고 지금도 전 세계 교실에서 자주 이 장면을 보여준다. 물리 선생님들은 이 장면을 이용하여 중력의 한 가지 기본 원리, 즉 낙하하는 물체는 질량에 관계없이 일정한 가속도로 낙하한다는 법칙을 설명한다. 갈릴레오는 17세기 초 최초로 이런 주장을 했고 무거운 물체가 빨리 떨어진다고 보았던 아리스토텔레스의 오래된 이론을 뒤집었다.

하지만 일정한 가속도의 법칙을 입증하기 위한 것이라면 굳이 달까지 갈 필요는 없었을 것이다. 전하는 이야기에 따르면 갈릴레오는 피사의 사

달 표면에 떨어뜨린 송골매의 비행깃

탑에서 갖가지 크기의 공을 떨어뜨린 뒤 땅에 닿는 시간을 측정하여 자신의 이론을 증명했다고 했다. 스콧 선장은 지구에 돌아온 뒤 우주선 발사대에서 벽돌과 자갈로 이 실험을 재현할 수도 있었을 것이다. 그는 갈릴레오가 세운 또 다른 가설, 즉 진공상태에서는 낙하운동에 저항하는 대기가 없기 때문에 물체의 형태도 상관없을 것이라는 가설을 현장에서 확인하기 위해 달에서 실험했던 것이다. 우주의 진공상태에서 깃털이 떨어지는 모습을 바라보고 있으면 공기 역학에서 첫 번째 요소는 '공기'라는 사실이 떠오른다.

나는 가만히 앉아서 과학을 하고 싶지 않았다. 스콧 선장의 시도에서 한 가지 검증되지 않은 당연한 시험이 빠져 있었다. 엘리자는 내가 그날

아침 산책길에 주워온 까마귀 깃털과 망치, 그리고 사다리를 들고 라쿤 오두막집으로 향하는 것을 보고는 이렇게 말했다. "난 어떻게 될지 다 알고 있어요." 물론 나도 잘 알고 있었지만 눈으로 직접 보고 싶었다.

라쿤 오두막집의 지붕 꼭대기는 땅에서 3.5미터 정도 되며 우리 집 과수원에서 가장 큰 자두나무와 똑같은 높이이다. 나는 햇볕이 쨍쨍한 오후 스콧 선장처럼 왼손에 깃털을, 오른손에 망치를 들고 라쿤 오두막집 지붕 꼭대기에 섰다. 깃털과 망치를 손에서 놓자 망치는 그대로 곤두박질치며 떨어졌고 1초도 안 되어 지면에 닿았다. 반면 까마귀 깃털은 손에서 놓는 순간 옆으로 두둥실 떠가다가 공중에서 두 바퀴 돌고 떨어지는가 싶더니 산들바람을 타고 날리다가 마침내 6초 만에 망치와 3.5미터 떨어진 지점에 내려앉았다. 깃대가 아래쪽을 향한 채 땅에 닿았고 풀밭 위에서 마치 달하늘의 얼룩처럼 까맣게 반짝거렸다.

이 실험으로 두 가지가 확인되었다. 라쿤 오두막집 주변에는 공기가 충분히 공급되고 있다는 안심 되는 사실, 그리고 대기가 있을 때 깃털은 망치와 다르게 움직인다는 사실이 의심의 여지없이 입증되었다. 두 번째 사실은 특히 비행기 조종사, 승무원, 모형비행기광, 연 날리는 사람, 비행기를 자주 이용하는 승객, 기기가 계속 공중에 떠있도록 하기 위해 날개 장치에 의존해온 다른 모든 사람에게 안심이 되는 사실이다. 내가 이용한 깃털은 깃축이 뚜렷한 곡선으로 휘어 있는 비행깃이었으며, 이는 완벽한 작은 비행 날개라고 할 수 있다. 모양과 크기로 볼 때 까마귀의 왼쪽 앞날개에서 떨어진 것이지만 깃털 하나로도 독자적인 비행 날개인 양 공기와 반응했다.

어떤 깃털이든 산들바람이 불면 날리며, 가을 낙엽처럼 완벽한 가벼움과 넓은 표면적으로 하늘에 떠 있다. 하지만 새의 몸을 감싸는 수천 개 깃털 가운데 겨우 수십 개밖에 되지 않는 날개깃과 꽁지깃만이 진정한 날개다운 비대칭 구조를 지닌다. 날개와 꼬리 안쪽에 층층이 줄지어 작은 날개를 포개 놓은 듯이 자리 잡고 있는 이 깃털들은 개별적으로 움직이기도 하고 하나로 협력하기도 하면서 새가 비행하는 동안 미묘한 움직임까지도 누구도 따라갈 자가 없을 만큼 탁월하게 통제하도록 해준다.

데이비드 스콧은 달 실험에서 송골매의 비행깃을 선택했다. 모교인 미 공군사관학교에 경의를 표하기 위한 목적도 있었지만(이 학교 마스코트는 깃털이었다) 그를 달 표면까지 싣고 간 착륙선의 이름이 팔콘, 즉 송골매였다. 또한 세 번째 이유 덕분에 그의 선택은 보다 탁월한 것이 될 수 있었다.

망치 같은 깃털의 공기 역학을 훌륭하게 구현해낸 점에서 송골매를 능가하는 종은 역사상 없었을 것이다. 저 높은 곳에서 다이빙하며 내려와 공중에 떠 있는 먹잇감 새를 낚아채는 송골매는 기관차나 F1 경주용 차보다도 빠른 속도를 기록한다. 그 정도 속도에서 충돌할 경우 망치로 내려치는 타격의 힘이 생겨 사냥감의 뼈를 박살낼 정도이며 송골매의 발톱이 살 속 깊이 박힌다. 다른 새보다 빠른 속도로 날 수 있는 송골매는 보다 빠르고 날렵하게 날기 위해, 보다 탁월한 조종 능력을 갖추기 위해 많은 방법을 개발해야 했다.

송골매가 먹잇감을 향해 달려드는 모습을 관찰해보면 깃털을 이용한 비행의 많은 가능성을 배울 수 있다. 하지만 송골매의 움직임이 너무 빨라서 세세한 사항을 파악하기는 힘들다. 송골매의 공기 역학을 잘 아는 정보통의 견해가 필요했고 나는 운이 좋았다. 우리 섬에서 일 년 내내 생활하는 주민 수는 적지만 운 좋게도 세계에서 가장 유명한 스카이다이빙 송골매와 이 송골매를 훈련시킨 열정적인 조련사가 같은 섬에 살고 있었다.

켄 프랭클린은 비행기에서 뛰어내릴 때 프라이트풀을 먼저 던진다. 그리하여 켄과 이 송골매가 공중에 떠 있게 되면 켄은 추가 달린 공기 역학적 미끼를 떨어뜨리고 이 미끼는 송골매가 다이빙을 하는 동안 목표 역할을 한다. 몇 년 전 켄의 비행기에서 함께 떨어지는 목록 하나가 늘었다. 내셔널지오그래픽 카메라 팀 일원이었다. 송골매 꼬리에 부착시킬 수 있도록 변형시킨 작은 비행 컴퓨터를 이용하여 프라이트풀이 시속 390킬로미터로 부드럽게 자유 낙하하는 모습을 기록했다. 이 속도는 동물 비행으로는 대단한 기록이었다. 또한 송골매가 어떻게 그런 속도로 비행하는지 클로즈업 촬영 화면으로 볼 수 있었다. 송골매는 유선형으로 몸을 쭉 편 다음 점점 속도를 높이면서 밑으로 떨어지다가 켄이 '분자들 사이로 미끄러진다'고 표현하는 단계에 이른다.

프랭클린의 집에 들른 때는 따뜻한 한여름 오후였다. 차에서 내리는데 "켁켁켁" 하고 찢어지는 듯한 프라이트풀의 소리가 들렸다. "오늘 막 풀어 주었어요." 프라이트풀은 어릴 때 켄과 그의 가족에게 각인되어 갇힌 상태로 사육되었고 대부분의 시간을 새장에서 보내며 심지어는 실내에서 생활하기도 한다. 이야기를 나누는 동안 켄은 주기적으로 바깥 현관에 나가 하늘을 살펴보곤 했다. 거의 무의식적인 습관인 것 같았다.

프라이트풀이 모습을 나타냈을 때 나도 켄과 함께 나갔다. 송골매는 우리 머리 위까지 다이빙하며 내려왔고 모처럼의 자유를 즐기는 것처럼 보였지만 그럼에도 집에서 너무 멀리 벗어나는 일은 없었다. 나는 송골매가 꼬리를 부채처럼 펴고 좁다란 날개를 퍼덕이면서 방향을 트는 모습을 지켜보았다. 송골매는 계속 소리치면서 위쪽으로 향하더니 부근에 있는 전나무 가지에 앉았다. "송골매를 풀어주는 일은 위험해요. 늘 사고가 일어나거든요." 켄의 말 속에는 걱정하는 부모의 마음이 들어 있었다. "하지만 괜찮을 겁니다. 잘 날아다니는 놈이니까요."

운동선수 같은 체격에 피부가 검게 그을었고 희끗희끗 막 흰 머리가 생기기 시작한 켄은 아주 먼 곳을 쳐다보는 데 익숙한 사람처럼 시선이 먼 곳을 향해 있었다. 페더럴익스프레스를 위해 점보제트기를 조종하면서 생계를 꾸려가지만 분명 그의 열정은 새에게 향해 있었다. 켄과 그의 아내 수전 모두 송골매를 아주 잘 부리는 탁월한 조련사였으며 오랫동안 수십 마리의 새를 기르고 훈련시켰다.

프라이트풀은 처음부터 소질을 보였다. 기민하고, 충성스러우며 미끼를 쫓는 속도도 빨랐다. 열세 살이 되면서 프라이트풀은 스카이다이빙을 그만두고 이제는 프랭클린 집을 들락날락 하면서 편안한 은퇴 생활을 즐기는 것처럼 보였다. "탁월한 사냥꾼입니다. 그래도 항상 먹이를 주면 더할 나위 없이 행복해해요." 켄이 설명했다. "송골매도 다른 것들과 같아요. 그럭저럭 살아갈 만큼 최소한의 일만 합니다." 켄이 덧붙였다. "하지만 능력은 그보다 훨씬 많아요."

그와 이야기를 나누는 동안 이 말 속에 담긴 의미들이 구체적으로 뚜렷하게 드러나기 시작했다. 켄은 직선을 그리며 자유낙하 하는 새의 확대사진을 보여주었다. 두 날개를 접은 채 몸을 길게 뻗어 마치 짙은 색 눈물방울을 길게 당겨놓은 것 같은 모습이었다. "제가 기록으로 남기고 싶은 게 이 겁니다." 켄이 설명했다. "몸이 이런 형태로 되는 거죠. 새들이 시공간을 비트는 워프드라이브Warp drive 같은 상태로 들어갈 때 몸을 이런 형태로 만

송골매. 루이스 어가시즈 퓨어테스 그림

듭니다."

송골매와 함께 스카이다이빙을 200번 이상 하는 동안 켄은 새들이 놀라운 행동을 하는 것을 보았다. 비행기 뒤에 생기는 후류를 이용하거나, 빙글빙글 도는 미끼에 시선을 고정하면서 몸을 빙글빙글 돌리거나 자유낙하하는 그의 옆에서 편안하게 속도를 맞추면서 내려가기도 했다. 워프드라이브는 가끔씩만 일어나는데 그럴 때면 송골매는 그의 옆을 스쳐 곤두박질치듯 내려가다가 순간적으로 시야에서 사라진다. 심지어는 켄이 시속 180킬로미터 이상으로 떨어지고 있을 때에도 워프드라이브가 일어난다. 이후여기서 영감을 얻어 프라이트풀 속도 시험을 했고 내셔널지오그래픽 영화와 아이맥스 영화를 찍었다.

송골매가 그렇게 빠른 속도로 나는 데 깃털이 어떤 역할을 하는지 켄에게 묻자 그는 곧바로 비행 중인 새 사진 한 장을 꺼냈다. "깃털 끝을 보세요. 들쭉날쭉합니다." 켄이 날개덮깃과 등에 덮인 겉깃털을 손가락으로 따라가면서 말했다. 깃털이 겹친 부분을 보니 마치 깃가지 중에 어떤 것들은 특별히 더 길고 딱딱한 것처럼 깃털 끝이 고르지 않았다. "매, 독수리한테는 이런 게 없죠." 켄이 계속 이어서 말했다. "이것은 기류와 관계가 있습니다. 거꾸로 날아 내려오는 동안 난류와 항력을 줄이죠. 정확히 어떻게 작용하는지는 모르지만 그런 결과가 생긴다는 것은 확실히 알고 있습니다." 공기 역학에 대해 자세히 알아볼수록 이런 말이 익숙하게 들렸다. 깃털이 갖가지 중요한 방식으로 새의 비행 능력을 향상시키지만 살아 있는 새 날개는 너무도 복잡한 양상을 띠기 때문에 간단하게 수량화할 수 없었다.

켄은 컴퓨터에서 송골매가 도요새를 바싹 뒤쫓는 극적인 사진들을 보여주었다. 초점이 아주 잘 맞아서 그 과정에서 튀어 오르는 진흙탕 물방울 하나하나까지 선명하게 찍혀 있었고 두 새의 생김새 하나하나까지 또렷하게 보였다. 사진 한 장 한 장에서는 송골매가 급강하하다가 수평 비행으로 이동하거나, 급선회하면서 방향을 틀거나, 사냥감 위에서 곡예비행을 하는 동안 깃털이 어떻게 바뀌는지 나타나 있었다. 꼬리는 부채처럼 활짝 폈고, 날개덮깃 하나하나를 내렸다가 올렸다가 했다. 비행깃은 쫙 펼치고 차곡차곡 배열하고, 각도를 비틀었으며, 한 사진에서는 비행깃 바깥쪽 끝이 동그랗게 말린 채 위로 올라가 있었다.

"깃털의 유연성은 정말 놀랍습니다." 켄이 컴퓨터 모니터를 보면서 말했다. "송골매가 곤두박질치며 내려가는 모습을 이제껏 많이 보아왔지만 비행 도중 깃털이 부러지는 건 한 번도 본 적이 없습니다. 땅에서 먹잇감과 씨름할 때는 분명 깃털이 부러지기도 하지만 날개를 펴고 나는 동안에는 결코 그런 일이 없어요."

그토록 빠른 속도에서 제동을 걸거나 방향을 틀 경우 엄청난 구조적 압력이 가해진다는 점을 고려할 때 참으로 인상적인 말이었다. 프라이트풀의 꼬리덮깃에 부착된 비행 컴퓨터에서도 몇 가지 놀라운 통계 수치가 밝혀졌다. 900미터 상공에서 미끼를 떨어뜨리면 송골매는 한 번 다이빙을 하여 시속 250킬로미터까지 속도를 높였다가 지면에서 불과 17미터밖에 떨어지지 않은 지점에서 미끼를 정확하게 낚아챈 다음 급강하 동작을 멈추고 다시 위로 솟아오른다. 이 순간 송골매의 몸에 가해지는 중력을 계산해보면 무려 27G나 된다. 전투기 조종사도 9G를 조금만 넘어가면 의식을 잃는 위험에 처한다.

켄은 집으로 돌아오는 내게 송골매 깃털 한 줌과 많은 생각거리를 주었다. 그와의 대화는 새의 비행이 지닌 순수 물리적 특성에 대해, 그리고 새의 비행이 기본적으로 3차원의 특성을 보인다는 점에 대해 새로운 인식을 심어주었다. 송골매의 다이빙 비행도 유명하지만 이 밖에도 송골매는 힘들이지 않고 위나 옆으로 빠르게 날 수 있고 열기류를 들락날락하면서 춤추며, 어떤 방향에서든 먹잇감을 사냥할 수 있다. "송골매에게는 수직 방향과 수평 방향이 별반 다르지 않은 것 같아요." 켄이 말했다.

나는 켄이 프라이트풀과 함께 비행기에서 뛰어내려 하늘을 나는 동안 어떤 개인적 위험을 감수해야 하는지, 어떤 동기에서 그런 일을 하는지 묻지 않았다. 그의 욕구와 호기심이 충분한 대답이 되었다. 하지만 켄은 궁극적으로 자신의 일이 비행기 설계를 개선하는 결과로 이어지기를 바라며 보잉사의 수석 엔지니어들과 긴밀한 협력관계를 유지하고 있다. 새와 함께 스카이다이빙을 하는 점이 독특하긴 하지만 새의 공기 역학을 연구하는 점에서 켄 역시 조류학의 상당 부분을 비행 혁신 기술과 접목시켰던 비행가들의 긴 명단 속에 들어간다. 이런 역사를 통해 새와 깃털, 항공은 물리과학에서 가장 초미의 관심이 집중되는 흐름의 중심에 확고하게 자리 잡는다.

제9장
완벽한 날개

새에게 필요한 것은 깃털뿐이었다.
그러면 한없이 공중에 떠 있을 것이다!
— 댄 테이트, 키티 호크에서 실험 비행하던 라이트 형제의 조수(1902년)

남동생은 재능 있는 기계 엔지니어다. 아장아장 걸을 때부터 장난감 드라이버를 이용하여 집안의 많은 세간들을 분해함으로써 소질을 드러내었다. 가령 부모님의 침대 틀에서 나사못을 모두 빼버린 일은 충분히 예상 가능하듯이 우스운 엄청난 결과를 가져왔다. 동생에게 깃털에 관한 책을 쓰고 있다고 말하자 곧바로 한 단어로 확실한 반응을 보였다. "아, 생체모방 기술!"

엔지니어, 물리학자, 심지어는 화학자에게도 이 단어는 본보기가 되는 실험 원리를 일컫는다. 적혀 있는 의미 그대로다. 생체 구조와 행동과 과정을 모방하여 첨단 기술을 만들어내는 것이다. 생체모방(또는 '생물 영감')의 시초를 거슬러 올라가면 처음으로 사냥감의 흔적을 따라 물 있는 곳까지 찾아갔던 사람, 또는 몸에 나뭇잎을 붙이고 영양에 몰래 접근했던 사람이 있을 것이다. 분명 깃털은 초기단계부터 이 분야에 기여했을 것이다.

화살대에 깃털을 달기 시작한 일은 석기시대에서 화기를 광범위하게 사용하는 시기까지 사냥과 전쟁에서 가장 커다란 발전의 획을 긋는 일이었을 것이다. 초기 사냥꾼들은 깃털의 깃판이 어떻게 새의 비행을 조종하는지 볼 수 있었을 것이고, 이를 바탕으로 화살에 깃털을 붙이는 도약을 이루기까지 그리 오래 걸리지는 않았을 것이다. (더 나아가 아폴로 15호를 발사시킨 거대한 로켓의 수직 안정판은 화살이 안정적으로 날아가도록 화살대 끝에 달았던 최초의 깃털을 이어받은 기술상의 직계 후손이라 할 수 있다.) 깃털과 발사체가 지난 천 년 동안 나란히 손을 잡고 나아갔지만 과학사학자들은 전반적으로 생체모방이 인간 마음속 더 깊은 곳에 자리한 갈망과 맞닿아 있다고 본다. 이 갈망에 대해 윌버 라이트^{Wilbur Wright}는 "한없이 펼쳐진 하늘길을 따라 (……) 새가 날아다니는 것처럼 날고 싶은 욕망"이라고 표현했다.

그리스 신화에서 뛰어난 장인인 다이달로스와 그의 아들 이카로스는 자신들을 적대하는 왕의 마수에서 벗어나기 위해 깃털과 밀랍과 노끈으로 만든 멋진 날개를 달고 달아났다. 두 사람이 바다 위로 높이 솟아오르자 이카로스는 점점 대담해졌고 지나친 자신감이 생겼다. 그는 아버지의 경고를 무시하고 태양을 향해 점점 높이 날아갔고 깃털을 붙인 밀랍이 태양의 열기에 물렁해지더니 끝내 녹아버렸다. 날개는 떨어져 나가고 이카로스는 바다 속으로 떨어져 죽었으며 그의 주위에는 불에 탄 깃털이 비가 되어 내렸다. 지난 2000년 동안 도덕주의자들은 젊음의 자만심과 무모함을 깨우치는 준엄한 교훈으로 이카로스를 들었다. 하지만 생체모방의 관점에서 볼 때 이카로스보다 다이달로스가 더 큰 실수를 저질렀다.

그 유명한 날개를 만드는 과정에서 다이달로스는 새의 겉모습만 모방했

〈이카로스를 위한 탄식〉, 허버트 제임스 드레이퍼 작

을 뿐, 새가 날 수 있게 해주는 생물학적 물리적 과정을 무시했다. 그가 만든 날개는 고대 이야기꾼과 그들의 이야기를 듣는 관객의 상상 속에서만 날 수 있는 것으로 과학이 아니라 실현 불가능한 생각이었다. 하지만 그 이미지는 매우 강렬했고 오랜 세월 동안 이카로스의 비행이 지니는 매력은 하늘을 날고자 하는 인간의 노력에 영감을 불어넣기도 하고 당혹스러움을 안겨주기도 했다.

꿈에 부푼 비행가들이 다이달로스 같은 기본적인 실수를 되풀이하는 일이 종종 있었다. 멋진 날개가 새에게는 훌륭한 설계이지만 인간에게는 형편없는 설계밖에 되지 못하는 이유에 대해 생물학적 이해를 갖지 못한 채 인간의 몸에 날개를 붙이는 실수를 저질렀던 것이다. 날개처럼 퍼덕거리는 기계 장치를 끈으로 매단 불운한 발명가들이 제각기 다리에서, 발코니에서, 테라스에서, 궁전 벽에서 한껏 뛰어내리지만 결국은 비참한 실패로 끝나버리는 비운만 계속 이어졌다.

옥타브 샤누트Octave Chanute(프랑스 출생의 미국 항공기술자로 1897년 글라이더에 구조설계를 적용하여 복엽 날개에 지주와 선을 사용하는 구조를 고안하였고 그 후 이 방식은 복엽식 비행기의 표준 구조가 되었다_옮긴이)의 고전적인 1894년 논문 「비행기의 발전과정Progress in Flying Machines」 제1장을 보면 비행기 조종을 꿈꾸는 이들이 하늘을 날려고 시도했다가 결국 실패하고 어떤 부상을 입었는지 서술되어 있는데 마치 응급병동의 의무 기록을 읽는 것 같은 기분이 든다. 알라르 씨(1660년) "중상". 바크빌 후작(1742년) "다리 골절". 르튀르 씨(1854년)는 "많은 부상을 입고 결국 죽음에 이르렀다." 드 그루프 씨(1874년) "현장에서 즉사." 1812년 드젠 씨는 파리에서 비행 시험을 한 뒤 살아남아 자신이 우려했던 일 가운데 적어도 한 가지는 입증했다. "세 번째 시도를 하려던 그는 실망한 관객들에게 공격을 받아 무자비하게 얻어맞았고 이후 사기꾼으로 비웃음거리가 되었다."

샤누트는 수십 가지 사례를 상세하게 서술한 뒤 이렇게 썼다. "인간의 근육을 써서 하늘로 날아오르려던 모든 시도는 완전한 실패로 끝났다. (……) 아무리 독창성과 기술을 발휘해도 그런 위업을 이룰 수 있다는 희망은 없는 것 같았다." 몇 년 뒤 프랑스와 독일의 엔지니어들은 당시 아직 발생 초기였던 공기 역학 분야의 등식을 이용하여 인간이 자체 추진력을 가진 비행을 할 수 없다고 입증함으로써 샤누트가 옳다고 지지했다.

이런 관측들이 나온 것은 머지않아 비행을 실현하기 위한 길목에 서 있을 무렵이었고 이후 10년도 채 되지 않아 라이트 형제는 마침내 하늘로 날아오르는 데 성공했다. 물론 날개를 퍼덕여서 하늘에 오른 것은 아니었고 고정식 공기 역학적 날개와 12마력 모터의 도움을 빌린 것이다. 이 최초의 비행을 둘러싼 이야기도 그렇지만 이후 이어진 논쟁과 경쟁, 들뜬 진척과정도 대단한 내용이어서 다른 지면에 아주 잘 정리되어 있다. 이 책에서는 깃털과 새의 날개가 비행의 역사(그리고 미래)와 연관되는 중요 사항에 집중하고자 한다.

라이트 형제는 새에게서 받은 영향보다는 훌륭한 기계 공장 덕분에 위업을 이룰 수 있었고 이후 성공 이유를 밝혔지만 두 형제는 대단한 열정을 지닌 새 관찰자였다. 이들은 갈매기나 독수리가 하늘로 날아오르는 모습을 몇 시간이고 지켜보면서 날개를 당기고 깃털을 조정하는 모습을 일일이 메모했다. 새들이 방향을 틀 때 날개 끝이 휘는 것을 보면서 윌버 라이트는 회전 비행에 들어가기 위해 비행기 날개 각도를 조정하고 '뒤틀고' 구부려야 한다는 아이디어를 얻었다. 이런 획기적 아이디어는 그들의 특허인 '3축 통제' 시스템의 기초가 되었으며 지금도 항공기 조향 기술은 이 3축 통제 시스템의 기본 원리를 따른다.

윌버의 관찰과 그에 이른 발명에서는 자연을 차용하여 인간 기술을 발전시킴으로써 생체모방을 구현해냈다. 날개 비꼬임은 비슷한 발전들로 점철된 기나긴 항공의 역사에 또 하나를 보탰으며, 이 항공의 역사를 거슬러 올라가면 시대를 초월하여 가장 위대한 혁신가로 꼽히는 한 사람에게로 닿는다.

레오나르도 다빈치는 하늘을 날기를 꿈꾸었다. 하늘에 올라갈 수 있는 기계를 만들면 '영원한 영광'을 가져다줄 것이라고 썼다. 16세기가 막 시작될 무렵 레오나르도는 솔개, 종달새, 그 밖에 이탈리아 시골에 흔히 보이는 새를 꼼꼼하게 관찰하면서 훗날 「새의 비행에 관한 코덱스Codex on the Flight of Birds」라고 불리게 된 개인 공책에 생각을 기록했다. 레오나르도가 설계한 비행기 그림들을 살펴보면 지금은 유명해진, 원시 형태의 헬리콥터를 그린 삽화뿐만 아니라 이카로스처럼 움직이는 날개를 단 것도 있었다. 하지만 이 책에서 가장 중요한 그림을 꼽는다면 아마 여백에 무심히 그려놓은 작은 새 스케치 그림일 것이다. 날고 있는 비둘기를 그린 것으로 보이는데, 여러 가지 자세를 그려놓았고 새의 날개 위와 아래에 공기가 흐르는 선을 함께 묘사해 놓았다. 공기의 '빽빽함'과 '희박함'에 대해 적어놓은 본문 내용과 이 그림들을 연결시키면 레오나르도가 날개의 중요성과 기능을 직감하기 시작했다는 게 분명해진다.

공기가 새 날개 앞쪽 모서리에 닿으면 날개 아래쪽으로 갈지, 날개 위쪽으로 갈지 선택의 기로에 놓인다. 두 방향은 각기 다른 면에 가 닿기도 하지만 다른 경로, 다른 속도로 움직이며 놀랄 정도로 서로 다른 조건 속을 통과한다. 날개의 각도와 속도에 따라 아래쪽으로 내려가는 공기의 양이 얼마나 될지 결정되며, 날개 위쪽의 공기를 줄이고 아래쪽의 공기압을 높이면 새는 위로 올라간다. 모든 작용에는 크기가 같고 방향이 반대인 반작용이 항상 존재한다는 뉴턴의 제3법칙이 작용한 것이다. 자동차 유리창 밖으로 손을 내밀고 손바닥을 오목하게 하여 오르락내리락 하면 바람의 힘에 손이 올라가는 것을 느낄 수 있는데, 이를 경험해본 사람이라는 익숙하게 알 것이다.

형태도 상관이 있다. 새 날개를 횡단면으로 보면 위쪽이 볼록하고 앞쪽은 두툼하며 그 뒤로 갈수록 얇아지면서 길게 늘어지는 모양인데, 마치 쉽표를 옆으로 뉘어 얇게 늘인 모양이다. 공기의 흐름이 볼록한 윗면을 감싸 안다가 날개 뒤로 세류가 되어 빠져나가는데, 이렇게 함으로써 위쪽의 기압을 줄이고 추가 상승력을 높인다. 이것은 쉽게 시험해볼 수 있다. 종이 한 장을 입술로 가져와 위로 볼록하게 만든 뒤 그 위로 입김을 분다. 그러면 입김 때문에 종이 위쪽의 기압이 내려가면서 종이가 위로 밀려올라가 아래에서 위로 떠오르는 것을 볼 수 있다.

레오나르도는 물이 자연스레 흐를 때, 장애물 주변을 돌아 흐를 때, 각각 굵기가 다른 관 속을 통과해서 흐를 때 어떤 모양이 되는지 이미 연구한 일이 있어서 공기 역학을 이해하기에 특히 적합한 사람이었다. 그는 공기와 물이 움직이는 원리가 서로 같다는 것을 처음으로 이해한 사람이었으며 유체역학이라는 복합 분야의 아버지로 여겨진다. 레오나르도가 조류학의 아버지라고 생각하는 사람은 없지만 프룸은 한때 레오나르도의 조류학 관찰을 연구한 일이 있고 레오나르도가 새의 비행에 대한 현대적인 이해에 근접해 있었다고 지적했다. 우리가 지금 아는 것을 레오나르도가 알았더라면 "그것을 알아내지 못한 자신에게 화내며 욕을 했을 것이다!"

다빈치가 발견한 사실들을 발표했더라면 르네상스 시대에 공기 역학에 대한 큰 관심을 불러일으켜 인간의 비행을 몇 세기 정도 앞당겼을지도 모른다. 하지만 「새의 비행에 관한 코덱스」는 외부에 공개되지 않은 채 아무도 그 내용을 알지 못했고 다른 사상가들은 레오나르도가 생각했던 내용을 독자적으로 다시 발견해내야 했다. 새와 날개에 대한 상세한 생각들은 1800년 후반 들어 독일 형제가 등장하기 전까지 세상에 나오지 못했다. 이들은 "우리의 미숙한 자연 연구의 많은 부분을 우리 친구 황새를 관찰하는 데 바쳤던" 사람이었다.

오토 릴리엔탈Otto Lilienthal과 구스타프 릴리엔탈Gustav Lilienthal은 관찰된 사실을 빠르게 행동으로 옮겼고 십대의 나이에 벌써 최초의 비행기를 만들었다. 초기 시도 중에는 "마을에서 구할 수 있는 깃털들을 죄다 모아 바느질로 꿰맨 것"도 있었지만 새와 똑같이 만드는 것(다이달로스가 저지른 실수가 이 점이었다)보다는 날개의 전체적인 형태가 더 중요하다는 사실을 곧 깨달았다. 이들 형제는 여러 가지 날개 형태를 실험했고 위로 볼록하게 휜 곡선 형태의 중요성을 인식했다.

이들이 만든 설계는 독특한 모습을 하고 있었다. 바른 자세로 혼자 서 있는 조종사 주위에 무겁게 널빤지를 대놓았고 조종사는 무게 중심을 좌우로 왔다 갔다 하면서 기구를 제어했다. 모터는 달지 않았다. 릴리엔탈 형제는 역풍과 상승기류를 이용했고, 모방 대상으로 삼았던 커다란 흰색 황새처럼 날개를 움직이지 않으면서 날아오르는 법을 배웠다.

글라이더 킹으로 알려진 오토는 세계 최초로 진정 유명한 비행가가 되었고, 1896년 추락 사고로 생을 마감하기 전까지 2천 번 이상 비행에 성공했다. 이 중에는 비행 거리가 600미터 이상 되는 경우도 있었다. 오빌 라이트와 윌버 라이트는 기본적으로 오토의 업적에서 영감을 얻었고 오토의 저서 『비행술의 기초로서의 새의 비상Birdflight as the Basis of Aviation』에 나온 등식과 초창기 날개 연구의 많은 부분을 토대로 삼았다.

여러 면에서 볼 때 라이트 형제는 릴리엔탈 형제가 멈춘 바로 그 지점에서 시작했다. 선배가 이룬 승리에서 많은 것을 얻은 반면 그들의 실패로부터 더 많은 것을 깨우쳤다. 오토의 치명적 사고는 땅에서 날아오르는 것보다 공중에서 비행기를 제어하는 것이 궁극적으로 훨씬 더 중요하다고 가르쳤다. 라이트 형제는 방향 조정에 중점을 둔 일련의 글라이더를 만들었

자신이 만든 많은 비행기 중 하나를 선보이고 있는 오토 릴리엔탈(1894년)

고 비행 거리, 속도, 지속 시간 면에서 릴리엔탈의 기록들을 모두 소리 없이 깨기 시작했다. 비행기에 동력을 달아야 할 시점이 되었을 무렵 이들 형제에게는 또 다른 선배가 있었다. 이 선배 역시 새의 자연 날개에서 영감을 받았다.

라이트 형제와 릴리엔탈 형제가 확실한 기술적 성공을 이루었다면 비행에 스타일을 입힌 것은 프랑스 사람이었다. 클레망 아더Clément Ader는 알렉산더 그레이엄 벨Alexander Graham Bell의 발명을 뜨거운 파리 시장으로 처음 가져와 프랑스에 맞게 변형시킨 전화 사업으로 많은 돈을 벌었다. 그 후 그는 비행기 사업에 투신하면서 일련의 우아한 유선형 비행기를 만드는 데 지금 돈으로 수백만 달러 이상을 투자했다. 동시대 사람들과 마찬가지로 아더는 커다란 새가 힘들이지 않고 날아오르는 방법에 비행의 중요한 열쇠가 있다고 믿었다. 하지만 아더는 황새가 아니라 독수리에게 관심을 가졌고 야생의 아프리카 종을 보기 위해 아랍인으로 변장한 채 적대적인 알제리 내륙까지 다녀오기도 했다. 결국 박쥐를 더 많이 닮은 설계가 나왔지만 아더는 추진 방식보다 날개 형태 면에서 가장 커다란 기여를 했다.

아더 에올Ader Éole이 공중에 겨우 20센티미터밖에 뜨지 못하고 방향 조정도 안 되었지만 이 비행기는 라이트 형제가 키티호크를 타고 날기 13년 전인 1890년 최초의 자체추진 방식의 비행을 했다. 나무를 깎아 만든 네 개의 거대한 깃털 형태로 우아한 프로펠러를 만들었고 여기에 작은 증기 엔진이 동력을 공급하는 구조였다. 아더는 비행깃이 새의 날개처럼 완벽한 날개라고 보았으며 날개판들을 수직으로 설치하여 아주 빠른 속도로 회전시킬 경우 상승력을 일으키는 것과 동일한 공기 역학적 원리가 추진력을 제공한다고 인식했다. 이와 같이 추진력과 상승력을 분리시킨 점은 사실상 모든 미래 비행기에서 특징적인 요소로 자리 잡았다. 라이트 형제가 프로펠러 설계를 정밀과학으로 승화시켰다면 깃털 모양의 기발한 날개판은 막 성장하기 시작한 부수적 산업에서 지속적으로 이어졌다. 1950년대가 되어서도 여전히 모형비행기광들은 피더플라이, 그 밖에 깃털처럼 보이는 부품이 들어가는 설계를 만들었다.

제트 추진과 기내 DVD 대여 시대에 깃털 형태의 프로펠러라면 가령 오래된 교과서나 항공우주박물관의 칙칙한 부속실 같은 데서나 볼 수 있는 분명 예스러운 것으로 보일 것이다. 라이트 형제 이후 비행기 산업에서 두드러진 생체모방은 사라져갔고, 그 자리에는 등식과 풍동 실험, 그리고 종국에는 컴퓨터 시뮬레이션이 자리 잡았다. 오늘날의 항공 엔지니어들 중에는 야외에 나가 오랜 시간 황새나 매, 또는 알제리 독수리의 뒤를 몰래 쫓

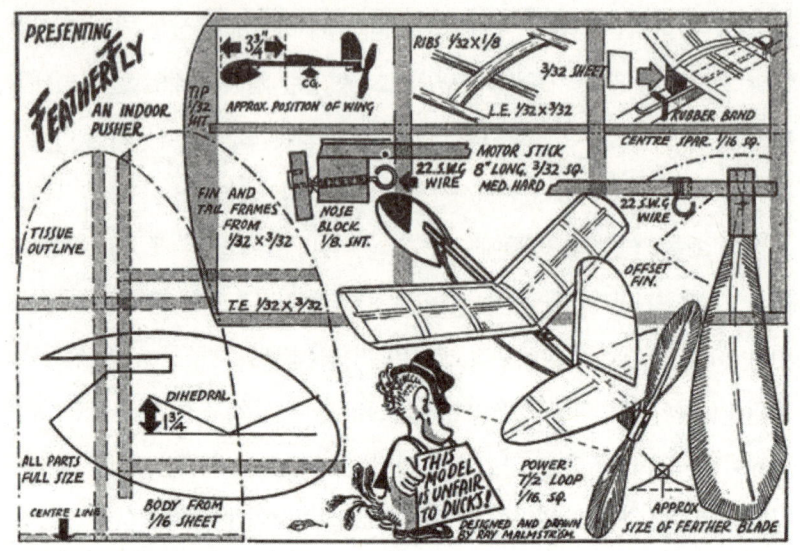

적어도 1950년대까지는 모형비행기 설계에서 여전히 프로펠러에 깃털을 사용했다

아다니는 사람은 별로 없다. 비행과 조종의 원리가 정립되면서 20세기의 발전 양상은 기본적으로 라이트 플라이어의 각 구성 요소를 개선하는 데 초점이 맞춰졌다. 더 강력한 엔진, 더 나은 날개, 보다 정확하게 반응하는 조종 장치가 등장했고 날개와 적재 공간이 넓어졌다. 테크놀로지의 진화는 이런 양상으로 진행된다. 한 번의 커다란 도약이 일어나고 그 뒤를 이어 천 가지 자잘한 개량이 이루어진다.

수십 년이 채 지나지 않아 항공기 설계자들은 본질적으로 형태의 완성을 이루어냈다. 세계에서 가장 인기 있는 비행기 세스나172는 믿을 수 있고 효율적인 4인승 경비행기로, 1955년에 나온 원래 설계에서 거의 변한 게 없다. 1960대에 처음 나온 보잉737은 지금도 세계에서 가장 많이 팔리는 제트비행기다. 테크놀로지 혁신이 벽에 부딪히면 종종 영감을 얻기 위해 처음 시작으로 돌아가는 경우가 많다. 더 효율적이고, 더 쉽게 조종할 수 있고 더 조용한 비행기를 만들 필요성이 커지면서 생체모방이 다시 유행하게 되었고 최고 엔지니어링 실험실에서는 새의 비행과 깃털에서 보이는 많은 미묘한 차이를 다시 살펴보게 되었다. 하지만 19세기 비행가들이 오로지 야외용 쌍안경과 공책 하나 들고 시작했다면 현대 엔지니어들은 고속 카메라와 레이저 거리측정기, 디지털 모델링 소프트웨어, 그 밖에 단순한 모방을 넘어서서 깃털을 이용한 비행의 근본적인 경이로움을 보여줄 도구를 갖추고서 새를 관찰한다.

항공 산업에서 새의 비행을 '다시 살피는' 배경에는 연료 효율성 문제가 있다. 2008년 유가 급등은 일본항공, 프런티어, 스카이버스, 알로하 등과 같은 거대 항공사를 비롯하여 많은 항공사의 파산을 불러왔다. 살아남은 회사들은 석유 매장량이 점차 줄어드는 상황에서 연료 소비를 줄일 수 있는 방법을 열심히 찾고 있다. 보다 가벼운 비행기를 제작하는 것도 하나의 선택이지만 알루미늄을 합성물질로 바꾸려면 설계를 완전히 다시 해야 하며 소재도 모두 바꾸고 제조 기법도 달라져야 한다.

최초로 이런 방향을 시도한 보잉787 드림라이너가 장래성을 보여주지만 최근 일곱 번째로 약속한 인도 마감 시간을 다시 연기함으로써 약속 기한이 3년이 지난 상태에서 궁지에 부딪혀 지금도 시험과 개발 작업을 진행하고 있다. 보다 손쉬운 해결책은 새가 날개깃을 조종하는 법 속에 들어 있다고 믿는 엔지니어들도 있다. 새들은 기류 관리라고 부르면 딱 어울릴 법한 기술의 대가다운 솜씨를 보여준다.

날개와 관련된 교과서 도표에서는 중요한 세부 사항이 빠져 있다. 즉 난류를 고려하지 않고 있다. 날개 주변을 흐르는 공기는 사실 삽화에 그려진 것처럼 매끄럽게 흐르지 않는다. 빙빙 돌고 회오리치는 등 복잡한 패턴을 보이며 기온, 기압, 풍속, 날개 형태, 각도의 미묘한 차이에 따라 이 패턴이 달라진다. 날개 주변에는 여러 공기 저항 층이 생기며 날개 표면에서는 소용돌이가 제멋대로 솟구치고 날개 끝에서는 나선형으로 바람을 내뿜는다. 이 과정은 너무 복잡해서 도저히 그림으로 보여줄 수 없지만 이를 이해하는 일은 저항, 즉 날개가 앞으로 나아가는 데 따라 자연히 생기는 저항을 이해하는 데 결정적으로 중요하다. 저항을 조금이라도 줄이면 비행 효율성이 높아지고 이는 곧바로 비행기 연료 절감을 가져온다. 또한 저항을 줄이는 면에서는 새를 따라갈 만한 게 없다.

비행기 창가 좌석에 앉아 하늘을 나는 동안 은빛으로 빛나는 비행기 날개에 감탄하면서 비행기 플랩이 오르락내리락 하는 것을 지켜본 경험이 있을 것이다. 비행기 날개는 아름답게 설계된 정밀한 기구이지만 새에 비하면 형편없이 조악해 보인다. 새의 날개는 끊임없이 변하는 조건에 그때그때 맞도록 퍼덕이거나 구부릴 수 있고, 늘리거나 줄일 수 있으며, 활짝 펼 수도, 좁게 오므릴 수도 있고, 안으로 밀어 넣을 수도 있으며, 비틀 수도 있다. 비행깃이 나란히 서로 겹쳐지면 하나의 공기 역학적 날개가 된다.

하지만 비행깃 하나하나가 독립적으로 움직일 수 있고 그 자체가 날개 형태를 지니며 큰 틀에서 볼 때 개별적으로 작은 날개가 되어 움직인다. 독수리를 비롯하여 하늘 높이 솟아오르는 새들은 쫙 펼친 비행깃의 끝을 마치 '손가락'처럼 미세하게 조정하여 공기 흐름을 조종하거나 속도와 방향을 바꾼다. 또한 모든 새들도 깃털의 움직임을 이용하여 날개 주변에 생기는 난류를 본능적으로 바꾼다. 깃 사이의 틈을 벌리거나 닫아서 1차 깃 사이로 공기가 어느 방향으로 흐를지 정하며 덮깃을 마치 플랩처럼 올리거나 내릴 수도 있다. 무한한 가능성이 열려 있는 것이다.

이러한 복잡성을 하나하나 풀어내는 일은 최첨단 컴퓨터 모델로도 쉽지 않지만, 엔지니어들은 비행기 날개 끝에 인공의 '작은 날개'를 붙일 경우 하늘 높이 날아오르는 맹금류의 효율성을 모방할 수 있다는 점을 이미 알아냈다. 작은 날개를 장착한 제트여객기의 경우 연료 소비가 무려 6퍼센트나 줄어드는 것으로 나타났다. 승객을 가득 채운 747기가 매초 4리터 남짓의 기름을 소비한다는 점을 고려할 때 6퍼센트라는 수치는 대단한 연료 절감이다. 지금은 일반화된 작은 수직안정판은 항공회사의 연료비용을 수십억 달러나 절감시켰다. 이보다 훨씬 높은 수익을 안겨줄 만한 교훈을 한마디로 요약하면 보풀보풀한 표면이라고 할 수 있다.

날아가는 새 사진을 보면 비행깃이 쫙 벌어져 우툴두툴 고르지 않거나 덮깃이 날개 위로 쑥 올라와 있는 것을 볼 수 있다. 송골매가 바닷새를 잡고 있는 켄 프랭클린의 멋진 사진에서도 마찬가지 모습이 보인다. 엔지니어들은 이렇게 날개 표면을 일부러 '우툴두툴하게' 만들면 난기류와 저항을 상당 부분 줄일 수 있다고 믿는다. 완전히 깃털로 뒤덮인 제트여객기는 불가능하겠지만, 시뮬레이션을 해보았을 때 단순하게 쭉 뻗은 뻣뻣한 털로 날개를 뒤덮는 것만으로도 비행 효율성을 무려 15퍼센트나 향상시킬 수 있다.

일반적으로 새 날개(또는 모든 날개)의 표면 위로 지나가는 공기는 표면에서 멀어지는 여러 개의 작은 소용돌이로 나뉜다. 이는 난기류의 한 형태이며 항력을 높이고 날개 바로 뒤쪽에 정체 공기를 늘린다. 자전거를 탈 때 앞 사람 자전거 뒤에서 나오는 후류 속으로 들어가는 것이 이런 원리를 이용하는 것이다. 즉 기압이 낮고 난기류가 적은 위치에서 자전거를 탐으로써 에너지를 절약하는 것이다. 이는 직관에 어긋난다. 하지만 우툴두툴한 표면은 소용돌이가 형성되는 것을 조종하고 소용돌이가 날개 표면 가까이 있도록 함으로써 항력을 줄이는 데 도움이 된다. 지금으로부터 몇 년 뒤면 비행기 유리창 밖으로 보이는 비행기 날개에 항공기 제조사가 깃털과 가장 흡사하게 만든 털들이 보풀거리고 있을지도 모른다.

날개 주위의 공기 흐름을 관리하면 비행기 소음을 상당 부분 줄이는 추가 이점도 있다. 이는 많은 비행기가 오가는 비행 항로에 사는 사람에게 중요한 사항이다. 올빼미는 머리 위로 지나갈 때 섬뜩할 만큼 날갯짓 소리가 들리지 않아 다른 세상의 존재처럼 느껴졌으며 오래전부터 올빼미를 영혼의 영역에 속한 신화와 연관지었다. 하지만 올빼미의 비행과 관련하여 초자연적인 것은 아무것도 없다. 올빼미의 날개가 그저 다른 방식으로 공기를 가르고 지나가는 것뿐이다. 앞쪽과 날개 뒷전에 나 있는 올빼미 깃털은 깃가지가 길게 늘어나 있어서 깃털 하나하나뿐만 아니라 날개 전체에 생기는 난기류를 줄여 효율성을 높이고, 보다 중요하게는 올빼미가 다가올 때 소리가 나지 않게 한다.

이렇게 소리 없이 다가감으로써 올빼미는 먹잇감으로 삼는 포유류나 조류 중 신경이 날카롭거나 귀가 밝은 종에 대해서도 유리한 이점을 누릴 수 있다. (깔끔하고 만족스런 진화의 한 과정에서 물고기부엉이는 이런 변형된 깃털을 갖지 못했다. 먹잇감이 물속에 있어서 부엉이가 다가오는 걸 들을 수 없다면 굳이 소리 없이 날아야 할 필요가 없기 때문이다!) 소음이 보다 적은 비행기를 만들 수 있다는 가능성 때문에 올빼미 깃털은 민간 여객기의 관심을 불러일으킨다. 도시 공항에서 이륙하고 착륙하는 민간 여객기에는 부분적으로 소음 기준 규정이 적용되기 때문이다.

새 날개 주위에 생기는 공기 흐름의 복잡성은 여전히 항공 엔지니어들에게 영감을 불어넣는다(이 새는 홍관조)

    항력과 소음을 줄이는 것은 생체모방을 즉각적이고 실용적으로 응용하는 것이지만, 날기를 꿈꾸는 진정한 몽상가들은 비행기의 개념 전체를 다시 생각하고자 한다. 오토 릴리엔탈의 때 이른 죽음 이후 동생 구스타프 릴리엔탈은 계속해서 자신들의 궁극적인 이상, 즉 프로펠러나 제트엔진에서 동력을 얻는 것이 아니라 새처럼 날개를 퍼덕이면서 날아가는 비행기를 추구했다. 그는 거의 40년 가까이 베를린 외곽 작은 격납고에서 더욱더 야심찬 (때로는 아주 별나기도 한) 비행기를 설계했다. 이 비행기들은 새 날개라는 뜻의 그리스어에서 유래한 이름 '오니소프터ornithopters'(날개를 상하로 흔들면서 날던 초기의 비행기_옮긴이)로 알려져 있는데 한 번도 이륙에 성공하지 못했고 구스타프는 고정 날개 비행기가 급성장세를 보이는 시기에 거의 폐인이 되다시피 했다. 그럼에도 다양한 엔지니어들이 그 후에도 오랫동안 구스타프의 횃불을 이어가고 있으며 그들의 노력이 결실을 거두고 있는지도 모른다.

로보스위프트RoboSwift는 네덜란드에서 만든 무인 정찰비행기이며 그것과 이름이 같은 새(스위프트는 칼새를 말한다_옮긴이)의 우아한 비행에서 영감을 얻었다. 프로펠러로 작동하긴 하지만 날개를 뒤로 휙 젖히면서 다이빙과 회전을 하며 효율적으로 하늘을 날아오를 때에는 날개가 더 커진다. 또 다른 네덜란드 팀이 최근 델플라이II를 띄워 올렸다. 이 역시 무인 정찰비행기이지만 날개를 미친 듯이 퍼덕이는 데서만 전적으로 추진력과 상승력을 얻는다. 이 작은 비행기는 너무나 새처럼 생겨서 최초로 떠난 야외 임무 수행과정에서 수컷 찌르레기의 공격을 받아 땅으로 떨어졌다.

하지만 유인 비행의 첫 성공은 토론토 대학교의 오니소프터 프로젝트에 돌아갔다. 2006년 실물크기 비행기가 자체 동력으로 잠시 공중으로 떠올라 심지어는 조종사 자신도 놀랐다. 조종사는 어렵사리 착륙을 마친 뒤 조종석에서 나와 소리쳤다. "날았어요! 날았어요! 날았어요!" 비행시간은 겨우 14초밖에 되지 않았지만 그래도 괜찮았다. 라이트 형제의 최초 비행은 겨우 12초였다.

오니소프터든, 글라이더든, 보풀보풀 털이 달린 제트기든 비행하고자 하는 인간의 시도는 새와 깃털에 대한 이해, 그리고 새 날개의 놀라운 공기역학에 대한 이해와 늘 나란히 갈 것이다. 이카로스처럼 날고 싶은 열망은 테크놀로지 속에 계속 살아 있지만 우리의 신화 속에서는 더하다. 슈퍼맨에서 피터팬, 그리고 〈매트릭스〉에 이르기까지 우리는 위대한 영웅들에게 새처럼 하늘을 나는 능력을 불어넣는다.

스카이다이빙, 행글라이딩, 카이트서핑, 그밖에 다른 익스트림 스포츠가 이런 느낌을 얼핏 느껴볼 수 있게 해주지만 새와 똑같이 나는 일은 앞으로도 꿈으로 남아 있을 것이다. 카를 융^{Carl G. Jung}과 지그문트 프로이트 ^{Sigmund Freud}가 비행 꿈의 상징을 놓고 의견 대립을 보이지만(초월 vs. 성^性), 두 사람의 이론은 실제로 둘 모두 새 관찰자가 아니었다는 것을 입증할 뿐 이었다. 윌버 라이트가 1908년 프랑스의 비행클럽에서 행한 한 연설이 진 실에 가장 가까이 근접했다고 할 것이다. 그때 윌버 라이트는 비행이 아주 오래된 선망에서 비롯되었다고 말했으며, 이는 지상에 묶인 채 지루하게 터벅터벅 걷는 게 아니라 뭔가 자유롭고 순수한 것을 하고 싶었던 소망이 었다.

"새처럼 날고 싶은 욕망은 아주 먼 옛날 선사시대 길도 없는 길을 가야 했던 우리 조상들이 아무 장애도 없이 하늘의 무한한 길을 전속력으로 자 유롭게 날아다니는 새를 선망의 눈길로 바라보던 때부터 내려오는 이상이 었다는 생각이 때때로 듭니다."

4부
장식

이 세상에 여자들이 있는 한 깃털을 사는 사람은 늘 있을 것이다.
— 파리의 깃털상, 〈케이프타임스〉(1911년)

제 10 장
극락조

나는 산등성이가 오르락내리락 하면서 내륙 깊숙이까지
굽이굽이 이어지는 산을 흥미롭게 바라보았다.
그곳은 문명화된 인간의 발길이 한 번도 닿지 않은 곳이었다.
그곳엔 화식조와 나무타기캥거루의 나라가 있었고,
저 울창한 숲은 지구상에서 가장 특별하고
가장 아름다운 깃털 동물을 낳았다.
바로 다양한 종의 극락조다.
— 뉴기니에 가까이 온 앨프리드 러셀 월리스, 『말레이제도』(1869년)

새 관찰자도 과장해서 말하는 면에서는 낚시꾼 못지않은 것으로 알려
져 있다. 하지만 나중에 허풍을 지어내고 이를 기억이나 싸구려 맥주 탓으
로 돌릴 수 있는 낚시와 달리 새 관찰의 과장법은 활동 명칭을 붙일 때 시
작된다. 대부분의 탐사활동은 사실상 새 종류 확인이라는 제목을 붙여야
할 것이다. 새를 관찰하려는 목적으로 야외에 나가지만 '주의 깊게 관찰한
다. 일반적으로 일정한 시간을 가지면서 관찰한다'는 표현에 들어맞지 않
는 일이 많다.

우리가 들고 간 쌍안경에는 그 나름의 마음이란 게 있어서 새를 보고
집굴뚝새니, 붉은부리갈매기니, 딱따구리니, 지빠귀새니 하고 이름을 확인
하는 순간 쌍안경은 다른 데로 휙 돌아가 버린다. 이는 치명적인 덫이다.
새 관찰의 진정한 경이로움은 깃털과 행동과 습관 등에 대한 세세한 사항

을 찬찬히 살피면서 즐거움을 느끼는 관찰과정에 있기 때문이다. 아무리 흔한 새라도 흔치 않은 행동을 보이며 모든 관찰은 한 번 흘낏 보고 체크리스트에 표시하는 것 이상의 가치를 지닌다. 나는 작은 것도 놓치지 않으려고 바싹 경계하는 편이다. 하지만 극락조를 보게 되었던 어느 날 그만 얼빠진 짓을 하고 말았다.

3월 중순 호주에서 있었던 일이다. 포트 더글러스에서 북쪽으로 뻗은 해안도로가 폭우로 폐쇄되었다가 다시 열렸다. 생물학자 몇몇과 나는 현장연구에서 손을 떼고 잠시 휴식기를 갖던 중이었고 쿡타운과 전설의 케이프 요크 반도를 향해 북쪽으로 계속 히치하이킹을 하면서 가고 있었다. 뉴기니 섬까지 160킬로미터 정도밖에 되지 않는 케이프 요크 동쪽 연안은 뉴기니의 열대 기후를 닮았고, 호주의 매우 건조한 내륙지방의 가장자리 끝을 따라 좁다란 열대우림 지대가 이어져 있었다. 캥거루가 나무에 기어오르고, 파란 머리의 거대한 화식조가 15센티미터나 되는 발톱을 자랑하면서 머리 위에 뼈 같은 뾰족한 볏을 달고 마치 환생한 수각류 공룡처럼 숲속을 돌아다니는 곳이었다. 휴가를 떠난 생물학자들이 평소 하는 일이나 별반 다를 바 없이 휴가를 보내는 것처럼 여겨지겠지만 그처럼 독특한 생물의 유혹에 어찌 넘어가지 않을 수 있겠는가?

우리는 멀리 케이프 트리뷸레이션Cape Tribulation까지 갔다. 그곳은 데인트리 국립공원에 완전히 둘러싸인 해변이었다. 당시 80명의 주민, 배낭여행자 호스텔, 테이크아웃 생선음식점, 어느 집 거실에 문을 연 편의점이 있었다. "나머지는 모두 숲과 해변과 암초뿐이다"라고 내 일기에는 만족스럽게 쓰여 있었다. 내가 울창한 숲속 높은 가지에 거대한 검은 새가 앉은 것을 발견한 것은 그곳 우림 사이로 난 진흙길을 가고 있을 때였다. 부리는 아래로 처지면서 부드러운 곡선을 그렸고 무지갯빛이 어른거리는 초록색 목이 아침 햇살을 받아 빛나면서 비밀스런 자태를 드러내고 있었다. "빅토리아여왕소총극락조." 나는 이렇게 메모한 뒤 우리에게 주어진 짧은 탐험 동안 가능한 한 많은 것을 보고 싶은 열망에 계속 앞으로 나아갔다.

하지만 서두르느라 자연의 가장 멋진 장관을 관찰할 기회를 지나치고 말았다. 그것은 깃털의 성적 매력을 한껏 보여주는 생생한 수업이었다. 새를 제대로 관찰했다면 새가 멋진 초록색 목을 한껏 부풀린 채 날개를 아치 모양으로 휘게 하여 머리 주위로 까만색의 완벽한 원을 만드는 모습을 보았을지도 모른다. 빅토리아여왕소총극락조는 부리를 하늘로 향해 크게 벌린 채 입안의 선명한 황금빛 피부를 드러내고서 날카로운 소리로 크게 노래를 불렀을 것이다. 운이 좋다면 황갈색 암컷이 날아와 앞에 내려 앉아 머리를 까닥거리면서 양 날개를 들어 올린 채 수컷과 함께 가지 위를 왔다 갔다 하면서 몸을 아름답게 흔드는 춤을 추었을지도 모른다. 자연 다큐멘터리 영화에서는 이런 현란한 장면에 탱고 음악을 깔지 않을 수 없었을 테고 아주 완벽하게 어울렸을 것이다. 하지만 빅토리아여왕소총극락조를 만난 경험은 현장 안내서에 나온 사진 옆에 체크 표시 하나 달랑 남기는 것으로 끝났다.

케이프 요크의 다른 낯선 동물상과 마찬가지로 소총극락조들은 호주 오지보다는 열대 뉴기니 섬과 공통점이 더 많다. 소총극락조는 이 섬에서 가장 유명한 조류군인 극락조과에 속한다. 극락조를 만났을 때 나는 도저히 용서되지 않을 만큼 엉성하게 대응했지만 다른 동물연구가들은 정반대의 문제를 겪었다. 1858년 앨프리드 러셀 월리스Alfred Russel Wallace는 극락조에게 온통 사로잡혀 있었다.

1858년 7월 1일 월리스는 뉴기니의 유일한 유럽인 거주자였으며 뉴기니 섬의 바위투성이 북서쪽 해안에 위치한 도레이 마을에서 가로 3.6미터, 세로 6미터인 오두막에 살았다. 딱정벌레를 수집하면서(95종) 보람찬 하루를 보냈지만 비가 잦아들어 정말로 원했던 목표, 즉 '지상에서 가장 아름다운 깃털 동물'을 다시 찾으러 가고 싶었다. 도레이는 극락조를 찾기에 실망스런 장소라는 것이 드러났지만 그래도 1858년 7월 1일은 월리스가 과학에 단 한 번 아주 중요한 기여를 한 날이었다. 월리스는 알지 못했지만 그날 런던에서 열린 린네학회 월례 모임을 위해 모인 세계 유수의 학자들이 월리스의 에세이 발표를 듣고 아울러 자연선택에 의한 진화이론을 세계에 알리는 찰스 다윈의 논문을 함께 읽었다.

여기에는 전설적인 이야기가 들어 있다. 신중한 다윈이 자신의 가설에 대해 20년 동안 심사숙고했다면 월리스의 통찰은 말라리아열에 시달리는 동안 찾아왔고 그는 이틀 만에 에세이를 썼다. 당시 두 사람은 과학 주제에 관한 서신을 자주 주고받았던 터라 월리스가 다윈에게 논평을 해달라면서 에세이를 보낸 것은 자연스러운 일이었다.

몰루카 제도 외딴 벽지의 소도시에서 부친 편지는 마치 벼락처럼 다윈의 시골 농장 집에 가 닿았고 마침내 신중한 학자를 자리에서 벌떡 일어나 행동에 나서게 했다. 동료들의 촉구에 다윈은 신중하게 린네학회에 논문을 먼저 내놓은 뒤 이듬해 『종의 기원』을 출간하여 과학의 지평을 영원히 바꿔 놓았다. 두 동물학자의 우호적인 관계는 계속 이어졌고 이후 월리스는 회고록을 쓰면서 "다윈의 천재성과 연구에 깊은 감탄을 보낸다"고 다윈 앞으로 헌정했다. 하지만 다윈의 명성이 너무 높아진 탓에 월리스는 명성을 얻지 못한 것으로 유명해지는 이상한 위치에 놓였고 그의 사상으로 이름이 알려지기보다는 그런 사상을 내놓았음에도 학자로서 제대로 인정받지 못한 점 때문에 이름이 알려졌다.

하지만 당시 이런 일들은 월리스 곁을 그냥 스쳐갔다. 그는 이후 말레이 제도에서 열과 고립, 굶어죽을 정도로 궁핍한 삶을 견디면서 3년을 더 머물렀고, 수집한 표본이 무려 12만 5,660개로 늘어났으며 이 중에는 과학 계에 처음 소개되는 종도 1,000개 이상이나 되었다. 딱정벌레, 오랑우탄, 나비, 캥거루, 뱀, 박쥐, 갑각류, 날개구리 등이 있었지만 다른 무엇보다도 그의 상상력을 사로잡은 것은 극락조였다. 월리스가 극락조의 '댄스파티'를 묘사해 놓은 대목을 보면 그 이유를 쉽게 알 수 있다.

이 나무들 중 한곳에 열두 마리 또는 스무 마리 남짓의 깃털이 풍성한 수컷이 함께 모여 날개를 높이 올리고 목을 길게 뺀 채 아름다운 깃털을 세워 올려 계속 하늘거리며 흔들었다. (……) 그리하여 갖가지 동작과 자세를 보이면서 깃털을 하늘거리는 새들이 나무 전체를 뒤덮는다. (……) 날개는 등 위쪽에 수직으로 곧추 세우고 머리는 숙인 채 앞으로 쭉 뻗었으며 긴 깃털을 위로 쳐들고 활짝 펼쳐서 두 개의 근사한 황금빛 부채 모양을 만들었다. 부채 밑 부분에는 짙은 빨강색 줄무늬가 나 있고 이 빛이 점차 옅어지다가 희미한 갈색 빛의 점들로 바뀌는데 미세하게 흩어진 점들이 제각기 부드럽게 흔들린다. 이 점들에 가려 새 전체 모습은 보이지 않고, 웅크린 몸, 노란색 머리, 에메랄드빛 녹색 목은 토대 구실만 하면서 그 위로 하늘거리는 황금빛 아름다움이 펼쳐진다.

이 설명으로 월리스는 지난 수세기 동안 자연연구가들에게 당혹감을 안

아루 제도에서 깃털 사냥꾼이 수컷 큰극락조에게 몰래 접근하고 있다(출처. 앨프리드 러셀 월리스의 책 『말레이제도』)

겨주었던 미스터리를 풀기 시작했다. 그가 설명한 '댄스파티'는 현재 생물학자들이 이른바 레크^{lek}라고 일컫는 것으로, 수컷이 무리를 지어 제각기 자세와 동작을 취하면서 짝짓기를 하기 위해 치열한 경쟁을 벌이는 일종의 공동 과시행동이다.

레크라는 말은 '놀다'를 뜻하는 스웨덴어에서 왔지만 성적 과시를 하는 수컷들로서는 전혀 즐거운 놀이가 아니다. 얼마나 멋진 퍼포먼스를 보여주는가는 단지 댄스 무대에서 지위를 보여주는 정도에 그치지 않는다. 그에 따라 누가 번식에 성공하는지, 누가 진화에서 인기 없는 상대로 남을지 결정된다. 레크를 벌이는 종들은 짝짓기 의식에서만 나타나는 특유의 과장 행동이나 특성을 보이기도 한다. 영양, 물고기, 심지어는 작은 흰 나방도 레크를 하는 것으로 알려져 있지만 뭐니 뭐니 해도 가장 멋진 레크는 극락조에게서 볼 수 있다. 극락조가 그토록 다양하고 화려한 깃털을 개발한 이유도 이것으로 설명된다.

월리스가 말한 '근사한 황금빛 부채'는 큰극락조의 것이다. 이 부채에는 수백 개의 겉깃털이 있으며 이 겉깃털은 옆구리에서 길게 뻗어 나와 몸길이의 두 배가 넘는 강렬한 띠 형태를 이룬다. 머리에서 꼬리까지 새 전체가 누구도 따라할 수 없을 만큼 화려한 색상 구도를 보인다. 안내 책자 설명에만도 "따뜻한 적갈색" "월넛 브라운" "고동색" "오렌지빛 노랑" "포도빛 핑크" 등 최소한 14가지 깃털 색깔이 나와 있다. 게다가 큰극락조는 시작에 불과하다.

분류학자가 인정하는 바에 따르면 42종의 극락조가 있으며 각 종마다 공들인 과시행동에 구애 예복을 갖춰 입고 독특한 모양을 연출한다. 깃털을 들어 올리면 끝단이 에메랄드색으로 치장된 까만색 깃털 치마가 되고 이 깃털 치마를 흔들며 훌라춤을 추는 극락조도 있다. 그런가 하면 가지에 거꾸로 매달리거나, 머리 위에 길게 난 실가지 끝에 무지갯빛이 어른거리는 녹색의 동전 모양 깃털이 달려 있어서 이 동전으로 저글링을 하는 극락조도 있다. 목 주위에 터키색과 자주색의 러프가 가느다란 나비넥타이 모양으로 옆으로 길게 늘어나 있거나 사자 갈기처럼 부풀어 있는 경우도 있다.

기드림풍조는 머리 뒤쪽에 50센티미터나 되는 긴 깃털이 솟아 있고 여기에 50개나 되는 하늘색 깃발이 장식되어 있는데, 미래 짝이 앞에 나타나면 이 깃발 장식이 유혹적으로 흔들리거나 통통 튄다. 열두줄극락조에게는 털 없이 앙상하게 깃축만 곡선 모양으로 휜 꼬리 깃축이 있는데 하도 기이하게 생겨서 이 극락조 표본을 처음 유럽에 가져왔을 때 사람들은 모두 모조품이라며 묵살했다. 극락조에 관한 책 페이지를 넘기다보면 놀랄 일이 한두 가지가 아니며 더 이상 과대 표현할 방법이 없을 것처럼 느껴진다. 월리스가 살던 시대 이후로 계속 이 극락조들은 다윈이 '성 선택'이라고 별명을 붙인 진화과정의 극단적인 양상을 몸으로 표현해왔다.

1871년에 출간된 『인간의 유래』로 다윈은 두 번째로 진화론에 커다란 기여를 하게 되었다. 애초 다윈은 이 책을 인간의 기원에 관한 논문으로 쓸 계획이었지만, 번식 행위가 강력한 진화 동력이라는 견해를 피력하는

극락조의 다양한 모습을
볼 수 있는 영상

수컷 극락조의 공들인 번식깃과 과시행동. 맨 위 왼쪽에서 시계방향으로, 파란극락조, 파로티아풍조, 어깨걸이풍조, 멋쟁이극락조

데 결국 절반 이상을 할애하게 되었다. 다윈은 책을 쓰는 과정에서 두 번째 주제의 중요성이 생각지도 않게 점점 커지자 무척 놀란 것 같았다. "결과적으로 현재 작업에서 성 선택을 다루는 후반부가 첫 부분에 비해 과도할 만큼 길어지게 되었다. 하지만 이는 불가피한 일이었다."

다윈이 인간의 진화를 다룬 부분은 다윈 특유의 철저함을 보이며 헉슬리와 독일의 저명한 생물학자 에른스트 헤켈Ernst Häckel의 고전적 저서에 버금가는 위치를 차지하지만 그럼에도 이 저서에서 가장 새롭고 오래 지속된 견해는 성 선택이었다.

다윈은 짝짓기 경쟁이 별개의 진화과정을 형성하여 암컷과 수컷의 몸 크기와 치장에 극적인 차이(생물학자들은 이른바 '성적 이형'이라고 일컫는 차이)를 가져왔다고 주장했다. 다윈의 자연선택 법칙이 생존 경쟁을 지배한다면 성 선택은 '이성을 차지하기 위한' 투쟁에 적용되었다. 이와 같이 성 선택은 적응과 적합성이라는 엄격한 경계선 바깥에서 작용했고, 뚜렷한 다른 목적이 없는데도 이상하고 과장된 양상을 띠는 특징이 왜 생기는지 그 이유를 설명해준다. 다윈이 든 주된 사례가 바로 새 깃털의 특이한 특징들이었다. 다윈은 월리스와 주고받은 서신을 통해 알게 된 다양한 극락조뿐만 아니라 공작과 꿩에서 벌새와 코뿔새에 이르기까지 많은 새와 그 새들의 깃털에 대해 이 책의 네 장이나 되는 분량을 할애하여 서술했다.

이후 수많은 실험과 현장 연구가 이루어진 결과 이제 진화생물학자들은 성 선택에 두 가지 기본 형태가 있다고 구분한다. 지배력을 얻기 위한 직접적인 경쟁(보통은 수컷들 사이에서 벌어진다)은 몸 크기를 키우고 무기같이 생긴 부속지를 갖추는 진화로 이어진다. 수컷 코끼리의 커다란 상아, 뿔이 솟은 머리로 서로 맹공격하는 숫양, 실버백 고릴라의 넓은 가슴과 날카로운 송곳니를 생각해보라. 성내 선택이라고 일컬어지는 이 성 선택은 포유류에 전형적으로 보이는 것으로, 세련되지 못한 폭력적인 방식이다. 수컷들은 짝짓기 권한을 확보하기 위한 '승자독식'의 경쟁에서 마침내 한 명의 승리자가 나타날 때까지 일정한 방식으로 서로 치고 박고 싸운다. 보다 미묘한 뉘앙스의 이야기를 원하는 경우 새 애호가와 깃털광들은 엄격하게 몸치장, 즉 장식적인 진화로 이어지는 형태의 이야기에 눈을 돌리면 만족을 얻을 것이다.

새들이 행하는 것은 이른바 성간 선택이라고 일컬어진다. 이는 자연의 기본 원리를 바탕으로 한다. 다시 말해 암컷이 선택권을 갖는다. 이 이치는 아이스크림 맛, 가구, 아기 방 색깔에도 적용되며, 실제로 짝짓기 선택을 둘러싼 결정에서 진화적 중요성을 지닌다.

암컷이 상황 주도권을 쥘 경우 수컷 새는 무리에서 돋보여야 하는 진화상의 긴급과제가 생긴다. 노래를 부르거나 멋진 비행 능력 또는 구애 춤을 과시함으로써 스스로를 돋보이게 하는 새도 있지만 새의 성 선택이 가져온 가장 극적인 결과는 화려한 색깔의 깃털이다. 이처럼 화려한 색깔이 없었다면 깃털은 결코 그렇게 다양한 형태를 띠지 않았을 것이고 논란의 여지는 있지만 새 역시 그랬을 것이다. 또한 이 책을 쓰는 일도 결코 없었을 것이고 여러 연령층의 새 관찰자들이 번식기에 화려하게 치장한 수컷의 아름다운 모습에 그토록 열광하는 일도 없었을 것이다.

깃털의 이형성이 어디에 나타나든 그 근원에는 성 선택이 작용한다. 하지만 자연선택 역시 일정한 역할을 한다는 것을 잊지 말아야 한다. 암컷의 '칙칙한' 생김새는 그 나름대로 번식 성공을 위해 세심하게 조절한 전략이다. 좋은 짝을 찾는 일이 제한 요인이 되는 경우는 별로 없다. 수컷들이 성적 과시를 하거나, 노래를 부르거나, 영역을 지키거나, 아니면 뽐내고 다니는 곳이라면 어디든 번식 기회는 널려 있기 때문이다. 암컷이 자신의 유전자를 전하려면 둥지에서 알을 품는 동안 몸을 숨겨야 하고 새끼 새를 먹이기 위해 먹잇감을 찾으러 다닐 때 눈에 띄지 말아야 한다. 이러한 정황을 놓고 볼 때 자연선택은 위장을 쉽게 하는 쪽을 선호한다. 오리에서 핀치, 솔새에 이르는 일정 종류의 암컷들을 보면 몸을 숨기기에 알맞은 갈색이나 줄무늬가 있는 황갈색을 띠는 일이 흔하다.

성 선택에는 미묘한 문제들이 많다. 하지만 성 선택이 실제로 어떻게 작용해서 야한 특성을 선호하는 방향으로 나아가는지 두 주요 학파에서 설명을 내놓고 있다. '좋은 유전자' 이론에서는 보다 멋진 장식이 건강과 활력을 나타낸다고 본다. 공들인 깃털을 만들어내고 유지하는(또한 분명하게 매력적인 모습으로 꾸미면서도 포식자를 피하는) 힘든 대가를 치를 정도의 수컷이라면 분명 더 강한 힘을 타고났을 것이다. 암컷은 건강한 자손의 아버지가 될 최고의 선택으로 이런 수컷을 선택하며 세월이 갈수록 깃털은 점차 화려해진다.

다른 한편 '임의적 선택' 이론을 주장하는 측에서는 장식이 본질적으로 임의적 특성을 띠며 근본적인 선호 형질과 관련성을 갖지 않는다고 주장한다. '섹시한 아들' 또는 '패션 아이콘' 가설이라고도 알려져 있는 이 모델에서는 암컷이 선호하는 특이한 특성 방향으로 심하게 과장된다고 본다. 즉 아름다움을 위한 아름다움이라는 것이다.

좋은 유전자 개념은 다양한 중요 연구에서 근거를 끌어온다. 예를 들어 암컷 제비는 언제나 꼬리 길이가 가장 긴 수컷을 선택하는데 이런 수컷은 경쟁자들에 비해 기생충 양이 현저하게 적다. 제비의 경우는 긴 꼬리가 정확히 건강을 알려준다. 암컷 쌀먹이새에게 가장 섹시한 수컷은 얼룩무늬 날개와 밝은 황갈색 목덜미를 빛내면서 가장 멀리 날아가는 과시 비행을 선보이는 수컷이다. 꼭 일치하지는 않지만 이런 수컷은 지방 저장량이 높고 그 자손은 부화한 뒤 날기에 성공하는 비율이 높다.

사실 이 두 이론은 서로 겹치기도 하는데, 건강을 '정직하게 알리는 광고'가 매우 확대된 형태로 '섹시한 아들' 시나리오에서 나타난다고 볼 수 있다. 하지만 고전적인 임의적 선택이론을 설명할 때 교과서에서는 늘 극락조를 거론한다. 한때는 이 세상의 새가 아니라고 여겼을 만큼 깃털에 아주 많은 공을 들이는 새 집단이기 때문이다.

드디어 영국으로 돌아오는 월리스는 작은극락조 수컷 두 마리를 가방에 넣어 바나나와 쌀, 곤충을 먹이면서 영국으로 데려왔다. 증기선이 새로운 항구에 들를 때마다 월리스는 해변으로 뛰어가 새에게 먹일 먹이를 구했고 훗날 몰타 섬에 내렸던 일에 대해 무척 만족스러워 하며 이렇게 썼다. "빵 굽는 가게에서 바퀴벌레를 잔뜩 얻었다. (……) 귀국 길에 먹이로 주기 위해 바퀴벌레를 비스킷 깡통 서너 개에 가득 채워 왔다."

이 새는 살았고 런던동물원에 높은 가격으로 팔렸으며 동물원 측은 월리스에게 평생 무료입장권을 주었다. 자연사에 무척 매료되어 있던 시대에 이 새는 최초로 대중 앞에 전시된 살아 있는 극락조였다. 많은 군중이 몰려들었고 이 수수께끼 같은 새의 기원을 둘러싸고 남아 있던 많은 신화들을 마침내 잠재웠다.

지난 수세기 동안 유럽인들은 극동지방에서 돌아오는 탐험가나 여행가들이 가끔 들고 오는 극락조 가죽에 경탄하곤 했다. 풍성한 적갈색 깃털과 황금빛 깃털도 놀랍지만 그에 못지않게 이 새의 날개나 다리가 없는 것처럼 보인다는 것도 놀라웠다. 말레이제도 무역상에게서 표본을 사들이기는 했지만 정작 이들 무역상도 살아 있는 새를 본 적은 없었기 때문에 이 표본에는 끊임없이 전설이 따라다녔다. 말레이제도 사람들은 이 새를 신의 새, 천국의 새라고 불렀으며, 천국의 아래 영역에 살면서 날갯짓을 할 필요도 없고 땅에 내려올 필요도 없이 높은 창공을 그냥 떠다니는 신성한 동물이라고 했다. 아무도 이 새를 사냥하지 않으며 새가 죽은 뒤 땅에 떨어졌을 때에만 새를 보았다고 한다.

실제로 극락조를 사냥해서 잡은 뉴기니 부족민들은 그야말로 시장을 잘 알고 있었고 가장 가치 있는 깃털로 팔기 위해 쓸모없는 날개와 다리를 버렸다. 무역 품목으로 귀하게 여겨졌던 천국의 깃털은 지역 경제에서 사치품 틈새시장을 형성했고 저 멀리 태국과 네팔에 있는 왕, 귀족, 추장의 예복에서도 이 깃털을 볼 수 있었다. 하지만 천국 이야기는 여전히 돌아다녔고 당시 자연연구가들이 이 이야기를 진지하게 받아들이면서 이 신화적 새의 생태학을 설명하기 위해 보다 기이한 행동들을 제시했다. 이 새는 하늘에서 무엇을 먹나? 이슬과 암브로시아. 잠은 어떻게 자나? 긴 꽁지깃을 나뭇가지에 묶고 잔다. 어디에 둥지를 트는가? 수컷 등에 둥지를 트는데 암컷이 알을 낳은 뒤 깃털 사이 움푹 들어간 안락한 공간에서 알을 품는다.

월리스는 세밀한 관찰을 바탕으로 이런 우화들에 맞섰다. 다윈은 이론을 내놓았고 여러 세대에 걸친 현장생물학자들(이 중에는 에른스트 마이어와 제레드 다이아몬드Jared Diamond 등과 같은 전문가도 있었다)이 세부적인 내용을 채웠다. 하지만 지금도 깃털 장식이 기막힌 이 새에게는 신비의 후광이 드리워져 있다. 이름이 유명한데도 아직 알려지지 않은 것이 많으며 뉴기니의 바위투성이 산악 내륙지방에서 모습을 잘 드러내지 않고 있다. 월리

파푸아 뉴기니의 오베나족 남자들이 1991년 12월 '싱싱' 행사를 갖고 있다. 기드림풍조와 어깨걸이 풍조를 비롯하여 최소한 6종의 깃털을 몸에 달고 있다

스가 8년에 걸친 탐험 활동을 하는 동안 야생에서 다섯 종밖에 보지 못했으며 42종 모두 다 본 사람은 아직 한 명도 없다.

극락조 깃털은 지금도 뉴기니의 소중한 무역 품목이 되고 있으며 이 섬 부족민들은 부락 의식 모임 때면 이 깃털로 몸을 장식한다. '싱싱sing-sings'이라고 일컬어지는 이 행사에서는 젊은 남자가 미래 아내에게 자신의 지위를 과시하도록 장소를 마련해 주는데 새들이 레크에 모이는 행동을 의식적으로 모방한 것이라 할 수 있다. 그러면 여자와 그 가족은 남자가 모을 수 있는 귀중한 깃털의 품질과 수를 기준으로 적절하게 경쟁자들을 평가한다. 행사에 달고 나갈 깃털이 자기 것이든, 아니면 빌리거나 임대한 것이든 천국의 새 깃털은 남성의 위상을 보여주는 본질적인 상징을 나타낸다.

인류의 오랜 역사에 걸쳐 사람들은 새 깃털을 장식물로 삼아 왔으며, 이는 다음 장에서 살펴볼 주제이기도 하다. 하지만 극락조는 장식용 깃털에서 최고품을 대표하며, 이 대목에서 언급하고 지나가야 할 인간의 유사성이 있다. 뉴기니가 울창한 정글 속에 이 극락조를 숨겨두고 있다면, 인간 '새'들이 전혀 다른 방식으로, 그러면서도 섬뜩할 만큼 유사한 방식으로 과시하는 또 다른 천국이 존재한다.

· · ·

네바다 파라다이스는 시에라네바다에서 서쪽으로 스프링피크까지 이어지는, 바닥이 평평한 넓은 계곡 한복판에 있다. 미국 인구조사국에서는 이곳을 '인구조사 지정구역'이라고 부르는데 이 용어는 도시의 실제 경계에 포함되지 않는 지역 중에서 주민이 사는 구역을 가리키는 포괄적인 용어다. 전 세계에서 몰려드는 도박꾼과 관광객은 파라다이스를 다른 이름으로 부른다. 그들은 이곳을 라스베이거스 스트립으로 알고 있다.

내가 탄 비행기는 험준한 바위투성이 언덕과 말라버린 강바닥 위로 비스듬히 낮게 날았다. 이곳은 태양과 흙먼지가 가득한 지역으로, 구름 그림자가 기다랗게 지나갔다. 황량한 아름다움이 느껴졌다. 풀 한 포기 없는 바위와 모래가 펼쳐지고, 크레오소트관목, 메스키트, 세이지라고 알려진 식물들이 모래에 반점처럼 군데군데 박혀 있었다. 이 부근에 풍경이 비슷한 곳에서 토종벌을 연구하느라 몇 주 동안 아주 흥겨운 나날을 보낸 적이 있었다. 하지만 이번 여행은 다를 것이다. 가방에는 텐트도, 슬리핑백도, 곤충망도, 해부 현미경도, 심지어는 확대경도 들어 있지 않았다. 대신 집을 떠나기 전 남 앞에 입고 나설 만한 바지 한 벌을 깨끗하게 빨아 입었고 장롱을 뒤져 단추가 있는 셔츠를 찾았다.

비행기가 내려가자 라스베이거스가 갑자기 눈앞에 나타났다. 사막 위로 뻗어 나간 아스팔트와 장식 벽토가 현실에 있을 법 하지 않은 격자판 무늬로 펼쳐져 있고, 쇼핑몰과 반짝거리는 골프 코스, 파란색의 작은 보석처럼 빛나는 수많은 뒷마당 풀장들이 격자판을 아름답게 장식하고 있었다. 무엇보다도 스트립 전체가 마치 호텔리어들의 환상처럼 하늘 높이 솟아 있었다. 모조 스핑크스와 에펠탑도 보였다. 황제의 궁전들, 화산, 해적선, 베네치아 운하, 피라미드도 있었다. 전체적으로 현장생물학자에게는 현실에 없는 서식지처럼 보였다.

극락조가 내 멋대로식 선택을 구현한다면 라스베이거스 스트립은 내 멋대로식 레저, 내 멋대로식 엔터테인먼트다. 공항에서부터 시작되는데, 그곳에서 한 호객꾼이 셔틀버스에 올라타더니 관광지와 매 쇼 할인 티켓, 식당 흥정, 공동 사용 콘도미니엄에 대해 알려주었다. 우리는 미라지라는 이름의 호텔 앞을 지나갔다. 이 지역 전체 모습에 딱 어울리는 이름 같았다.(미라지Mirage는 신기루라는 뜻이다_옮긴이). 라스베이거스를 찾는 대부분의 손님이 실제로 라스베이거스에는 발도 디디지 않는다는 사실이 환상의 절묘한 일부를 이루는 것 같았다. 밴이 차량 사이를 헤집고 천천히 나아가는 동안 나는 스테이크하우스 쿠폰 두 장과 캐롯탑 쇼 티켓 한 장을 거절했다. 이곳에 올 때 마음속에는 한 가지 목표만 있었다.

몇 시간 뒤 나는 발리 호텔과 카지노의 붐비는 극장 안에 자리 잡고 있었다. 좌석 한편에는 영국 시골에서 휴가차 온 모녀가, 다른 한편에는 일본인 단체 관광객이 앉아 있었다. 나와 마찬가지로 그들 역시 모두 이곳을 처음 찾은 사람들이었다. 사람들이 소곤거리며 나누는 대화가 모두 한 가지 주제와 관련 있었다. 호텔 이야기, 그리고 호텔이 정말 어마어마하게 크다는 이야기였다. 갑자기 실내 불이 어두워졌다. 쉿 하고 숨죽이는 소리에 기대감이 잔뜩 묻어 있었다. 그러더니 한순간에 쇼걸들이 무대를 가득 메웠다.

〈엑스트라버겐저Extravaganza〉가 공들여 호화롭게 꾸민 오락물이라면 〈스펙터큘러spectacular〉는 놀라운 효과를 이용한 대규모 공연이라 할 수 있다. 하지만 우리 위로 퍼붓듯 쏟아지는 엄청난 빛과 음악을 이런 말로 다 담을 수는 없다. 75명이 넘는 무희들이 무대를 가득 메운 채 반짝이 스팽글로 장식된 계단을 오르고, 단 위에서 빙글빙글 돌고, 거울이 달린 연단 주위를 활보하며 걷는다. 무희들의 의상에서는 인조 다이아몬드가 반짝반짝 빛나고 어떤 무희는 상체를 완전히 드러내기도 했다. 하지만 이 모든 것도 깃털로 향하는 우리의 시선을 빼앗지는 못했다. 셀 수 없이 많은 흰색과 노란색 깃털이 커다란 꼬리 부채처럼 펼쳐져 있고 무희의 머리 위로 1.5미터나 되는 깃털 머리장식이 높이 솟아 있는가 하면 무희들이 한 발짝 옮길 때마다 등 뒤에 늘어진 목도리와 옷자락이 황금물결처럼 출렁거렸다.

한참이 지나서야 내가 말 그대로 입을 쩍 벌린 채 다물지 못하고 있다는 걸 깨달았다. 얼른 입을 닫았다. 오프닝에 등장한 엄청난 사람 수(제목도 걸맞게 '수백 명의 여자'라고 붙였다)만 아니었다면 내가 황급히 입을 다무는 소리가 들렸을지도 모른다. 하지만 놀라움이 단순히 어마어마하게 큰 쇼 규모 때문은 아니었다. 화려한 조망이 비치고 음악 소리가 쾅쾅 울려 퍼질 것이라고 예상했었다. 쇼걸이 나올 것이고, 이들이 깃털로 장식했을 것이라는 것도 알고 있었다. 하지만 내가 그토록 멍할 만큼 놀란 것은 무희들이 마치 레크에서 과시행동을 하는 새들과 너무도 닮았기 때문이었다.

라스베이거스 호텔들이 유명한 도시와 지형지물을 그대로 복제해놓은 것처럼 쇼걸들도 거대한 모방 쇼를 보여주고 있었다. 황금빛 깃털로 치장한 채 '각양각색의 자세와 동작'을 취하면서 몸을 움직이고 흔드는 무희들의 모습은 열대우림 나무 꼭대기에서 춤을 추던 월리스의 극락조들과 똑같았다.

〈주빌리!^{Jubilee!}〉(느낌표까지 꼭 붙여서)라고 알려진 이 대규모 행렬은 1981년 처음 선보인 이래 슈퍼볼 선데이를 제외하고는 쉬지 않고 공연되었다. 라스베이거스에서 역사상 가장 오래된 쇼로, 깃털에 관심을 가진 사람에게는 인간의 깃털 장식이 어디까지 갈 수 있는지, 인간이 관능미를 과시하기 위해 어떻게 새 깃털을 이용했는지 보여주는 집중 특강과도 같다. 파리의 유명한 〈물랭루즈〉와 마찬가지로 〈주빌리!〉도 오랜 전통을 지닌 깃털 패션과 그에 수반되는 복잡한 공예 기술의 절정과 지속성을 상징적으로 보여준다.

"우아하고, 부드럽고 ……." 그는 적당한 말을 찾는 듯 잠시 말을 끊었다. "깃털 속에 함축된 그 무엇 때문이죠." 이튿날 아침 나는 〈주빌리!〉 의상공방 수석을 찾아가 거의 모든 의상에 깃털을 사용하는 이유가 무엇인지 물었다. 이 쇼의 12년 베테랑인 마리오스 이그나디우는 부드러운 영국 말씨로 말했다. 패션계 사람들이라면 그러지 않을까 예상했던 멋스러운 우아함이 몸에 배어 있었다. 그는 각 부분들을 어떻게 조립하는지, 깃털을 구부려 자유자재로 모양을 만들 수 있도록 어떻게 깃축을 딱딱한 철사로 교체하는지, 깃털을 어떻게 다듬고 솔질하고 부풀리고 여러 개를 함께 꿰매는지 찬찬히 참을성 있게 보여주었다. 머리장식 하나를 만드는 데만도 깃털 2천 개가 필요하며 무게가 9킬로그램이 넘는다. "모두 수작업으로 합니다." 그

라스베이거스 쇼걸의 공들인 깃털 장식에는 패션에서 오랫동안 이어져온 깃털의 긴 역사가 담겨 있다

가 말했다. "모든 의상을 전부 손으로 만들어요."

무대 뒤에서 내가 이야기를 나눠본 사람들은 쇼에 사용된 1000벌의 의상 가운데 저마다 선호하는 의상이 있는 것 같았고 깃털공예에 대해 이야기할 때면 거의 황홀경에 가까운 애정을 보였다. 내 공책에는 마리오스와 무희, 의상 기술자들이 깃털을 만지던 손길에 대해 기록해 놓았다. 세심한 주의를 기울이는 감탄의 손길로 깃털을 쓰다듬었으며 흡사 악기 제작자가 좋은 나무를 다루는 손길과도 같았다.

타조, 레아, 꿩, 야생 칠면조, 닭, 거위털이 담긴 상자들이 의상공방 한쪽 벽에 한 줄로 나란히 놓여 있었다. 의상을 수시로 수선하여 늘 새 것처럼 관리하기 위해 갖가지 크기와 색상의 깃털을 바로 쓸 수 있게 정리해 놓았다. 쇼가 맨 처음 시작되던 시절부터 내려오는 의상도 많았다. 이를 교체하려면 엄청난 비용이 들 것이며 가장 큰 의상 한 벌 가격이 수만 달러 정도 된다.

"제대로 만들 수 없으면 깃털을 아예 사용하지 않는 게 낫습니다." 패션 디자이너 피터 메니피가 내게 말했다. 그와 밥 맥키 둘이서 쇼 의상 모두를 디자인했다. 이들의 원안 드로잉이 모든 수선과 변경의 지침서가 되며 고리 3개짜리 커다란 바인더에 정리되어 공방에 비치되어 있었다. 다들 이 바인더를 '성경'으로 여긴다. "깃털은 오래갈 수 있지만 유지 관리가 매우 중요합니다." 그가 말을 이었다. "제가 일전에 본 어떤 쇼에서는 무희가 초록색 깃털을 달고 나왔는데 꼭 시금치가 떨어진 것처럼 보였어요."

가장 큰 의상에는 모두 별명이 붙어 있다. 빨간색과 오렌지색 깃털로 된 분수모양 장식은 '베수비오 산'으로 통하고 같은 모양의 초록색은 '아스파라거스 모자'로 불린다. '모호크족'(북미 원주민의 한 부족으로, 뉴욕 주와 캐나다에 많이 거주한다_옮긴이), '볏', '스머프'라는 별명도 있었다. 깃털이 풍성하게 달린 머리장식, 배낭, '엉덩이 용품'을 모두 걸쳤을 때 무희의 의상 무게는 15킬로그램이 넘는다. 이런 상태로 공연을 하는 것은 말할 것도 없고 무대 위에서 균형 잡고 서 있는 것도 대단한 일이다. 무희 중 한 명이 고충을 토로했다. "웬만큼 날렵하게 움직이지 않으면 아무도 눈길을 주지 않습니다. 그렇다고 너무 날렵하게 움직이려고 하면 의상 소품이 떨어져버려요!"

어려움은 수컷 극락조나 그 밖에 동종이형 종에게도 마찬가지다. 깃털에 에너지를 별로 들이지 않으면 아무도 쳐다보지 않는다. 그렇다고 너무 많은 에너지를 들이면 더 나쁜 운명을 감수해야 한다. 화려한 모습 때문에 너무 위험해지거나 힘이 없어서 경쟁을 벌이지 못하고, 먹잇감을 찾지 못하며 포식자를 피하지 못한다. 그러므로 절묘한 균형을 이루어야 한다. 다시 말해 공들인 깃털을 지녀야 하는 일정한 진화압壓을 유지하면서 깃털 품질이나 춤추는 능력 면에서 약간만 우위를 보여 미래 짝의 눈에 들어야 하는 것이다.

이 대목부터 비유가 흔들린다. 쇼걸은 〈주빌리!〉 코러스라인 말고도 여러 상황에서 자신의 여성적 수단을 동원할 수 있기 때문이다. 또한 무희들의 의상과 춤이 특정 새를 의식적으로 모방한 것도 아니다. "그러면 너무 이상하게 보일 겁니다." 피터 메니피가 딱 잘라 말했다. "정말 상투적인 것이 되죠." 하지만 무희들은 뉴기니 싱싱의 의식에서부터 깃털을 이용한 19세기 패션의 절묘한 강조, 그리고 깃털로 장식한 캉캉 춤과 카바레 쇼에 이르기까지 깃털을 이용한 구애와 유혹의 긴 문화적 전통을 이어받고 있다. 아울러 메니피는 무대에서 각자의 개성을 뽐내고 싶은 무희에게 한 가지 충고를 했다. "머리에 15킬로그램이나 되는 깃털 장식을 얹고서 빨간 립스틱을 바르지 않는다면 차라리 얼굴이 없는 편이 더 나을 겁니다."

〈주빌리!〉란 그저 사치일 뿐이라고, 다시 말해 라스베이거스의 차고 넘치는 과잉을 깃털로 표현한 것일 뿐이라고 간단히 일축해버릴 수도 있다. 관광 마케터들은 이를 '대표적인' 라스베이거스 쇼 중 최고라고 홍보하는데, 오래전 관광객들이 플라밍고를 비롯한 초기 카지노에서 할리우드 유명 인사들과 사귀던 지나간 시대를 다시 불러오는 것이다. 하지만 역사적 인연은 벅시 시걸Bugsy Siegel(라스베이거스를 발전시키는 데 일정한 기여를 한 것으로 알려진 갱단 두목이며, 플라밍고 호텔 카지노를 세웠다_옮긴이)보다 훨씬 위까지 거슬러 올라간다.

공들여 쇼를 번성시키긴 했지만 그럼에도 이 쇼가 반영하는 시대에 깃털은 패션을 구현했다는 패션 선언 이상의 의미를 지녔다. 여성들의 모자를 앞 다투어 장식하고자 하는 경쟁은 한때 세계 무역을 낳아 이를 통해 사람들은 엄청난 부를 얻거나 잃었으며, 새의 종이 멸종 위기에 처했고, 존 르 카레John Le Carré(영국 소설가로 첩보 소설을 주로 썼으며 대표작으로는 『추운 나라에서 돌아온 스파이』가 있다_옮긴이)와 제럴드 더렐Gerald Durrell(자연연구가이자 동물원 관리인이며 동물보호론자_옮긴이)을 합쳐 놓은 것 같은 국제적인 음모가 펼쳐졌다.

제 11 장
그녀의 모자에 꽂힌 깃털 하나

깃털은 언제나 매력적이기 때문에 모든 계절에 어울린다.
또한 동물 섬유이며 모든 날씨에 견디도록
자연적으로 설계된 것이기 때문에 대개는 내구성이 좋다.
— 샬럿 랜킨 에이켄, 『여성 모자백화점』(1918년)

자기 아기를 조심스럽고 다정하게 다루는 여자의
부드럽고 가는 손가락이 날지 못하는 야생 새의 날개와
깃털과 가슴을 낚아챌 때에는 갑옷으로 무장한
주먹만큼 단단하고 잔인하다.
— 윌리엄 T. 호너데이, 《뉴욕타임스》(1912년)

할리우드 영화 중 가장 유명한 장면으로는 젊은 모험가 잭 도슨이 긴 의자에 비스듬히 누운 연인 로즈의 스케치 그림을 그리는 장면이 있다. 그녀는 체인 줄에 커다란 파란 다이아몬드가 달린 목걸이 하나만 한 채 아무것도 걸치지 않았다. 두 사람이 있는 곳은 타이타닉 호 특등실이었으며 배가 침몰하기 불과 몇 시간 전이었다. '대양의 심장'이라는 이름을 지닌 허구의 이 값비싼 보물의 운명과 두 사람의 사랑 이야기가 얽힌 영화는 대성공을 거두었다.

실제로 타이타닉 호에 있던 비운의 짐 선반에는 보석이나 금, 그 밖의 귀중품이 없었다. 화물 목록이 지금까지 남아 있는데, 품목을 보면 일상적인 것(감자 1963자루)에서 특이한 것(지팡이 28자루), 희한한 것(수지의 일종인 기린혈 76상자)까지 다양했다. 그밖에도 정어리, 버섯, 레이스 칼라, 치약 한 상자, 난초, 엄청난 양의 껍질 깐 호두 등이 있었다. 하지만 선적된 물품 가운데 오늘날의 가치로 환산해서 230만 달러의 보험에 가입되어 있는 가장 비싼 귀중품은 깃털이었다. 타이타닉 호는 뉴욕의 여자 모자 제조상에게 배달될 최상급 깃털을 40상자 이상 싣고 있었는데, 1912년 봄 깃털은 세계에서 가장 비싼 고가 상품의 하나였다. 무게당 가치를 놓고 볼 때 이보다 비싼 것은 다이아몬드밖에 없었다.

세계 깃털 무역은 제1차 세계대전이 일어나기 전 해에 절정에 이르러 오늘날로서는 상상하기 힘들 정도의 규모를 기록했다. 런던에 있는 깃털 상인과 가공업자들만 놓고 보아도 그 밑에 고용된 상근 노동자가 2만 2천 명이 넘었고 파리, 뉴욕, 그 밖에 당시의 패션 도시에서 주요 중심지가 성황을 이루었다. 부채, 먼지떨이, 목도리, 꽃꽂이, 그리고 망토와 숄 끝단 장식에 깃털을 사용했지만 깃털 산업 전체를 이끌다시피 한 열광적인 유행 패션이 있었으니, 바로 모자였다.

여자들은 깃털 모자를 선호했을 뿐만 아니라 없어서는 안 되는 품목으로 여겼다. 모자를 쓰지 않은 채 집 밖을 나가는 일은 생각조차 할 수 없었고 꽤 괜찮은 옷장에는 각 계절과 분위기에 어울릴 만한 다양한 깃털 모자와 깃털 보닛이 들어 있었다. 값비싼 깃털 모자는 최신 유행에 맞게 계속 변형해서 사용했고 여러 세대에 걸쳐 어머니가 딸에게로 물려주면서 집안의 가보가 되었다. 요컨대 깃털은 거의 반세기 동안 최신 패션을 대표하는 위치에 있었고 그 끝이 어디일지 아무도 상상하지 못했다.

깃털 시장에서 '팬시 깃털'이라고 알려진 야생 종 깃털이 매년 봄과 여름에 유행하지만 그래도 일 년 내내 유행하는 깃털이 있다. 바로 타조 깃털이다. 또한 다른 깃털과 달리 타조 깃털 사업은 한 국가에서 시장을 지배

깃털이 한창 유행하던 시절 깃털 모자와 액세서리는 《맥컬스》를 비롯한 다른 인기 패션잡지 표지에 자주 등장했다

하고 있다. 남아프리카공화국 타조 농장에서는 한때 백만 마리가 넘는 타조를 사육하면서 일 년에 두 번씩이나 깃털을 거둬들이곤 했다. 타조 깃털은 남아프리카 공화국의 수출량에서 금과 다이아몬드 다음으로 세 번째 자리를 놓고 양털과 경쟁을 벌인다. 깃털 산업으로 큰 부를 벌어들였고 오늘날까지도 호화로운 '깃털 대저택'이 사치의 상징으로 남아 있다. 이런 저

택의 주인들은 미국 초창기 석유 거물이나 아마존의 고무왕, 식민지 인도의 사치스러운 마하라자처럼 명성이 자자했다.

타조 농장주들의 정치적 영향력도 대단해서 1911년에는 남아프리카공화국이 타조 시장에서 우위를 확실히 유지하기 위한 비밀 임무에 정부가 지원하도록 설득하기도 했다. 세계적인 깃털 호황기에 엄청난 돈과 권력이 걸려 있었다는 것을 여실히 보여주는 것이 바로 대대적으로 치러진 사하라횡단 타조원정대일 것이다.

비운의 타이타닉 호가 저 악명 높은 빙산과 충돌하던 바로 그때 러셀 윌리엄 손턴Russel William Thornton은 나이지리아 북부지역 준게루에 위치한 작은 선교 병원에서 사경을 헤매고 있었다. 극심한 일사병으로 건강이 악화된 손턴은 부근 야영지에서 의사의 명령으로 이곳으로 후송되었고, 원정대의 운명은 부하 동료 두 명에게 맡겨졌다. 그로부터 몇 주 뒤 찍은 단체 사진에서 손턴은 심한 병을 앓고 난 뒤라 여전히 창백하고 수척해진 모습이었고 남은 삶 동안 모자를 쓰지 않고 외출하는 일은 절대 없었다. 그의 일기 항목을 보면 매우 조심스런 어조로 "불쾌한 신경상태" "아픔" "몸이 좋지 않음"이라고 기록되어 있다.

손턴은 역사상 도무지 있을 것 같지 않은 별난 모험의 성공적인 결말을 일사병 발병으로 하마터면 보지 못할 뻔했다. 10개월 전 남아프리카공화국 정부는 거의 신화에 가까운 '바르바리타조'를 찾으러 떠나는 원정대 대장 자리에 손턴을 임명했다. 타조 사육에 조예가 깊을 뿐만 아니라 보어전쟁에서 탁월한 공로를 세운 데 깊은 인상을 받은 정부는 병참 계획상으로 허용되는 한 많은 타조를 찾아 살아 있는 상태로 가져오라고 임무를 맡겼다. 막강한 영향력을 지닌 입법자와 깃털 거물 집단의 눈에는 이 임무가 다름 아니라 남아프리카공화국 타조 산업을 구제하기 위한 것으로 여겨졌다.

주로 명성과 소문으로만 들어 알고 있는 바르바리타조는 매우 풍성한 '이중 솜털' 깃털을 가진 것으로 알려져 있다. 털이 촘촘해서 아주 아름다울 뿐만 아니라 윤기가 흐르는 이 깃털은 이제껏 알려진 어떤 종류보다 단위 센티미터당 깃가지가 훨씬 많다고 한다. 세계 시장의 경쟁이 점차 치열해지고 매서운 눈을 가진 상인들이 타조 깃털을 여섯 개가 넘는 등급으로 분류하는 상황에서 그와 같은 품질을 확보하는 일은 매우 중요했다.

이 전설의 새와 튼튼한 케이프타조를 교배시키면 앞으로 몇 세대에 걸쳐 남아프리카공화국은 깃털 시장에서 독보적인 지위를 누릴 수 있었다. 이런 부양책이 뒷받침되지 못한 상태에서 남아프리카공화국은 '미국의 위협'에 점점 더 취약한 상태를 노출했다. 애리조나 주와 인근 주를 중심으로 점차 늘기 시작한 미국의 타조 농장은 이상적인 기후, 관개 목초지, 풍족한 정부 보조금의 혜택을 누리고 있었다. 미국 내에서 타조 산업을 옹호하는 지지자 중에 영향력 있는 하원의원이 있었고 그는 동료 의원들을 상대로 열정적인 연설을 펼침으로써 타조 산업을 촉진시켰다. "타조 깃털을 입는 사람은 누구나 정의의 상징으로 몸을 장식하는 것입니다"라거나 "타조 산업의 미래에 대해 어느 누구도 두려워할 필요가 없습니다. 타조 깃털은 비슷한 종류 가운데 가장 아름다운 깃털이며 그 자체로 패션과는 별개로 독립되어 있습니다"라는 표현들이 그의 연설을 가득 채웠다.

바르바리타조로 미국의 위협에 대응하고자 했던 남아프리카공화국의 계획은 대단한 전략이었다. 다만 문제는 그 타조를 어디에서 찾을 수 있는지 아무도 모른다는 점이다. '바르바리 국'은 모로코에서 수단까지 이르는 아프리카 북부의 넓은 지역을 가리켰다. 오랫동안 정부기관 연구원들은 해당 지역의 중개상들에게 깃털 샘플을 보내달라고 요청했지만 모두 헛수고였다. 바르바리타조 깃털이 런던과 파리에서 지속적으로 이따금씩 모습을 나타내긴 했지만(또한 아주 고가에 팔렸다) 공급처가 어딘지는 아무도 알지 못했다.

유일하게 믿을 만한 증거가 마침내 지중해 연안 트리폴리에서 나왔다. 감탄할 만한 깃털 꾸러미 한 뭉치가 낙타 대상隊商과 함께 이곳에 도착했으며 이 대상은 넓은 사막 남쪽 끝에 위치한 사헬에서 출발하는 것으로 알려졌다. 깃털 산업의 미래가 불안한 기로에 서 있는 상황에서 이렇게 빈약한 지리 정보를 바탕으로 사하라횡단 타조원정대는 출발했다.

타조 산업 분야에서 좋은 평판을 얻고 있는 두 전문가 프랭크 C. 스미스Frank C. Smith와 잭 보커Jack Bowker가 합류한 가운데 손턴은 1911년 8월초 은밀하게 급히 서둘러 케이프타운을 출발했다. 그는 경쟁 관계에 있는 미국 원정대가 다름 아닌 그의 동생의 지휘 아래 벌써 활동을 벌이고 있을지도 모른다고 우려했다. 최근까지 트란스발에서 정부 기관 타조 전문가로 일했던 어니스트 손턴이 뭔가 의심스러운 상황에서 느닷없이 사직하고 미국으로 떠났기 때문이다. 러셀은 어니스트가 바르바리 계획의 세부 사항을 빠짐없이 알고 있다고 여겼고 동생이 미국 측으로 '넘어갔다'고 의심했다.

러셀은 나중에야 진실을 알게 되었다. 실제로 어니스트는 미국 관계자들에게 유혹의 손길을 받았지만 일종의 이중 타조 요원으로 활동했던 것이다. 미국 타조 산업 측의 요원으로 정보수집 활동을 하면서 그가 이런 활동을 한다는 소문에 자극받은 남아프리카공화국 정부가 행동에 나서도록 하려던 것이었다. 러셀의 원정대에 대한 승인이 마침내 떨어졌다는 소식을 듣자 어니스트는 남아프리카공화국으로 돌아와 몇몇 신문 기사에 자신의 동기를 해명했다. 이후 그는 타조 구역 한가운데 있는 자신의 농장에서 타조 사육에 전념했다.

한편 러셀과 그의 동료들은 강물과 기차, 도보를 이용하여 영국령 나이지리아 내륙의 넓은 사막 안 800킬로미터까지 들어갔다. 병참 목적으로 남아프리카공화국의 이스트런던, 나이지리아의 라고스, 자리아에 들렀고 가이드, 통역자, 추장, 그밖에 음식과 물과 짐과 장비를 나르는 지역 짐꾼들이 포함되면서 원정대 규모가 커졌다. 원정대는 지역 관리자들을 대상으로 타조 수출권을 조직하는 한편 각 지역을 다스리는 몇몇 왕을 만나고, 프랑스령 수단(지금의 니제르) 국경선 부근의 무역 중심지 카노 외곽에 장기 야영지를 세웠다. 카노를 중심으로 서쪽으로는 카치나까지, 동쪽으로는 멀리 차드호까지 정찰 원정을 파견하는 한편 사방에서 들어오는 낙타 대상들을 추적 관찰했다.

원정대가 입수한 거의 모든 타조 깃털이 '찾는 종류가 아닌' 것으로 드러났지만 마침내 어느 정도 실마리가 보이기 시작했다. 고가의 이중 솜털 깃털과 이런 깃털을 가진 새는 모두 진데르라는 곳 부근 마을에서 오고 있었다. 바르바리타조의 원산지를 알아내는 데 마침내 성공했지만 이 승리는 달콤씁쓸했다. 진데르를 비롯한 부근 지역이 프랑스 영토 깊숙한 곳에 위치해 있었던 것이다.

손턴은 이에 단념하지 않고 프레토리아(남아프리카공화국의 행정수도_ 옮긴이)에 전보를 쳤고, 바르바리타조를 찾으러 국경을 넘어 북쪽으로 올라갈 수 있도록 허락해 달라고 요청했다. 정부에서는 이 가능성을 예측해 보긴 했겠지만 여섯 주나 망설이면서 질질 끌다가 최종적인 대답을 내놓았다.

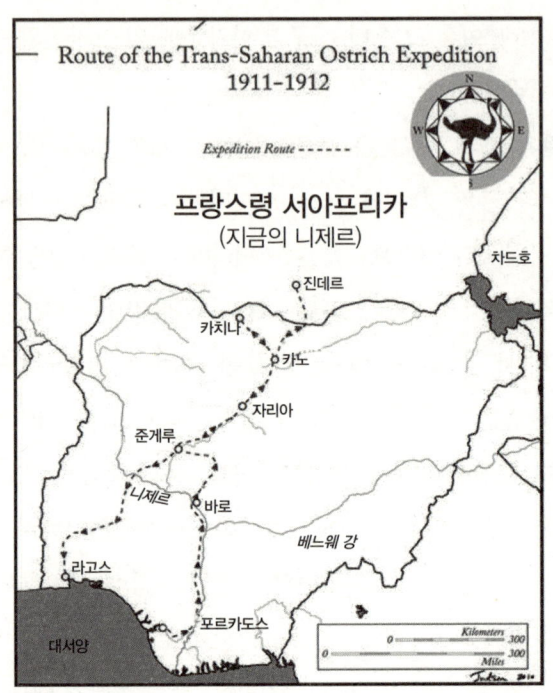

사하라횡단 타조원정대의 이동 경로 1911~1912년

    정치적으로 정부는 민감한 상황에 놓여 있었다. 남아프리카공화국은 세계무대에 등장한 지 얼마 되지 않는 신흥국이었다. 영국령 케이프와 나탈 식민지, 그리고 예전 보어 공화국이었던 트란스발공화국과 오렌지자유국이 연합하여 남아프리카공화국을 세운 지 채 1년도 되지 않았다. 원칙적으로는 자치국이었지만 그럼에도 여전히 대영제국의 일부로 속해 있었고 프랑스와 충돌을 일으켜 이제 막 걸음마 단계인 외교 정책을 복잡하게 만들 필요가 없었다. 하지만 결국은 타조 로비의 긴박성이 승리를 거두었다. 손턴은 국경을 넘어도 좋다는 허락을 받았고 요청한 재정 지원도 모두 얻어냈다.

'드디어 북쪽으로!'라는 일기 제목 아래 원정대가 출발했고, 일주일이 넘도록 하루에 38킬로미터씩이나 사막을 걸어 진데르에 도착했다. 그곳에서 원정대는 지역 프랑스 외인부대 기지 지휘관과 만찬을 하고 수출 허가권을 내달라고 요청했다. 하지만 프랑스 식민지 당국자들은 원정대의 목적을 의심의 눈으로 바라보았고 사실 충분히 그럴 만했다. 이들이 자기 지역 내에 있는 타조의 진가를 제대로 알지 못했을 수는 있지만 그럼에도 남아프리카공화국 인들이 타조를 데려가는 것은 내키지 않았다. 한바탕 국제 전보가 오가면서 남아프리카공화국과 나이지리아 정부의 호소도 있었고 심지어는 영국 왕실의 힘까지 빌렸지만 아무리 외교 활동을 펴도 식민지 총독의 태도는 변하지 않았다. 손턴과 그의 일행은 어떤 상황에서도 프랑스 영토 내의 타조를 구입하거나, 추적하거나, 포획하거나, 그 밖의 방법으로 입수할 수 없었다.

손턴 일행은 어쩔 수 없이 빈손으로 카노에 돌아올 수밖에 없었지만 계속 방법을 강구하면서 그 후로도 다섯 달 동안 그곳에 머물렀다. 이 대목부터는 각기 다른 이야기가 전해지고 있다. 일기와 원정대 공식 기록에서 손턴은 지역 왕들과의 무역 관계를 통해 바르바리 새 한 떼를 입수했다고 설명해 놓았다. 이 타조들의 원산지가 분명 프랑스령 수단이긴 하지만 남아프리카공화국 사람들은 법을 어기지 않았고 국경을 넘어 가축을 훔쳐오거나 몰래 들여오거나 그 밖에 다른 속임수에 직접 개입되지 않았다. 한편 프랭크 스미스는 일의 진행 상황과 관련해서 다른 이야기를 내놓고 있다.

프랭크 스미스는 이후 생전에 타조원정대 이야기를 하면서 투아레그족 침입자와 총싸움을 벌였다느니 미국 스파이를 속여 넘겼다느니 팀북투(원정대의 실제 이동 경로에서 수백 킬로미터 떨어져 있다)에서부터 타조를 찾아 몰고 왔다느니 하는 말을 즉흥적으로 내놓았다. 흥분하여 공개적으로 거짓말을 늘어놓은 데 대해 스미스가 손턴과 보커에게 사과를 했다고 알려져 있지만 스미스의 개인 편지들을 보면 원정대의 몇 가지 활동이 공식 기록에 올라가 있지 않은 것처럼 암시되어 있다.

"프랑스 영토에 있는 타조를 잡아 어떻게 국경 너머 영국령 나이지리아로 갖고 들어왔는가에 대해 상세한 이야기를 모두 다 밝힐 수 없어 죄송합니다. 이런 일은 '국제간의 분규'로 이어질 수 있기 때문에 밝혀서는 안 됩니다. 다만 우리끼리 얘기로 몇 마디 하자면 타조를 몰래 빼가지 못하도록 국경선을 지키던 프랑스 외인부대를 속이면서 몇 차례 신나는 일이 있었다는 정도만 말해두겠습니다. 하지만 이것은 '비공식 비밀 얘기'라, 절대로 외부에 공개되어서는 안 됩니다."

진데르에 있는 타조가 어떻게 카노까지 오게 되었는지는 알 수 없지만 원정대가 왕에게서 타조를 구입했든 아니면 어둠을 틈타서 몰래 빼내왔든 관계없이 사하라횡단 타조원정대 이야기는 굳이 과장하지 않아도 본질적인 핵심이 충분히 드러난다. 깃털 무역이 전성기를 구가하던 한창 시절에 남아프리카공화국의 신생 정부는 자국의 타조 생산업자들을 위해 기꺼이 극단적인 행동까지도 나섰다는 것이다. 고품질의 깃털을 얻을 수 있다면 프랑스와의 외교적 대립을 감수하고, 공정하게 말해서 타조 스파이 활동이라고도 할 수 있는 장기간의 국제적 활동에 재정을 지원할 만한 가치가 있었던 것이다. 프레토리아에서 파리까지, 그리고 미 의회 의사당까지 당시의 각국 지도자들은 깃털 경제의 이해관계를 지키기 위해 노력을 아끼지 않았다.

사하라횡단 타조원정대 사진들. 상단 왼쪽부터 시계 방향으로, 진데르로 향하는 대상, 지방 깃털 상인들에게 털이 뽑힌 타조들, 타조를 우리에 가둬 데려가는 모습, 라고스에서 타조를 배에 싣는 모습.

1912년 4월 말 무렵 원정대의 카노 야영지 곳곳에 세워진 우리에는 '이 중 솜털' 바르바리타조 150마리가 가득했다. 하지만 어려움은 아직 끝나려 면 멀었다. 산악인들은 힘든 정상에 오른 순간 서로에게 이렇게 말한다고 한다. "축하하네. 집까지 절반 왔군!" 당시 손턴은 열병에 걸려 몸져누웠고 보커는 배편을 알아보러 라고스에 있었다. 사헬을 지나 남쪽으로 해안까지 꼴사나운 짐을 운반하는 일은 스미스 혼자 맡아야 했다.

남아 있는 사진들을 보면 야자나무 줄기로 엉성하게 만든 폭 2.5미터 우리에 타조를 가둔 상태로 지역 짐꾼과 타조가 나란히 걸어가는 모습이 나온다. 마침내 짐꾼과 타조 모두 특별히 설계한 유개 화차에 실어 해안까지 철도로 수송한 뒤 케이프타운행 증기선의 주문 제작한 짐칸에 옮겨 실었다. 손턴은 해먹과 기차를 이용하여 도착했고 보커는 다리를 절며 배에 올랐으며(배의 장비를 돌보던 중 떨어져 허리를 다쳤다), 스미스가 선적 과정을 마무리한 뒤 마침내 배가 출발했다.

원정대가 오랫동안 떠나 있는 동안 갖가지 무성한 소문이 남아프리카공화국 국민의 상상력을 사로잡은 가운데 마침내 영웅을 환영하기 위한 뜨거운 열기가 가득한 부둣가에 원정대가 도착했다. 놀랍게도 127마리나 되는 타조가 긴 여정을 견디고 살아남았다. 이 타조들을 곧바로 배에서 내려 남아프리카공화국 최고의 농업대학 그루트폰테인의 번식 프로그램으로 보냈다.

일시적으로 타조 산업은 확실한 미래가 확보된 듯이 보였다. 이날 케이프타운 부두에 나와 환호했던 사람들 중 불과 2년이 안 되어 세계 깃털 시장이 완전히 무너질 것이라고 예측한 사람은 없었다. 손턴이 어렵게 손에 넣은 바르바리타조는 마치 12시 종이 치자 바로 변해버린 신데렐라의 예복처럼 순식간에 고가의 상품에서 그저 흔한 새로, 귀중한 상품에서 단순한 새 떼로 바뀌었다.

깃털 호황의 붕괴는 제1차 세계대전의 발발 및 여성 패션의 근본적인 변화와 궤를 같이한다. 유럽과 미국 전역이 전쟁 총력을 벌이게 됨으로써 일터로 내몰리는 여자들이 많아졌고, 보다 단순하고 실용적인 의복으로 취향이 순식간에 바뀌었다. 그와 동시에 야생 조류의 운명을 염려하는 관심이 높아지면서 팬시 깃털 시장에 대한 법적 규제가 늘어났다. 종류에 상관없이 모든 깃털의 수요가 바닥으로 곤두박질쳤고 깃털 상인, 타조 사육자, 여자 모자 제조자 수천 명이 파산했다. 자살한 사람도 더러 있었다. 백만 마리 이상에 육박하던 남아프리카공화국의 사육 타조 수가 순식간에 9천 마리 이하로 감소했다.

한참 후인 1925년에도 프랭크 스미스(이 무렵에는 타조 사육 분야에서 세계 유일의 종신직 강사로 남았다)는 여전히 타조 산업을 부흥시키기 위해 로비 활동을 벌이고 있었다. 1924년과 1925년 대영제국 전람회(대영제국의 식민지국이 참여한 전람회_ 옮긴이)의 '타조 특별위원'으로 런던에 간 스미스는 살아 있는 새 24마리를 대중에게 선보이는 전시 활동을 감독했고 여왕 앞에서 털 깎는 기술을 선보이기도 했다. 하지만 처음에 스미스는 본 스트리트(웨스트엔드오브런던의 쇼핑 번화가_옮긴이)에 문을 연 상류층 상점에서 많은 깃털을 보았다고 보고했지만 결국은 실망을 안고 런던을 떠났다.

"영국에 있던 2년 동안 깃털에 대한 관심을 되살리기 위해 내가 할 수 있는 모든 것을 다했지만 결국은 헛된 싸움이었다. 숙녀들은 아무리 싼 가격에도 깃털을 사려고 하지 않았다. 작은 모자와 짧은 치마가 유행하고 있었고, 타조 깃털은 둘 중 어느 쪽에도 결코 '어울리지' 않았다." 깃털 달린 모자가 여성의 매력을 상징하던 시대는 끝났다. 손턴이 구해온 바르바리타조 떼는 그루트폰테인 대학교에 계속 갇혀 있었고, 번식 실험은 이제 현실성이 없어진 채 미완의 상태로 남아 있었다. 1930년대 들어 타조들은 모두 죽었다.

진화의 관점에서 과연 무엇 때문에 바르바리타조가 그렇게 특별한 것이 되었는지 물어볼 필요가 있다. 이 계통은 왜 그토록 독특하고 품질 좋은 깃털을 개발하게 되었을까? 살아 있는 새 가운데 가장 크고 무거운 타조는 날아다니는 능력을 오래전에 포기하고 빠른 속도로 걷는 육상 생활방식을 선택했다. 이 때문에 이들의 커다란 날개깃은 주로 구애 과시용으로 적응해왔다. 타조는 구애 행동을 할 때 땅에 엎드리는 멋진 퍼포먼스를 보여준다. 흑담비 색의 수컷들이 땅바닥에 풀썩 엎드려 황갈색 암컷 앞에서 눈송이 같은 날개와 꼬리를 마구 흔드는 한편 긴 분홍색 목을 앞뒤로 휘저으며 머리로 옆구리를 때린다.

극락조의 경우와 마찬가지로, 또는 그런 문제에 관한 한 패션 모자도 해당되는데 타조의 성 선택에서는 기능보다 화려함을 선호한다. 대다수 새의 1차 깃털은 비대칭 구조에 작은 깃가지가 맞물린 깃판 때문에 뻣뻣하면서도 공기 역학에 적합한 형태를 유지할 수 있는데 이 타조의 비행깃에는 이런 깃판이 없다. 타조 깃의 깃가지는 깃축에서 멀찌감치 떨어져 끝부분에서 길고 화려한 물결 모양을 이루는데, 마치 정체 공기 속에서 연기가 안쪽으로 뭉게뭉게 무너져내린 것처럼 끝 부분에 덩어리가 뭉쳐 축 처진 물결모양을 이룬다. 이중 솜털 바르바리 깃털은 깃가지가 유난히 촘촘하고 풍성하며 윤기가 흐른다. 말하자면 진화상의 기이한 현상으로 이 작은 개체군에만 한정적으로 나타난다.

역사적으로 보면 타조는 아프리카와 중동의 황폐한 평야, 가시덤불, 반# 사막지역에 분포되어 있었다. 몇몇 아종과 지역적 변종에서 목 색깔, 크기, 알 껍질 두께 등 몇 가지 형질의 차이를 보인다. 손턴은 바르바리 새의 좁은 분포 범위가 사람이 살지 못하는 사하라 사막 모래밭으로 삼면이 둘러싸여 있었고, 이 정도로 고립된 지역이었기에 중요한 유전적 차이가 확실하게 자리 잡을 수 있었다고 지적했다. 정확한 해답은 안타깝게도 절대 알 수 없다. 바르바리타조는 20여 년이 지나면서 니제르와 나이지리아에서 멸종되었기 때문이다.

최근 들어 타조 수가 감소한 원인은 대체로 서식지 손실과 인구 증가로 설명할 수 있다. 초기에는 깃털 사업이 한 요인으로 작용했지만 19세기 중반 무렵이 되면 대부분 사육 타조의 깃털이 거래된다. 하지만 타조는 깃털 시장의 한 측면을 이룰 뿐이다. 야생 깃털, 일명 '팬시' 깃털 역시 동일한 인기 곡선을 그렸으며 어떤 점에서는 이 깃털의 이야기가 훨씬 기이한 양상을 띠었다.

. . .

타조 사업과 마찬가지로 팬시 깃털도 20세기가 막 시작될 무렵 인기 정상을 누렸다. 그 당시에는 모자에 붙일 수 있는 형태만 되면 뭐든 사실상 모든 새를 소재로 삼았다. 일반적인 여성 모자 상점에서 내놓은 상품을 보면 개별 깃털을 사용하거나 '백로 깃털 장식'이라고 불리는 부채 모양 장식, 심지어는 갖가지 새를 통째로 사용하기도 했는데, 다양한 색상과 모양의 패션이 요구되는 봄과 여름에는 특히 두드러졌다.

젊은 은행가이자 열렬한 새 애호가인 프랭크 채프먼Frank Chapman이라는 사람이 1886년 뉴욕거리에 나가 새 관찰을 했던 유명한 일화가 있다. 채프먼은 새 종을 빠르게 확인하여 인상적인 목록을 작성했다. 하지만 이 새들은 머리 위로 날아가지 않고 나뭇가지에 앉지도 않으며 보도에 떨어진 과자 부스러기를 주워 먹지도 않았다. 이 새들과 깃털은 채프먼이 붐비는 상가 거리를 지나가면서 확인한 수백 개의 숙녀 모자에 장식된 것들이다.

이 현장답사들 중 한번은 보닛, 캡, 클로시, 다운브림 등 700개에 이르는 여성 모자 중 4분의 3에 깃털 장식이 달려 있었고, 나머지 4분의 1은 대개 '상복 입은 숙녀'나 '나이든 부인'으로 예의상 눈에 띄지 않는 수수한 복장을 해야 하는 여자들이었다. 채프먼의 목록에는 논병아리, 딱새, 딱따구리에서 애기금눈올빼미에 이르는 40여 종이 기록되어 있었지만 이중 많은 것이 훼손되거나 알아볼 수 없을 만큼 모습이 바뀌어 있었다. 게다가 채프먼은 부근 센트럴파크 숲에 들어가면 볼 수 있는 토종 새들만 기록했다. 기준을 넓혀서 조사했다면 뉴기니 섬의 극락조, 트리니다드 섬의 벌새, 오스트레일리아 앵무새, 브라질 모모투스, 포클랜드의 제비갈매기 등 세계 각국에서 온 다양한 종을 확인할 수 있었을 것이다. 제국의 영토가 확대되고 교역 범위가 넓어지면서 도시 거리가 이국 새들의 새장으로 바뀐 것이다.

특정 새 집단 하나가 깃털 사냥꾼들의 손에 거의 전멸될 위기에 처하기도 했다. 이 새들의 곤경이 현대 환경운동에서도 여전히 공감하는 동물보호 윤리를 일깨우는 계기가 되었다. 눈부실 정도로 흰 깃털을 지닌 데다 둥지 군락지가 눈에 잘 띄고 밀집되어 있는 중대백로와 쇠백로는 불행히도 이중의 위험에 처해 있었다. 이 새의 깃털이 고가로 팔리는 데다 번식 습성 때문에 손쉬운 표적이 되었다. 게다가 암컷과 수컷 모두 팬시 깃털을 갖고 있기 때문에 사냥꾼이 수컷만 노리는 게 아니라 서식지 전체를 완전히 파괴했다.

깃털 시장이 최고조에 달했을 때에는 백로 깃털 30그램 가격이 지금 돈으로 2000달러가 훨씬 넘었고 잘나가는 사냥꾼은 한 시즌에만도 10만 달러라는 엄청난 순수입을 올릴 수 있었다. 그러나 번식 깃털 30그램을 얻으려면 어른 새 여섯 마리를 죽여야 하며 백로 두 마리가 죽으면 그 뒤에 어린 새가 세 마리에서 많게는 다섯 마리까지 죽게 된다. 이리하여 수백만 마리의 백로가 죽었고, 한때 흔한 종이었던 백로가 20세기로 접어들면서는 에버글레이드 습지(미국 플로리다 주 남부의 대습지대_옮긴이)를 비롯한 몇몇 습지대에서만 살아남았다. 대학살 장면을 생생하게 전하는 이야기나 사진이 나오면서 깃털 사용을 반대하는 정서에 불을 붙였고 처음에는 크지 않았던 이런 정서의 파고가 점점 높아졌다. 한때 은행가였던 프랭크 채프먼은 이런 정서가 한창 무르익던 분위기 속에 있었다.

《포레스트 앤 스트림Forest and Stream》(사냥, 낚시, 그 밖의 야외활동을 주제로 한 잡지_옮긴이) 편집자에게 보내는 편지에서 깃털 달린 모자에 대한 조사를 발표한 지 2년 뒤 채프먼은 금융계를 영원히 떠나 미국 자연사박물관에서 하찮은 직위로 일을 시작했다. 채프먼은 박물관에 50년 이상 재직하는 동안 새 분과 의장직에까지 올랐고 연구, 교육, 보존에서 많은 성과를 이룬 결과 동료들에게서 '미국 조류학과의 학과장'이라는 별명까지 얻었다.

시작 단계부터 그의 활동 경력에는 숙녀들의 모자를 관찰하던 무렵 보여주었던 특성들이 고스란히 담겨 있었다. 창의적인 과학적 아이디어, 세세한 것도 놓치지 않는 날카로운 눈, 새의 학대에 대한 변함없는 분노의식 등과 같은 특성이다. 연구와 박물관 업무로 바쁜 가운데에서도 채프먼은 여전히 깃털 사업에 대한 강한 비판자의 역할을 이어갔다. 다음은 그의 자서전에 나온 글로, 아직 훼손되지 않은 백로 서식지를 방문했던 일을 서술해 놓았는데 그가 어떤 느낌이었을지 분명하게 보여준다. "한동안 배에 가만히 앉아 이곳의 아름다움과 매력에 흠뻑 취했다. 어느 순간 깃털 사냥꾼의 모습을 한 사탄이 이 에덴동산에 들어올지 모른다는 생각도 나의 기쁨을 망치지 못했다."

전문가로서의 명성이 점차 올라가면서 채프먼은 막 걸음마를 시작한 조류 보호운동을 적극적으로 이끌었다. 《버드로어Bird-Lore》라는 잡지를 창간 편집했으며 이 잡지는 전국 곳곳에 생기기 시작한 오듀본협회 지부의 집단적인 목소리를 전해주었다. 이후 잡지 제목을 간단하게 《오듀본》으로 바꾸었고 세계에서 가장 많이 읽히는 자연사 간행물의 하나가 되었다.

1900년 채프먼은 대대로 내려오는 크리스마스 사냥 파티 전통을 바꾸기 위해, 새를 죽이지 않는 크리스마스 조류 조사를 대안으로 제시하고 처음 실시했다. 이 조사는 그 후로도 계속되었고 지금은 매년 5만 5천 명 이상의 참가자를 자랑하는 큰 행사로 자리 잡아, 17개국과 남극에서 참가자들이 매년 6,500만 마리 이상의 새를 확인하여 기록한다. 채프먼은 플로리다 주 펠리컨 섬에 알을 낳는 새들을 보호하도록 최초의 국립 야생동물 보호구역을 정하자고 제안했고 시어도어 루스벨트 대통령이 1903년 이 법안에 서명했다.

이런 활동을 비롯하여 그 뒤에 이어진 입법 성과들이 한데 모여 팬시 깃털 사업에 대한 반대 흐름을 형성했다. 당시 모든 야생동물이 공격당하고 있었지만 보호운동 집단은 숙녀들의 모자를 장식한 박제 새들의 풍경에서 최초의 실제적인 슬로건을 찾았다. 채프먼은 오듀본 워싱턴 D.C. 지부 창립식에서 '새의 적이 된 여성'이라는 제목의 연설을 했다. 뉴욕 동물원장 윌리엄 호너데이는 이후 1912년 큰 영향력을 미친 그의 논문 「여성, 새 세계를 파괴하는 거대한 괴물Woman, the Juggernaut of the Bird World」에서 채프먼의 연설 주제를 이어받았다. 호너데이의 논문은 음울한 분위기의 재치 있는 표현으로 시작된다. "수조차 세어보지 않은 수백만 마리의 살해당한 새의 피가 여성들의 머리 위를 장식하고 있다."

역설적이게도 깃털 산업의 주요 시장을 형성한 것도, 이 시장의 몰락을 가져온 것도 모두 여성이었다. 전국의 거의 모든 오듀본 지부를 세운 것이 여성이었고 초기 회원의 대부분이 여성으로 채워졌다. 수많은 강연회, 차 모임, 오찬 모임, 항의 활동을 통해 오듀본 활동가들은 최초의 풀뿌리 환경 운동을 시작하여 조류 보호를 전국적인 이슈로, 나아가 국제적인 이슈로 만들었다. 1900년 야생 가금류와 사냥감을 주 경계 밖으로 갖고 나가거나 안으로 갖고 들어오지 못하도록 규제하는 레이시 법령이 의회를 통과했다. 1911년 뉴욕 주는 모든 토종 새와 그 깃털의 판매를 법으로 금지시켰고 다른 주도 잇달아 이 선례를 따랐다. 위크스-맥클린 법령(1913년)과 철새 법(1918년)의 통과를 계기로 보호운동이 전국적으로 퍼져나갔고 캐나다, 영국, 유럽 각국의 법령에도 영향을 미쳐 결국 팬시 깃털의 시대를 마감하는 데 효과적으로 일조했다.

타조와 다른 가축 깃털 상인들이 점차 치욕스런 오명을 지닌 깃털 사냥과 자신들을 차별화하려고 애썼지만 야생 조류 개체군이 처참하게 파괴된 모습은 깃털 산업 전체에 도덕적 오점을 남겼고 확실하게 패션 취향의 변화를 가져왔다. 에버글레이드 습지, 펠리컨 섬, 그 밖에 예전 서식지에 있던 다른 번식 터에서 백로 개체군이 서서히 회복되는 양상을 보였다. 중대 백로는 지금도 전국 오듀본협회의 로고를 장식하고 있다. 날개를 비스듬히 펴고 긴 두 다리를 늘어뜨린 채 날아가는 모습인데, 번식 깃이 마치 달필가의 펜으로 그려놓은 섬세한 붓놀림처럼 뒤쪽에 솟아 있다.

최근 뉴욕 시를 찾은 나는 프랭크 채프먼이 했던 대로 거리 풍경 조사를 그대로 따라 해볼 기회가 있었다. 채프먼은 14번가에서 시작했고 나는 어퍼웨스트 사이드에서 시작했지만 적어도 채프먼이 다녔던 지역의 일정 부분은 나도 다닌 것으로 생각하기로 했다. 내가 묵은 작은 호텔에서 나와

브로드웨이를 따라 내려가다가 여러 골목을 지난 뒤 마침내 채프먼이 많은 시간을 보냈던 미국 자연사박물관 계단 앞에 섰다. 박물관 건물과 주변에 갈색 벽돌로 지은 오래된 건물들은 채프먼이 살던 때부터 그대로 내려왔지만 다른 것들은 그 사이에 많이 바뀌었다.

모자를 쓴 여성들이 여전히 많았지만 수백 명에 이르는 이 여성들의 모습을 기록하는 데 그리 오래 걸리지는 않았다. 스타킹 캡(겨울 스포츠용으로 쓰는 술이 달린 원뿔모양의 털실 모자_ 옮긴이), 베레모, 클로시 몇 개, 심지어는 필박스해트도 한두 개 보였다. (신중하게 따져본 결과 티셔츠에 달린 '후드모자'는 셈에 넣지 않기로 했다.) 반면 모자 장식은 별로 흔하지 않았다. 리본 약간, 핀, 스포츠회사 로고, 심지어는 털이 보송보송한 긴 토끼털 한 쌍이 보이긴 했지만 깃털은 어디에도 보이지 않았다. 오늘날 맨해튼에서 깃털 달린 모자를 보려면 별도로 약속을 잡아야 할 것이다.

"당신이 만날 수 있는 사람 중 아마 깃털에 가장 광적으로 사로잡힌 사람이 저일 거예요." 리어 채픈이 자신의 전시실로 들어가는 문을 열고 내게 말했다. 리어 C. 쿠튀르 밀리너리는 예전 여성모자 상점 지구에서 남쪽으로 불과 몇 블록 떨어진 도심의 2층 스튜디오에 위치해 있었다. 옛 상점 지구에 지금은 작은 가게들이 대개 할인 핸드백과 모피를 팔고 있지만 예전에는 모자 제조업자, 깃털 상인, 깃털 가공인이 주변 수십 개 공방과 공장을 분주히 오가면서 이 거리를 가득 메웠다. 뉴욕에서 여전히 공예모자를 만드는 사람은 아주 소수이지만 그 중에서도 실제로 깃털을 전문적으로 다루는 사람은 리어뿐이다. "깃털을 되살리려고 최선을 다하고 있어요." 리어가 힘주어 말했다. "비록 큰 유행은 되지 않더라도요!"

모자 관찰조사를 해본 사람의 입장에서 볼 때 이 일은 별 가망 없어 보였다. 하지만 누군가 이 일을 해낼 수 있다면 적임자는 바로 리어일 것이다. 작은 체구에 정열적인 리어는 너무도 열정적이어서 현장생물학자의 옷장에 깃털 하나쯤 있어도 좋지 않을까 하는 생각마저 불러일으킬 정도였다. 게다가 리어는 극적인 효과를 만들어내는, 전염성 있는 재주도 지녔다. 함께 걸어가는 내내 리어는 이따금씩 벽에서 모자를 꺼내 써보고는 포즈를 취하곤 했다. 그러면서도 중간에 대화가 끊기는 듯한 분위기는 전혀 없었다. 오랫동안 함께 해온 든든한 나의 파란색 스타킹 캡이 확실히 칙칙하게 느껴지기 시작했다.

리어는 지난 10년간 미약하나마 꾸준하게 깃털이 다시 살아나는 분위기를 느꼈으며 그녀의 작품이 실린 전 세계 잡지를 한 무더기 내게 보여주었다. 하지만 역설적이게도 깃털 사업의 증대는 마지막으로 남아 있던 도시 깃털 도매업자의 손실을 가져왔다. 깃털에 대한 새로운 관심은 모두 맞춤패션이나 최신 패션 등 최고급 제품에 향해 있었다. "지금은 틈새시장을 이루고 있어요." 리어가 말했다. "과거의 공급망을 뒷받침할 만한 물량은 아니에요." 이내 씁쓸하게 미소 지으며 이렇게 덧붙였다. "제가 모자를 만들지 않았다면 결코 제 형편으로는 이런 모자를 장만하지 못했을 거예요."

리어는 오래전에 제조된 깃털공예를 연구함으로써 어느 정도 기술을 익혔는데 세세한 것들을 면밀히 살핌으로써 이 분야의 오래된 비법을 얻어냈다. 깃판을 잘라서 형태를 만드는 법, 깃축을 가르는 법, 깃촉을 잘 구부러지는 철사로 교체한 뒤 색실로 꼼꼼하게 감는 법 등등을 배웠다. "이 소재는 가르쳐줄 선생도 없어요. 한 세대를 건너뛰었으니까요." 나는 그녀가 그토록 애써가며 깃털공예를 한 이유가 무엇인지, 다른 소재에서는 얻지 못하고 깃털에서만 얻을 수 있는 뭔가가 있는지 물었다. "자연스런 우아함이에요." 리어의 대답이 바로 나왔다. "깃털 같은 것은 없어요. 깃털은……" 리어는 적당한 말을 찾는 듯 잠시 말을 끊었다. "부티가 흘러요."

채픈의 작업실은 문에서 저편의 긴 창문까지 쭉 뻗어 있는 좁다란 모양에 천장이 높았다. 작업실은 정돈되지 않은 채로 편안한 느낌을 주었다. 무질서하게 어질러져 있다기보다는 창조 활동이 잠시 중단된 듯한 분위기였다. 리어에게 이 공간은 공방이자 사무실이자 전시실로, 세 가지 역할을 해내고 있으며 한쪽 벽면은 완성품을 위한 공간이었다. "자, 여기예요." 내가 방으로 들어서자 그녀가 과장된 몸짓으로 모자를 가리키면서 말했다. "보세요!"

리어만의 독특한 모자 컬렉션은 '에이비어리Aviary'(새장이라는 뜻_옮긴이)라고 불리며 그런 이름으로 불려도 손색이 없었다. 백로가 보였고 다양한 색상의 깃털이 보였으며, 공들여 만든 날개와 '환상 속의 새'들도 보였다. 이것들이 갖가지 모자와 투구 위에 멋지게 자리 잡고 있었다. "염려마세요, 저는 '농장 깃털'을 사용합니다." 리어가 이렇게 설명하면서 반대편 벽을 가리켰다. 그곳에 쌓인 상자 더미에는 갖가지 가금류 깃털이 담겨 있었다. 수탉 목둘레 깃털과 칠면조 꼬리와 뿔닭과 타조 깃털이었다. 〈주빌리!〉 의상 공방의 축소판 같았다.

리어의 작품들은 작은 데까지 믿기 힘들 정도의 세심한 손길이 미친 특징을 보였다. 하지만 쇼걸의 의상이 색상과 화려하게 번쩍거리는 효과로 우리의 감각을 숨 막힐 듯이 압도했다면 이 모자들은 섬세하고 절묘하며 은근한 암시를 풍겼다. 간단하게 말해서 깃털공예는 의상의 한부분이라기보다는 훌륭한 조각에 가까웠다.

"제가 가장 인상적이라고 느낀 점은 깃털 모자 하나로 실루엣이 바뀐다는 점입니다." 리어는 적갈색 줄무늬의 긴 꿩 깃털로 장식한 부드러운 모자를 머리에 써보면서 말했다. 나는 한 번도 모자를 그런 관점에서 생각해보지 못했는데 그녀 말이 맞았다. 깃털 모자 하나만 더 썼을 뿐인데도, 개인의 정체성과 가장 관련이 깊은 신체 부위, 즉 얼굴 부분이 순식간에 달라졌다.

새나 사람이나 똑같이 얼굴 부분이 '중요한 장식 부위'라고 지적한 이도 바로 다윈이었다. 요컨대 누군가를 만났을 때 눈길이 처음 가는 곳이 얼굴이다. 그렇다면 매력을 뽐내기 위해 이보다 더 좋은 장식 부위가 있을까? 화장품 산업이 이를 잘 이해하고 있다. 아이라이너와 볼터치와 립스틱은 수백 종류나 되지만 정강이 라이너, 갈비뼈 섀도우, 팔꿈치 글로스 같은 것은 없다. 하지만 가까운 거리에서만 표현이 전달되는 화장품과 달리 깃털 모자는 멀리서도 보이며 얼굴이 시야에 들어오기 전부터도 일정한 표현과 첫인상을 전달한다.

하지만 형태는 겨우 절반에 불과하다. 여성 모자 제조가들은 화가들이 깃털의 구조 형태뿐만 아니라 신비한 색깔에도 매료되었던 오랜 전통을 따르고 있다. 리어의 모자는 코발트색에서 진홍색과 윤기 나는 검정색까지 색상이 다양했으며 자연적인 색조와 깃털에 어리는 무지갯빛을 이용하기도 했다. 깃털을 염색해서 쓰는 일도 더러 있지만 비록 '농장' 깃털이더라도 고유의 색상이 다양했다. 야생 조류는 무지개의 모든 색깔뿐만 아니라 그 이상의 색깔까지도 지닌다. 게다가 새의 눈은 우리보다 훨씬 넓은 스펙트럼을 지각하기 때문에 우리가 색상이 강렬하다고 여기는 모자나 깃털이 새에게는 우리가 상상조차 할 수 없을 정도의 반향을 지니는 커다란 외침

현대 패션에서 이용되는 깃털. 리어 C. 쿠튀르 밀리너리의 모자

으로 다가갈 것이다.

리어와 나는 인터뷰 이후에도 계속 연락하면서 지냈으며 이질적이었던 두 세계가 깃털에 사로잡혀 있다는 공통점으로 점점 가까워졌다. 내가 심홍색의 깃털을 풍성하게 늘어뜨리고 있는 기드림풍조 사진 몇 장을 보냈을 때 그녀의 대답은 이러했다. "정말 놀라워요. 당신, 흥분해서 어쩔 줄 몰랐겠군요!" 얼마나 오랫동안 깃털로 작업을 했든, 얼마나 많이 배웠든 깃털은 여전히 사람에게 놀라움을 안겨주고 경이감을 불러일으키는 것 같았다. 새 깃털이 지닌 찬란함 그 자체, 그리고 우리 마음 깊은 곳에서부

터 솟아나는 그에 대한 반응에 무수한 새로운 물음이 솟아났다. 리어와 이야기를 나누고 난 뒤 장식에 대한 나의 연구가 깃털의 역사와 새 사냥꾼과 모자를 넘어서서 색상 자체의 진화에까지 파고들 필요가 있다고 깨달았다.

제 12 장
저 멋지고 찬란한 빛깔을
우리에게 선사하다

저 멋지고 찬란한 색깔을 우리에게 선사하네
여름의 초록빛을 우리에게 선사하네
모든 세상의 어느 여름날을 떠올리게 하네, 오
내게 니콘 카메라가 생겼네
난 사진 찍는 걸 좋아해
그래서 엄마는 내 코다크롬을 빼앗지 않지
― 폴 사이먼, 〈코다크롬〉(1973년)

"과정을 보여드릴 순 없어요." 그가 단호하게 말했다. "어떻게 깃털을 염색하는지 말씀드릴 수도 없고요." 전화상으로 들려오는 목소리는 거칠고 경계의 빛이 가득했다. 호기심을 보이는 사람을 따돌리는 데 이골이 난 사람 같았다. 내 관심은 순전히 학문적인 것이며 잠시 들러서 깃털 사업에 대해 가벼운 이야기를 나누기 원한다고 그를 설득했다. 그의 목소리에는 의심이 가득했지만 잠시 더 고집하다가 마침내 사장에게 전화를 연결해 주었다.

"깃털을 어떻게 염색하는지 보여드릴 수는 없어요." 그녀는 대뜸 이 이야기부터 했다. 잠시 나는 이것으로 대화가 끝난 줄 알았다. 하지만 그녀는 전화를 끊지 않았다. 나는 지금 하고 있는 책 프로젝트에 대해 설명하기 시작했고 곧 그녀가 관심을 보이기 시작했다. 깃털의 작은 세계에 사는 사람에게는 공통된 집착 의식 같은 게 있으며 이런 의식은 심지어 조심스럽게 보호하는 사업 비밀이 걸려 있을 때조차 가장 강력한 힘을 발휘한다. 불과 몇 분 정도 이야기를 나눈 뒤 그녀는 공방에 한번 다녀가라고 나를 초대했다.

레인보우 깃털회사는 라스베이거스 스트립에서 수백만 킬로미터나 되는 듯이 한도 끝도 없이 걸어가고도 다섯 블록이나 더 떨어진 곳에 콘크리트 블록으로 지어진 작은 건물에 위치해 있었다. 주변은 경공업 지대로, 타이어 할인 매장이 몰려 있고 자동차 정비소가 한 곳 있었으며 금속 조립회사, 오퍼튜니티 빌리지 중고제품 할인점, 애크매 보석 보증회사가 있었다. 그곳으로 걸어가던 날 건조한 사막 바람에 모래알이 휘날렸고 체인으로 연결하여 주차장 주위를 둥그렇게 둘러싼 울타리에는 쓰레기봉투들이 바람에 날려 와서 들러붙어 있었다. 마치 무대 뒤로 내려가 도르래와 로프와 윈치 같은 평범한 물건들을 보면서 〈주빌리!〉 무대의 공들인 소도구와 무희들이 이런 평범한 물건들의 힘을 빌려 높이 솟아오를 수 있었다는 것을 확인하는 기분이었다. 라스베이거스의 모든 현란함을 떠받치고 있는 일상적이고 실제적인 활동을 흘낏 엿보았다고나 할까.

레인보우 깃털회사는 바로 그런 곳이었다. 〈주빌리!〉 같은 쇼의 찬란한 빛과 무대로부터 멀찌감치 떨어져 있는 것처럼 보이지만 별 특징 없는 건물에서 이루어지는 작업이 안무와 음악과 쇼걸 못지않게 중요하다. 라스베이거스 쇼의 화려함에서 바탕이 되는 것은 의상이며 의상에서 바탕이 되는 것은 깃털이다. 또한 깃털은 화사하고 색깔이 풍부해야 한다. 만일 짙은 분홍색, 오렌지색, 노란색, 초록색, 그 밖의 어떤 색이든 염색 깃털 만 개가 필요할 경우 북미에서 당신에게 도움을 줄 수 있는 유일한 사람은 조디 파바조다.

"지금까지 제 삶에는 늘 깃털이 있었어요." 그녀가 이렇게 말하면서 어린 시절 어머니가 삯일을 하면서 모자와 공예품에 쓸, 깃털로 된 작은 꽃 장식을 만들던 일을 설명했다. 당시 쓸 수 있는 색깔 염료가 별로 없는 데 낙담했던 그녀의 어머니는 남편을 설득하여 부엌 싱크대 한쪽에 작은 염색 기구 일습을 들여놓았다. 그 후 얼마 되지 않아 아버지는 건설 분야 일을 그만두고 레인보우 깃털회사에 전념했다. 이 일이 50년 전이고 이후 깃털회사는 가업으로 내려왔다.

"깃털은 기계로 염색할 수 없어요." 조디가 말했다. "손으로 해야 해요." 우리는 건물 앞면에 있는 작은 소매점에서 완성제품들을 살펴보고 있었다. 상점은 의류가게처럼 꾸며놓았지만 진열 선반에는 진바지와 스웨터 대신 화려한 색깔의 칠면조털, 거위털, 오리털, 닭털이 나란히 진열되어 있었고 갖가지 상상할 수 있는 색깔의 타조털 목도리도 있었다. 아울러 새 가죽, 낱개로 떨어진 깃털 묶음도 있었고 한쪽 통에는 공작과 꿩 꼬리털이 가득 담겨 있었다.

레인보우 깃털회사에서는 〈주빌리!〉, 〈태양의 서커스〉, 빅토리아 시크릿 (미국 속옷 브랜드_옮긴이) 같은 고객의 주문을 받기도 하지만 내 입장에서는 소매점이 훨씬 더 흥미로웠다. 이곳 소매점은 세계에서 유일하게 쇼 무희가 플라이 낚시꾼이나 활 사냥꾼과 정기적으로 만날 수 있는 곳이다. "우리는 모든 사람에게 깃털을 팝니다." 그녀가 확인시켜 주었다. 우리가 이야기를 나누는 동안 한 남자가 들어와 참회 화요일(사순절이 시작되기 전날_옮긴이)에 쓸 머리 수건을 사갔다.

조디는 꼿꼿한 자세에 늘씬하고 매력적인 몸매를 지니고 있어서 마음만 있었다면 충분히 무대 위에 설 수 있었을 것이다. 하지만 무대 뒤 삶이 그녀에게 꼭 맞았다. "아주 멋진 사업이죠." 대화 도중 그녀가 이런 이야기를 한 적이 있었다. "저는 매일 이곳에 들르는데, 그때마다 감탄하곤 합니다."

이곳을 방문했을 당시 조디는 한창 염색 작업을 하던 중이었고, 수탉 목털을 들어 세부적인 설명을 하던 손에 청록색 염료 흔적이 묻어 있는 것이 보였다. "깃털은 뽑는 순간부터 모두 부위 별로 나뉘어 놓습니다. 서로 뒤섞이면 제대로 묶이지 않고 통 속에서 서로 쏠리면서 염색에 줄무늬가 생겨요." 조디는 어떤 깃털도 똑같이 염색되는 법이 없다고 말했다. "새가 살았던 환경에 따라 달라요. 무엇을 먹었는지, 기후는 어떤지, 물 속에 미네랄 성분은 어땠는지 등등 모든 것이 깃털에 영향을 미치지요."

깃털 염색은 놀랄 정도로 까다롭고 공정이 여러 단계로 나뉘어 있었다. 첫 번째 관문은 원래 타고난 색깔을 탈색시켜 케라틴이 새로운 색깔을 빨아들이도록 준비하는 단계다. "예전에 아버지는 황산을 사용했는데 고무장갑, 고무장화 등 작업복 일습을 갖춰 입고 하셨죠." 조디가 설명했다. 지금은 조디와 그녀의 남편, 그 밖에 몇몇 다른 가족들만 아는 화학물질을 섞어 사용하기 때문에 독성 성분이 그때보다 많이 줄었다. 모든 게 잘 진행되면 깃털은 희고 부드러운 상태가 되어 조디가 머릿속에 그리는 어떤 색깔로든 물들일 수 있는 준비단계가 된다. 사람들은 마치 철물점에서 염료를 주문할 때처럼 색깔 견본을 가져와 조디에게 똑같은 색으로 염색해 달라고 하기도 한다.

"어떤 색깔로든 염색할 수 있어요. 하지만 가끔 사람들에게 실망을 안겨주는 한 가지가 있어요." 조디는 이렇게 말한 뒤 나를 야생 칠면조의 평평한 깃털과 꿩 꼬리털이 있는 쪽으로 끌고 갔다. 가로 무늬가 있는 이 깃털의 깃판은 다양한 색조로 염색되어 있었지만 원래 있던 청동빛 광택이 여전히 흘렀다. "깃털을 염색할 순 있지만 이 광택까지 없앨 순 없습니다." 조디가 설명했다. "이 광택은 깃털 속에서 흘러나오거든요." 이 간단한 한 마디로 조디는 여느 교과서보다 훨씬 일목요연하게 깃털의 색깔이 지닌 물리적 특성을 잘 요약했다.

극락조에서 나타났듯이 성 선택과 암컷의 선택은 현란한 과시를 낳는 데 지대한 역할을 했지만 위장, 집단적 표시, 어미-새끼 간의 인지, 그 밖의 여러 기능도 색깔의 진화에 일정한 압력으로 작용한다. 시간이 지나면서 깃털은 두 가지 주된 전략 속에서 이런 압력에 반응한다. 하나는 색소를 기반으로 하는 색깔이고 다른 하나는 구조적인 색깔이다. 결과적으로 보이는 색조는 더러 비슷하게 보이기도 하지만 두 전략은 광파를 처리하는 방식에서 근본적으로 차이가 난다.

색소는 선택적인 흡수를 통해 색깔을 낸다. 색소를 머금은 깃털에 빛이 닿았을 때 스펙트럼의 일부는 흡수되고 나머지는 반사되어 우리 눈에 색깔로 나타난다. 모든 빛이 반사되면 흰색으로 보이고, 모든 빛이 흡수되면 검은색으로 보인다. 그 사이 단계적 차이에 따라 멧종다리의 흙색에서 상모솔새의 노란색, 도가머리딱따구리의 화려한 빨간색 관에 이르기까지 다양한 색조가 나타난다. 색소를 기반으로 하는 색깔은 우리에게 익숙하다. 참새 깃털을 물들인 멜라닌은 사람의 머리카락과 피부를 검게 물들이는 멜라닌과 같은 분자다. 우리는 염료를 이용하여 집과 자동차에 색깔을 입히고 옷감의 색깔을 낸다. 조디 파바조가 깃털을 염색할 때 그녀는 새가 원래 갖고 있는 색소를 빼내고 대신 자신이 선택한 색소를 넣는 것이다. 이와 똑같은 과정이 전 세계 미용실에서 일상적으로 이루어진다.

애기여새

새들이 자라는 깃털의 세포에서 바로 쉽게 만들 수 있는 색소가 있는가 하면 먹이를 통해 얻어야 하는 색소가 있다. 특히 노란색이나 빨간색이 그러하다. 예를 들어 홍학은 베타카로틴(바닷가재 껍질의 빨간색과 당근의 오렌지색을 만들어내는 색소군)이 풍부한 조류와 갑각류를 충분하게 섭취하는 한에서만 분홍색을 유지한다. 포획된 새는 매번 털갈이를 할 때마다 색이 희미해지며 먹잇감을 통해 색소를 보충하지 못할 경우 결국에는 흰색으로 변한다. 야생에서 먹이습관이 바뀌어도 색깔이 변한다. 북미에 사는 애기여새가 외국에서 들어온 인동 열매를 먹으면 다음번 털갈이를 할 때 이 열매 속의 낯선 색소 때문에 꽁지깃 끝부분이 노란색에서 오렌지색으로 급격하게 바뀐다.

색소를 기반으로 한 착색 작용으로 깃털의 다양한 무늬와 색깔이 만들어지지만 구조적인 색깔은 가장 극적인 과시 형태를 만든다. 벌새 목의 진홍색 광채, 모모투스의 금속성 광채, 어치의 파란색 광채 등 이런 색상은 빛의 흡수가 아니라 빛의 산란을 통해 만들어진다. 구조적인 색상을 내기 위해서는 케라틴 속에 들어 있는 나노 규모의 특성에 의해 깃털 표면에서 모든 스펙트럼의 빛을 반사시킨다. 이 반사가 제멋대로 빛을 산란하면 흰색으로 보이지만 파장을 정해서 산란하면 색이 어른거리는 풍부한 색깔로 보인다.

어떻게 물리적인 구조만으로 그토록 선명한 색상을 만들어내는지 이해하기 위해 한 가지 실험을 해보기로 했다. 우선 설거지부터 했다. 집 싱크대는 오래된 세라믹으로 되어 있고 자연 분해되는 세제를 사용했다. 세제는 투명한 무색이고 수도에서 나오는 물도 마찬가지였다. 그러므로 다른 구조적 현상 없이 싱크대를 개숫물로 채우면 아무 색깔도 띠지 않을 것이다. 개수대 마개를 막고 온수를 튼 다음 세제를 짜서 풀었다.

예측한 대로 거품이 풍성하게 생겼고 수면 위를 덮었다. 두 가지 구조적 효과가 즉시 나타나기 시작했다. 작은 거품이 생길 때에는 거품이 눈보라처럼 희게 보였다. 복잡한 표면에 부딪히는 빛은 헤아릴 수 없을 만큼 여러 방향으로 산란되었고 이렇게 제멋대로 빛이 산란되면 눈에는 흰색으로 보였다. 하지만 점차 커다란 거품이 일었고 이 거품의 팽팽한 표면은 빛을 특정 방향으로 비틀음으로써 빨강, 보라, 파랑, 주황색의 무지갯빛으로 어른거렸다. 거품을 터뜨리거나 거둬내면 비눗물은 다시 투명해졌고 싱크대 바닥이 보였다. 거품 자체가 지니는 내재적 특성이 사라지면 모든 색깔이 없어지지만 거품이 있을 때에는 무지갯빛이 나타났다.

깃털의 경우에는 구조와 색소가 함께 작용하는 경우가 많다. 예를 들어 앵무새의 빛나는 초록색은 표면에 생기는 파란 빛의 구조적 색상과 밑바탕에 깔린 색소 기반의 노란색이 섞이면서 생긴다. 이런 사실을 아는 나는 거품 층을 떠서 밝은 노란색 샐러드 접시 위에 담고 뚫어지게 바라보았다.

앵무새의 초록색은 나타나지 않았다. 흰 거품은 그대로 흰색이었고 접시는 노란색이었으며 커다란 거품에는 여전히 갖가지 색상이 빙글빙글 감돌고 있었다. 분명 깃털 색상의 복잡성에는 싱크대에서 알 수 있는 사실 이상의 것이 있었다.

실제로 여기에는 모든 요소가 투입되어 수십 가지 다른 구조적 설계와 미묘한 차이의 색소를 만들어낸다. 수정 같은 격자, 자체 조직되는 모체, 복잡한 대사경로, 공기 주머니 주변에 팬케이크처럼 층층이 쌓아 놓거나 꼼꼼하게 정돈해 놓는 분자들이 작용한다. 이런 요소들이 제각기 결합되어 각기 미묘하게 다른 방식으로 빛의 방향을 비틀고 그 결과 어디에서도 찾아볼 수 없는 다양한 색상과 효과가 생긴다. 게다가 새는 인간 눈에 보이지 않는 자외선의 색상을 지각한다. 전문가들이 말하는 이른바 '3차원의 색'이 새의 눈에는 보이는 것이다.

깃털 색깔의 물리적 특성이 복잡하긴 해도 이 색깔의 진화 역사는 최근 훨씬 명확해졌다. 내가 프룸을 만났을 때 그는 쉬싱이 이시안 셰일층 저 아래에서 찾아낸 깃털공룡 안키오르니스 헉슬리아이를 어느 화가가 그린 그림으로 보여주었다. 처음에 안키오르니스는 시조새보다 앞선 시기의 것으로 신문 헤드라인을 장식했는데 지금은 그 외에도 또 다른 명성을 얻고 있다. 전자현미경으로 표본을 살펴본 결과 프룸과 동료 집단은 특정 분자의 존재와 배열에서 색깔의 증거를 발견했다. "그야말로 삽화가 들어간 휴대용 공룡도감을 쓸 수 있는 밑바탕이 생긴 겁니다!" 프룸은 믿기지 않는다는 듯 흥분해서 말했다.

또한 안키오르니스에게서 색깔을 나타나는 어떤 징후라도 보인다면 그 도감은 컬러 책이 될 것이다. 프룸이 보여준 그림 속의 동물은 흰색과 검

화석화된 색소 분자로 밝혀진 바에 따르면 지금까지 발견된 것 중 가장 오래된 깃털공룡 안키오르니스 헉슬리아이는 흑백 얼룩무늬와 불같이 빨간 볏을 갖고 있었다

은색의 극명한 줄무늬 깃털이 있었고 불타듯 빨간 볏이 달려 있었다. 마치 날개가 네 개 달린, 이빨 난 딱따구리를 닮았다. 이 발견은 색깔이 있는 깃털이 깃털만큼이나 오래되었으며 미와 과시가 깃털 진화의 초기부터 일정한 역할을 했다는 주장을 강력하게 뒷받침한다.

공룡 깃털이 화려한 색깔을 지녔다면 새는 처음부터 색깔을 띤 채 진화한다. 이 긴 역사는 깃털 색소와 구조, 그리고 그것이 만들어낸 색깔의 종류가 어떻게 그토록 다양해지고 조류의 구애에 밀접하게 관여하게 되었는지 설명하는 데 도움이 된다. 하지만 색깔에 이끌리는 동물이 새만 있는 것은 아니다. 사냥꾼이 화살의 방향을 조정하기 위해 깃털을 이용하기 전부터도 화가들은 깃털을 모아 창조적인 그림을 표현했다. 현대의 아크릴 도료, 염료, 유화 물감, 파스텔이 발명되기 전에 다른 어떤 표현 수단이 그토록 화려한 장인의 색채를 표현할 수 있었겠는가? 물고기 색깔이 화려하긴 해도 물 밖으로 나오면 순식간에 색깔이 죽어버린다. 나비 날개는 너무 쉽게 망가지고 풍뎅이 등은 너무 잘 부러지며 보석은 구하기 힘들었다. 수렵채집 사회, 심지어는 초기 문명에서도 오로지 새 깃털만이 곳곳에서 쉽게 구할 수 있고 다양하며 지속성 있는 색깔을 제공했다. 인간 사회의 모든 문화에서 깃털을 미술품과 공예에 채택하여 몸을 장식하고 지위의 상징으로 삼았다.

최초의 깃털 장식이 언제부터 시작되었는지 정확한 시기를 밝힐 수는 없지만 고고학자들은 새에서 유래된 수공품의 오래된 사례를 계속 찾아내고 있으며 그 시기가 점점 거슬러 올라가고 있다. 세상에서 가장 오래된 악기로 알려진 플루트는 4만 년 전 독일에서 흰목대머리수리의 속 빈 날개 뼈로 만든 것이다. 프랑스의 유명한 라스코 동굴 부근 유적에서는 새 뼈 바늘, 펜던트, 구슬뿐만 아니라 화가가 황토 염료를 담기 위해 썼던 새 뼈 플라스크도 발견되었다. 이들 유적지에 있었을 깃털이 오래전에 썩어 없어지긴 했지만 고대 음악가와 화가와 도공들이 새 뼈로 작업 도구를 만들면서 색상이 풍부한 깃털의 창조적인 용도를 알지 못했을 것이라고 상상하기는 힘들다.

많은 문화에서 깃털공예의 중요성은 현대까지 지속되었다. 아주 최근인 1970년대까지도 남태평양 산타크루스 섬의 젊은 남자는 오로지 깃털로 신부값(매매혼 사회에서 신부 집에 제공하는 귀중품이나 식료품 등_ 옮긴이)을 치러야만 결혼할 수 있었다. 게다가 아무 깃털이나 다 되는 것도 아니었다. 테바우^{tevau}라는 깃털 화폐는 솔로몬제도의 토종 새인 화려한 진홍색과 검은색의 붉은머리꿀빨이새 머리깃털, 목깃털, 등깃털로 복잡하게 얽어 만든 긴 고리 모양이었다.

전통적으로 규모가 큰 구매(예를 들면 카누, 돼지, 집 거래)에 사용되던 깃털 고리는 길이가 10미터나 되며 350마리에서 1,000마리에 이르는 새의 깃털이 들어갔고 이 고리를 만드는 데 700시간 이상이 소요되었다. 꿀빨이새를 잡아 깃털을 뽑은 뒤 수 만개나 되는 작은 깃털을 고리(이 고리 자체도 나무껍질과 섬유 노끈을 섞어 비둘기 깃털과 함께 짠 동글납작한 여러 개 판으로 이루어져 있다)에 일일이 손으로 붙이는 테바우 제조 관련 기술은 몇몇 가족만 알고 있었다.

좋은 결혼 상대를 얻으려면 고리 열 개 이상의 비용이 드는데 이 엄청난 액수는 장기 할부로 지불되며 이를 통해 공동체가 깃털 채무와 채권의 연결망으로 묶인다. 테바우는 가장 공들여 만든 화폐라고 할 수 있지만 상업이 발달되었던 태평양 제도 곳곳에서 깃털은 조개껍질과 더불어 화폐로 쓰였다. 하지만 대체로 환상산호도에는 금속 광석이나 보석, 그밖에 내구성을 지닌 색깔의 원천이 부족했다.

산타크루스 섬 사람은 아름다운 깃털 고리를 곤충으로부터 보호하기 위해 연기를 피어놓은 고미다락에 보관했지만 이와 달리 대부분의 깃털 수공예품은 과시용으로 제작되었다. 하와이에서는 추장과 왕족이 깃털로 화려하게 꾸민 망토와 의식용 투구를 주문하는데 이때 깃털의 색상과 희귀성이 그들의 지위를 돋보이게 하는 데 도움이 된다. 섬에서 노란색은 다른 어떤 색상보다 귀하며 카메하메하Kamehameha 1세의 풍성하게 늘어진 황금빛 망토는 왕족의 물건 가운데 가장 유명하다. 지금은 멸종된 마모꿀먹이새 약 8만 마리의 깃털이 이 풍성한 깃털을 짜는 데 이용되었다. 아마존

산타크루스 섬의 깃털 화폐는 붉은머리꿀빨이새의 진홍색 깃털로 만들어졌다. 왼쪽은 사냥꾼의 장식. 오른쪽은 완성된 고리

분지의 와오라니국과 카라자국에서 에티오피아의 카로족, 나아가 태국, 라오스, 미얀마의 아카 고산족에 이르는 많은 문화에서 전통적인 깃털공예가 미술품과 장식공예로 이어져 오고 있다. 하지만 콜럼버스가 미 대륙에 도착하기 이전 미 대륙의 여러 제국들만큼 깃털공예 기술을 높은 경지로 끌어올린 부족은 없을 것이다.

1519년 아즈텍 시대의 수도 테노치티틀란에 도착한 에르난 코르테스 Hernán Cortés는 이 섬 도시를 가리켜 '세상에서 가장 아름다운 곳'이라고 했다. 코르테스와 그의 부하들은 운하, 수로, 사원, 물 위에 떠 있는 정원을 보고 감탄을 금치 못했다. 그는 스페인 국왕 카를로스 1세(신성 로마 제국 황제인 카를 5세기도 하다_옮긴이)에게 몬테수마 왕(1466~1520년. 멕시코 아즈텍 최후의 황제였으나 코르테스에게 멸망당했다_옮긴이)의 궁전을 설명하면서 이렇게 말했다. "스페인에는 그곳에 비견할 만한 곳이 없다는 말 말고는 (……) 어떤 말로도 그곳의 웅장하고 더없이 멋진 모습을 설명할 길이 없습니다."

하지만 그 도시의 구조물 가운데 가장 엄청난 경이감을 불러일으킨 곳은 바로 새장이었다. 몬테수마 왕의 궁전에 아주 조금 못 미치는 정도의 궁전처럼 꾸며진 이 새장에는 수십 군데의 마당, 발코니, 정원, 인공 연못(해수 연못과 담수 연못 둘 다 있었다)이 있었고, 천장이 격자 세공으로 짜여 하늘과 통하는 방이 길게 줄을 이루고 있었다. 300명에 이르는 관리인들이 새를 돌보았는데, 그중에는 수의사도 있었고 새들이 "야외에 있을 때와 똑같은 먹이를 먹도록" 닭, 벌레, 옥수수, 곡물을 구해오는 헌신적인 사육사도 있었다. 가마우지, 왜가리 등 물고기를 먹는 새를 먹이는 데만도 싱싱한 생선이 매일 110킬로그램 이상 필요했다. 코르테스는 이 새장을 설명하면서 "이 지역 부근에 알려진 모든 새 종류가 모여 있다"고 했으며 그의 부하 중 한 명인 베르날 디아스 델 카스티요^{Bernal Díaz del Castillo}는 훗날 보다 자세하게 다음과 같이 썼다.

그곳에 있는 모든 새 종류를 세어보다가 도중에 어쩔 수 없이 포기하고 말았다. (……) 로열독수리에서부터 그보다 작은 독수리에 이르기까지. (……) 그리고 여러 가지 색깔의 깃털을 지닌 작은 새들이 있었고, 초록색 깃털공예품을 만들 때 깃털을 뽑아서 쓰는 갖가지 새들도 있었다. (……) 또한 수많은 색깔의 앵무새도 있었는데 종류가 하도 많아서 이름을 모두 잊어버렸다. 그뿐 아니라 아름다운 무늬가 있는 오리, 그와 생김새는 비슷하지만 크기가 훨씬 큰 오리도 있었다. 적당한 때가 되면 이 모든 새에게서 깃털을 뽑았고, 깃털은 다시 자랐다.

이 많은 새떼를 정성껏 사육하고 보살피면서 새 깃털을 뽑았음에도 이 깃털로는 아즈텍 전체 깃털공예에 필요한 양의 일부밖에 충당하지 못했다. 귀족과 부유층은 자체적으로 이보다 작은 규모의 새장을 운영했고 심지어는 일반 시민도 애완용으로 색깔이 화려한 앵무새를 키웠다. 황제와 그 밑의 총독들도 정복 지역으로부터 깃털 십일조를 받아냈고 깃털 상인과 사냥꾼을 저 멀리 오늘날의 파나마와 콜롬비아까지 보내 깃털을 구해오도록 했다.

이러한 활동을 통해 해안지역 저어새의 핑크색과 저지대 앵무새의 찬란한 색조, 뿐만 아니라 무지개왕부리새, 반짝이는 꿀먹이새, 피그미물총새, 그 밖에 제국의 고지대에서는 볼 수 없는 화려한 색깔의 종들을 들여옴으로써 아즈텍의 색채는 매우 풍부해졌다. 조류학자들은 아즈텍 문명을 비롯하여 미 대륙 발견 이전 시대 문명의 새 불법 거래 상인과 사냥꾼이 큰꼬리찌르레기를 멕시코시티 주변 계곡으로 들여오고 깃털이촘촘한어치를 멕시코 서부 고지대에 들어옴으로써 중미 몇몇 새 종의 분포를 영구히 바꿔놓았다고 주장했다.

이처럼 풍부한 새 깃털 색깔을 이용하여 아즈텍은 머리장식, 의식용 관, 방패, 망토, 태피스트리 등 모든 종류의 장식품을 만들었다. 민간설화에 따르면 황제는 결코 같은 옷을 두 번 입지 않으며 화려한 예복 일습을 총애하는 궁전 귀족에게 보상으로 내려주었다. 또한 사실이든 아니든 몬테수마 왕은 코르테스와 함께 다니는 스페인 병사 모두에게 '풍성한 깃털공예 망

아즈텍 깃털 예술은 태피스트리에서 몬테수마 왕의 예복까지, 나아가 이 그림에 나오는 일반 병사의 군인복과 방패에까지 널리 퍼져 있었다

토' 두세 벌을 줄 정도로 커다란 옷장을 갖고 있었다고 한다. 선사받은 것이든 아니면 나중에 빼앗은 것이든 깃털 그림들 속에는 코르테스와 그의 부하들이 괴물, 뱀, 동물, 새 등의 세밀한 이미지로 표현되었으며 빛이 어른거리는 깃털로 이 형상들을 '그렸는데' 이 깃털은 "밀랍이나 자수로 만든 그 어떤 것보다 훨씬 멋있었다."

　애석하게도 코르테스와 이후 파견된 총독들은 문화적 억압과 교체 원칙에 따라 깃털공예를 비롯한 전통적인 관습을 불법화했고 수많은 공예품을 파괴했다. 멋진 아즈텍 깃털공예 가운데 파괴되지 않고 남은 것이 10점도 채 되지 않는 것으로 알려졌다. 이중에는 긴꼬리케찰 꽁지깃으로 만든 머리장식이 스페인 박물관에 보관되어 있고, 파란장식새와 금강앵무와 노란 꾀꼬리와 진홍저어새의 깃털로 만든, 빛바랜 코요테 방패가 비엔나에 보관되어 있다. 몬테수마의 새장은 1521년 스페인 군이 테노치티틀란을 포위 공격할 당시 불에 타 전소되었는데 코르테스는 적에게 "고통을 안겨주기" 위해 특별히 이 새장을 공격 목표로 설정했다. 전하는 얘기에 따르면 격자 세공과 굵은 목재에서 타오르는 불이 도시 전체와 호숫가 전역에서 훤히 보였다고 한다.

남쪽으로 페루의 잉카와 그 이전 사회들도 제국을 형성한 뒤 깃털 교역과 복잡하게 엮어 만든 깃털공예가 발달하다가 식민지 독립 이후 급속도로 몰락한 점에서 아즈텍과 유사한 운명의 궤도를 그렸다. 이들에게도 새장 조직이 있었으며 영토 곳곳에서 새와 깃털로 십일조를 거뒀다. 수십 종의 새가 이용되었고 산을 넘어 속국과 아마존 분지의 교역 상대로부터 많은 새를 들여왔다. 잉카의 새 처리 기술자는 깃털의 원래 색깔을 바꾸는 법을 배우기도 했다. 포획한 앵무새의 가죽을 독화살개구리의 분비물로 문질러 다음번 털갈이 때 평범한 초록색과 빨간색이 진한 황금빛 노란색과 연어살색으로 바뀌도록 함으로써 완전히 새로운 색깔을 만들었다.

이곳에 도착한 스페인 사람들은 아즈텍의 깃털공예 솜씨를 보았을 때와 마찬가지로 잉카의 깃털공예 솜씨에도 감탄을 금치 못했다. 하지만 이들은 이런 깃털공예를 이교도의 관습과 연관 짓고 식민 통치에 대한 잠재적 저항으로 보아 깃털공예품 제작을 금지시키고 깃털 직물과 공예품을 무더기로 파괴했다. 수세기에 걸쳐 축적된 기술과 전통이 한순간에 사라졌지만 페루 깃털공예 작품은 많이 살아남았다.

정복자들이 놓친 게 있었더라도 모두 빠른 속도로 부패되었던 아즈텍의 경우와 달리 페루의 깃털공예품들은 장례 문화와 결합되어 있었던 데다 건조한 기후 덕분에 혜택을 입은 것이다. 고고학자들은 계속해서 깃털 튜닉과 관복, 투구, 머리장식, 조각상, 가방, 방패의 아름다운 공예품을 발굴해내고 있다. 해안 사막 지대 곳곳에 흩어져 있는 어둡고 건조한 무덤 속에 깃털 제품들이 보관되어 있었기 때문에 천 년이 지났는데도 색깔이 생생하게 보존된 것들이 많다.

바싹 말라 있는 사막 매장실은 오래된 깃털을 보관하기에 완벽한 장소다. 빛으로부터 보호되기 때문에 색깔이 변하지 않고 습기가 없기 때문에 박테리아와 곰팡이가 공예품을 망가뜨리지 못하도록 보호한다. 실제로 기후는 고대 미 대륙 깃털공예의 잔존 여부를 알려주는 탁월한 예측 지표로 밝혀졌다. 잉카 사막의 공예품은 조금 남아 있고 온화한 기후인 아즈텍 고지대는 별로 남은 게 없으며 마야 우림지대의 것은 하나도 남지 않았다.

박물관 큐레이터는 지붕에 누수가 생기는 상황이 깃털 보존에 가장 나쁜 적이라고 간주한다. 나는 워싱턴 D.C.에 있는 아메리카인디언박물관 보존팀 수석 마리안 카미니츠에게서 이런 사실을 들었다. 우리 두 사람은 박물관 도서관에 앉아 있었는데 사방에 방수포가 책과 책장과 수레와 탁자 위에 덮여 있었다. 다행히도 누수된 물이 소장품 저장소까지는 가지 않았다. 이 저장소는 동굴 같은 이층짜리 방으로, 흰색 보관장 속에 차곡차곡 담긴 공예품이 바닥에서 천장까지 가득 메우고 있었다. 또한 작업실에도 빗물이 한 방울도 떨어지지 않았다. 이곳에서 한 전문가가 캘리포니아 남부 지방에서 발견된 놀랄 만큼 새까만 치마용 춤복을 조심스럽게 수리하고 있는 것을 방금 전 보고 나왔다. 이 전문가는 마른 스펀지에서 조금 뜯어낸 조각으로 깃털을 하나하나 닦은 뒤 깃판의 느슨해진 깃가지를 다시 정성껏 연결하고 있었다. 이 깃가지를 다른 것으로 대체할 수는 없다. 이것은 19세기의 것인 데다 여기에 사용된 깃털이 모두 지금은 멸종 위기에 처한 캘리포니아콘도르 깃털이기 때문이다.

"이곳은 살아 있는 문화박물관입니다." 마리안은 이렇게 설명하면서 그녀와 동료들이 미국 전역의 원주민 부족들에게 정기적으로 문의하면서 서로 소통하고 있다고 말했다. 소장품의 대다수는 역사적 유물이지만 박물관 측은 깃털공예를 비롯하여 미술 전통을 계속 꽃피우고 있는 집단들의 작품을 지금도 계속 입수하고 있다. 이렇게 살아 있는 연결 관계 덕분에 깃털공예에 대해, 또한 특정 깃털을 사용하는 의미가 왜 중요한지에 대해 보다 깊은 이해를 얻을 수 있었다.

물감이나 염료와 달리 깃털은 작품에 단순한 색깔 이상의 의미를 부여한다. 깃털에는 종과 관련된 신화와 상징 등 모든 특징이 배어 있다. 사기꾼 같은 큰까마귀, 현명한 올빼미, 태양의 화신인 벌새 등등. 깃털 색깔 자체가 어떻게 유래되었는지 민담을 통해 설명하는 경우도 있다. 빨간색과 노란색은 신성한 피나 불 속에 들어갔다 오느라고 생겼고 파란색은 하늘과 강에서 생겼다. 아마존 서부지역의 카시나후아족 민담에서는 파란색이 새 무사에게 살해당한 신화적인 동물의 구멍 난 담낭에서 생겼다고 설명한다.

문화 안내자 없이는 깃털공예에 얽힌 이런 세세한 사항들을 이해하지 못하는 경우도 많다. 마리안은 일전에 유피크 에스키모 춤 부채 세트를 박물관에서 전시하기 위해 준비하던 일을 떠올렸다. 이 부채들은 매우 오래되었고 부채에 달려 있던 흰올빼미 깃털이 대부분 빠져나가고 없었다. 이 깃털을 교체하자니 공예품을 '있는 그대로' 보존하고 싶은 역사학자로서의 충동에 어긋났다. 하지만 유피크족의 한 노인은 흰올빼미 깃털이 빠져버린 부채는 전혀 의미가 없다고 그녀에게 말했다. 조금 손상된 부분은 무시할 수 있지만 흰올빼미 깃털은 다름 아닌 춤에 없어서는 안 되는 요소였다. "그는 제게 이렇게 설명했습니다." 마리안이 말했다. "차에 흠집이 생겨도 차를 몰고 갈 수는 있지만 카뷰레터 없이는 차가 갈 수 없습니다'라고요."

카뷰레터는 훌륭한 비유였다. 깃털공예가 아무리 아름다워도 거기에는 그런 작품이 왜 어떻게 만들어졌는지, 그리고 어떻게 사용되는지에 관한 현실적 문화적 논리가 있기 때문이다. 새 역시 깃털의 진화과정에서 일정한 실용주의를 보여주었다. 색채에 대한 논의를 하다 보니 불가피하게 현란한 새들에게 초점을 맞추긴 했지만 가장 가까운 곳에 현장 답사를 나가 한번 힐끗 보기만 해도 대다수 종이 실제로는 매우 칙칙한 색을 띠고 있다는 것을 알 수 있다. '작고 평범한 갈색 새들'이 이 세상의 긴꼬리케찰을 모두 합친 것보다 수가 훨씬 더 많으며 심지어는 화려한 장식의 새도 암컷과 새끼들은 대개 갈색을 띤다. 과시하기 위해 화려한 색깔이 진화했지만 과시가 필요하지 않은 경우에는 주변과 조화를 이루며 한데 섞이는 편이 훨씬 좋다. 진한 색과 얼룩 반점 무늬가 많은 것은 모든 새의 가장 성공적인 색상 계획이 바로 위장이라는 사실을 잘 입증해준다.

하지만 새의 색상이 화려하든 칙칙하든 그 깃털은 비행과 보온과 과시라는 직관적 범주 이상의 용도를 지닌다. 깃털 구조의 다양성은 자연에서도, 인간의 발명 영역에서도 다양한 기능으로 이어진다. 이제 우리의 탐험은 새로운 영역으로 향할 것이다. 물속과 물위에서, 그리고 특허 신청 할 때, 양피지 위에서, 새가 열대우림에서 지저귈 때, 나아가 얼룩말의 썩은 위장 속에서 깃털은 과연 어떤 기능을 하는지.

5부

기능

꽥, 꽥, 어미 거위
깃털 빠진 게 있나요?
실은 있어요. 예쁜 친구
반이나 빠져서 베개 하나를 채울 정도예요.
그리고 깃대도 있어요. 한 개나 열 개쯤 가져가요
깃대 하나로 장난감 총이나 펜을 만들어요.
— 〈마더 구스〉, 전래동요

제 13 장
바다오리와 머들러에 대해

솜씨 좋은 낚시꾼은 강가를 걸으면서 그날 어떤 플라이를 던질지 가늠한다.
(……) 플라이가 제대로 날아가도록 잘 던진다면,
그리고 송어가 많고 날이 어둡고 적당한 바람이 불어 낚시 운이 따른다면
송어를 잔뜩 잡을 것이며 그 때문에 앞으로 점점 더
플라이 제작 기술에 푹 빠질 것이다.
— 아이작 월튼, 『완벽한 낚시꾼』(1676년)

"집에 가는 길에 아무것도 죽이지 말고 가!" 저녁 파티를 끝내고 나오는 데 한 친구가 큰 소리로 외쳤고, 모두들 웃었다. 길은 별 문제 없고 나는 겨우 몇 킬로미터만 가면 된다. 하지만 그 친구가 그저 농담으로 한 소리는 아니었다. 요컨대 내가 몰고 가는 차가 죽음의 트럭이었기 때문이다.

겉으로만 보면 완전히 평범한 도요타 픽업트럭이었다. 회색 바탕에 흰색 줄 하나가 있고 그에 어울리는 덮개가 씌워져 있다. 나는 이 차를 중고로 꽤 괜찮은 가격에 샀지만 예전 주인이 왜 차를 팔고 싶어 했는지 그 이유를 곧 깨달았다. 엔진은 잘 나가고 차체 모양도 멋있었다. 하지만 이상하고 당혹스럽게도 이 트럭은 길에서 우연히 동물들을 만나는 족족 죽이는 습성이 있었다. 직장에 도착해서 보면 라디에이터 그릴에 박새나 검은방울새 사체가 달라붙어 있는 일이 자주 있고 한번은 자동차 와이퍼 아래에 상모

솔새 사체가 끼어 있었다. 그 다음에는 토끼를 치었고, 그 후에도 토끼 두 번, 고양이 한 번, 까마귀 두 번, 울새를 한 번 치었고 들쥐와 다른 작은 포유류는 정확히 수를 알 수 없을 정도였다. 최근에는 국립공원 한복판에서 멋진 수사슴 한 마리를 치었다.

생물학자인 나는 우연히 표본이 생길 때 과학을 위해 한두 개 정도 수집해두는 습관이 있지만 이 도요타 트럭을 사기 전까지 운전 경력을 통틀어 내 차에 치인 사상자는 딱 한 번 붉은옆구리검은멧새 한 마리뿐이었다. 이 도요타 픽업트럭만 유독 사상자를 많이 내는 이유가 색깔 때문인지, 모양 때문인지, 그것도 아니면 어떤 불길한 기운 때문인지는 알 수 없다. 하지만 점점 운전하는 게 두려웠다. 게다가 더 섬뜩한 것은 스티븐 킹 소설에나 나올 법한 일처럼 죽음의 트럭은 그런 사상자를 내는 충돌에도 헤드라이트 하나 깨지지 않고 그릴에 흠집 하나 남지 않는다는 점이었다.

그래서 도로 앞쪽에 뭔가 작고 시커먼 물체 같은 걸 보았을 때 경험 많은 나는 브레이크를 밟았다. 버려진 티셔츠나 넝마뭉치같이 보였다. 하지만 트럭이 천천히 다가가 앞바퀴와 물체의 거리가 1미터쯤 되는 지점에 섰을 때 넝마뭉치가 나를 빤히 쳐다보면서 눈을 깜박였다.

'부조화스럽다'는 뜻의 incongruous는 '어울리지 않는다' 또는 '장소에 맞지 않는다'는 뜻의 라틴어에서 파생된 말이다. 엄밀히 해양성인 새가 흙길 한복판에 천연덕스럽게 앉은 모습은 이 단어의 뜻에 멋지게 들어맞는 것 같았다. 바다오리는 바다오릿과에 속하며 살집이 많고 힘이 좋은 바닷새로, 먹잇감을 쫓기 위해 물속에 들어가서도 날개를 퍼덕거리며 '날' 수 있다. 알을 낳기 위해 1년에 한 번 해안 절벽이나 바위섬에 잠시 머무는 것을 빼고는 평생을 바다에서 보낸다. 픽업트럭이 육지동물 군에서는 더 이상 죽일 동물을 찾지 못해 이제 바다 동물을 공격하기로 방향을 바꾼 것 같았다.

바다오리는 헤드라이트 불빛 속에 아주 평온하고 차분하게 앉아 있었다. 서식지를 잘못 찾은 것은 내 쪽인 것 같았다. 하지만 바다오리는 편평한 도로 면을 잔잔한 수면으로 착각하여 길을 잘못 든 것이다. 이런 착각으로 바다오리 떼 전체가 젖은 주차장이나 비행장 활주로에 내려와 앉는 바람에 다치는 일도 종종 있다. 일단 땅에 내려오면 서툰 날갯짓으로 퍼덕거리며 돌아다니기만 할 뿐 다시 하늘로 날아오르지 못한다. 살집이 많고 무거운 바다오리는 물의 부력을 이용하여 긴 거리를 달려야 비로소 하늘로 날아오를 수 있다. 나는 바다오리가 도로에 너무 세게 부딪힌 건 아니기를 바라면서 차를 세웠다. 바다오리는 튼튼하고 살집이 두툼하므로 뼈가 부러지지는 않았을 거라고 생각했지만 깃털은 한 개만 손상을 입어도 생과 사가 달라질 수 있다.

좀 더 다가가자 바다오리는 쉿쉿 소리를 내면서 갑자기 요동치며 달아나려 했다. 하지만 이건 슴새잡이가 아니었고, 숨어 들어갈 굴도 없었다. 나는 뛰어가 뒤에서 바다오리를 잡은 뒤 조심스럽게 날개를 몸에 고정시켰다. 바다오리가 처음에는 버둥거리다가 이내 고개를 돌리고는 힘세고 튼튼한 부리로 엄지손가락 아래 살집 부위를 꽉 물었다. 그러자 곧 진정 효과가 나타났다. 다른 새나 심지어는 작은 포유류에게서도 관찰했던 것인데, 이들 동물이 부리나 이빨로 상대를 물면 할 일을 다 했다고 느끼면서 긴장을 풀고 함께 붙어 있는 상태를 즐기게 된다. 바다오리의 복부 깃털을 살피기 위해 거꾸로 들자 부리에 힘이 들어가면서 엄지손가락을 꽉 붙잡았다. 깃털은 무사해 보였다. 긁힌 곳도 없고, 깃축이 부러진 곳도 없으며 깃털 겉면 위로 솜털이 삐죽이 솟아오른 곳도 없었다. 흠 없이 매끄러운 흰색 면이 헤드라이트 불빛을 받아 밝게 빛났다. 곧바로 바다로 돌아가도 좋은 상태였다.

순간 나는 내 계획에 몇 가지 문제가 있는 걸 깨달았다. 내가 바다오리를 잡고 있고 바다오리는 날 물고 있는 상태에서 해안은 1.6킬로미터나 떨어져 있었다. 바다오리를 바닥에 내려놓을 방법도, 내려놓을 곳도 없었다. 운전도 할 수 없었다. 아니, 헤드라이트를 끄기 위해 한 손을 풀 수조차 없었다. 이윽고 나는 엄지손가락을 잘근잘근 씹고 있는 바닷새의 마음을 달래려 이야기를 들려주면서 칠흑 같은 어둠 속에서 시골길을 따라 걷고 있었다. 그 후 어린 아들을 잠재울 때 이 비슷한 방법을 사용하게 되었지만 어쨌든 그날 밤 나는 다시 한 번 깃털에 감탄하게 되었다.

그 바다오리의 깃털에서 단 한 군데라도 손상 입은 곳을 발견했다면 이 새를 집으로 데려와 지역 야생동물 복귀센터에 데려갔을 것이고 그곳에서 바다오리는 오래된 미끼용 물고기와 고양이 음식으로 연명하면서 다음 털갈이 때까지 무한정 머물렀을 것이다. 깃털 상태가 엉망인 바닷새를 바다로 돌려보내면 죽음의 트럭 앞에 그냥 내버려두었을 때와 똑같은 운명을 맞을 것이다. 피부가 깃털의 보호를 받지 못할 경우 물은 공기에 있을 때보다 25배나 빠른 속도로 체열을 빼앗아간다. 우리 섬 주변을 흐르는 한류에 아무 보호 장비 없이 들어간 사람은 10분 만에 저체온 증상이 나타나며 한 시간이나 지나면 살아남지 못한다. 체질량이 작은 새는 깃털 덮개가 안전하게 감싸주지 못한다면 그 시간의 몇 분의 일도 유지하지 못할 것이다. 길 잃은 바다오리에서부터, 남극의 얼음 사이에 난 구멍 속을 들락날락하는 황제 펭귄, 나아가 도시 공원 연못에서 빵 부스러기를 달라고 조르는 청둥오리까지 수상생활을 하는 모든 새는 깃털 덮개 사이로 물이 새지 않아야 한다. 이상한 역설이다. 물새가 절대 물에 젖지 않는다니.

오래전부터 조류학자들은 이런 현상의 원인이 깃털 단장 기름에 있다고 보았다. 깃털 단장 기름이란 왁스 같은 분비물이며 새들은 매일 깃털을 단장할 때 깃털 위에 이 분비물을 골고루 발라놓는다. 깃털 단장을 하는 새를 가만히 지켜보면 반복적으로 몸을 비틀면서 엉덩이 바로 위쪽에 있는 특정 부위를 부리로 헤집는 것을 볼 수 있다. 하지만 가려워서 긁는 것이 아니다. 새는 그곳에 있는 꼬리샘에 부리를 대고 기름을 바르는 것이다.

꼬리샘은 특수하게 분화된 기관으로, 지방질이 풍부한 분비물이 깃털을 유연한 상태로 만들어준다. 우선 한눈에도 방수와 연관이 있다는 게 분명해 보였다. 기름은 방수 효과가 뛰어난 것으로 유명하며 이제껏 알려진 가장 큰 꼬리샘은 고래새, 오리, 펠리컨 등 물에서 사는 새에게서 발견되었다. 이후 여러 연구에서 가루솜털깃이라는 명칭으로 알려진, 특수하게 분화된 깃털 역시 일정한 역할을 한다고 주장했다. 이 역시 직관적 논리라고 여겨졌다. 가루솜털깃에서는 땀띠분처럼 물기를 말리는 특성이 있는 작은 케라틴 조각들이 떨어지며, 매우 풍성한 가루솜털깃을 지닌 많은 새들은 꼬리샘이 작거나 없기 때문이다.

하지만 직관적 논리가 꼭 사실이라는 법은 없으므로 나는 실험을 해보기로 했다. 차에 치여 죽은 거위의 비행깃 하나를 뽑아와 라쿤 오두막 앞 현관에서 그 위로 물을 부었다. 물은 방울방울 맺히더니 은빛 물방울이 되어 즉시 도르르 굴러 떨어졌고 깃축에는 축축한 물기가 하나도 남지 않았다. 확대경으로 관찰하니 물이 깃축 위로 흘러 보석 같은 물방울을 이룬 뒤 깃가지가 격자 모양으로 복잡하게 얽힌 깃판 위에 맺혀 있었다. 깃털의 아래 면은 물기가 하나도 없이 완전히 말라 있었다. 하지만 그 이유가 가루 솜깃털이나 깃털 단장 기름이 아직 남아 있기 때문인지 아니면 깃털 자체의 구조 때문인지는 분명하지 않았다. 나는 실험을 한 단계 더 높여야 했고 잔 마이너에게서 도움을 얻었다.

미국 여배우인 마이너는 27년 동안 유명한 텔레비전 광고에 출연해서 매지라는 이름의 재치 있는 매니큐어사 역할을 했다. 그녀는 광고에 매번 등장하여 아무 의심 없는 어느 여자의 손가락 끝을 파몰리브 식기세제 비눗물 그릇에 담가 놓고는 이 세제의 부드러운 장점에 대해 한바탕 수다를 늘어놓는 뒤 "당신 손이 비눗물 속에 들어가 있군요"라고 알려준다. 매지의 액체세제는 기름기와 자연 기름을 작은 입자로 분해하여 그 아래 접시 표면까지 물이 들어갈 수 있도록 함으로써 접시를 깨끗이 씻는 동시에 고객의 피부와 손톱을 부드럽게 해주었다. 이 사실을 떠올린 나는 거위 깃털을 집으로 갖고 들어가 부엌 싱크대에서 따뜻한 물로 잘 문질러 닦았다.

비눗물 속에서 나온 깃털은 완전히 망가진 모습이었다. 젖은 깃가지가 깃축에 착 달라붙기도 하고, 한데 엉켜 검은 덩어리를 이루기도 했다. 하지만 깃털을 말리자 얼른 익숙한 모습을 되찾았다. 또한 내 손으로 엉성하나마 깃털 단장을 하자 깃가지 대부분이 다시 살아나 매끄러운 깃판을 형성했다. 그 위에 다시 물을 적시고 관찰하니 진주 같은 물방울이 맺혀 있었다. 결론은 명확했다. 깃털 단장 기름이 제거된 상태에서도 거위 깃털은 방수 기능을 그대로 유지했다.

대다수 깃털 연구가들은 현재 깃털 구조가 방수의 핵심이라는 데 동의한다. 이들은 실험에서 깃털을 초강력 세제나 에틸알코올로 씻고 물과 공

주사전자현미경으로 본 횡단면 영상. 물방울이 비둘기 깃털 깃가지 위에 맺혀 있다

기가 깃털을 통과할 수 있도록 가압 기계도 사용했다. 이러한 처리에도 불구하고 비행깃과 겉깃털은 몇 번이고 계속해서 내수성을 입증해 보였다. 유일하게 솜깃털만 물에 젖은 것처럼 보였지만 그마저도 일정 수준의 내수성을 보였다. 청둥오리 새끼는 아직 꼬리샘에서 기름을 만들지 않고 부화한 지 며칠 되지 않았을 때에도 일반적인 수영 시 날 때부터 갖고 있던 솜털로 물에 젖지 않은 상태를 유지할 수 있다.

가볍고 효율적이며 쉽게 복구되고 강력한 방수 기능을 가진 깃털의 미세구조는 점차 많은 사람의 관심을 끌고 있는데, 여기에 조류학자들만 있는 것은 아니다. 물리학자, 엔지니어, 발명가 역시 내수성에 관심을 가지며 깃털 구조에 관한 탁월한 연구 논문이 《저널 오브 콜로이드 앤 인터페이스 사이언스_Journal of Colloid and Interface Science》와 《저널 오브 어플라이드 폴리머 사이언스_Journal of Applied Polymer Science》 같은 간행물에 정기적으로 실리는데, 이 잡지들은 결코 조류학자들이 자주 찾는 간행물이 아니다. 이들 잡지 제목을 보면 알 수 있듯 연구에 따른 보상이 바뀌었으며, 지적 만족과 관련된 보상은 아니었다. 고어텍스와 그 외 테플론에서 파생된 섬유 제조회사가 보여주었듯이 방수 소재는 몇 십억 달러가 걸려 있는 사업이다. 하지만 테플론 생산에는 퍼플루오로옥타노익 에시드[PFOA] 같은 오염 화학물이 배출되는 반면 깃털은 천연 방수 기능이 있어서 환경 친화적인 대안을 얻기 위한 열쇠가 될 수 있다.

깃털이 어떻게 천연 방수 기능을 갖는지는 여전히 풀리지 않은 수수께끼다. 나는 중국의 한 과학자를 접촉했다. 그가 이끄는 팀에서는 29개 종의 새 깃털을 대상으로 미세 거칠기 정도를 연구한 바 있었다. 이 팀에서는 '접점', 즉 깃털 깃판의 격자구조에서 물과 접촉하는 작은 모서리나 뾰족한 끝이 몇 개인지 계산했다. 대다수 새는 깃털 표면 1제곱밀리미터당 수십 개의 접점이 있지만 물새들의 경우에는 이 수치가 급격하게 올라가서 자카스펭귄은 1제곱밀리미터당 900개라는 놀라운 수치를 보인다. 그의 말에 따르면 접점의 밀도에 따라 내수성이 달라진다. 각각의 지점에서 물의 표면장력을 밀어내는 것이다.

다른 한편 이스라엘의 한 물리학자는 접점 자체가 실제로 물을 밀어내는 것이 아니라 접점들 사이에 모여 있는 공기 주머니가 물을 밀어낸다고 단호한 어조로 말했다. 그는 비둘기 깃털 위에 작은 물방울이 맺혀 있는 전자현미경 사진을 가져왔다. 물방울 아래 있는 깃털 깃가지 사이에 공기 주머니가 뚜렷하게 보였다. 그는 깃가지(그리고 작은 깃가지와 작은 갈고리)

의 밀도가 높으면 공기 주머니 수가 늘어나고 그에 따라 내수성도 높아진다고 주장했다.

물이 깃털 표면에 닿을 때 실제로 어떤 일이 일어나는지 그 작용 구조는 여전히 의문에 싸여 있지만 한 가지는 확실하다. 깃털이 가볍고 유연하고 얇다는 점을 고려할 때 깃털은 다용도의 효율적인 자연 방수막 구실을 한다는 점이다. 이는 과학자(그리고 고어텍스에서 일하는 많은 사람)들이 해결하고자 열망하는 공학기술의 눈부신 위업이다.

그 사이 생물학자들은 깃털 구조에 대한 새로운 통찰을 바탕으로 물새에 관한 오랜 의문들을 풀어나가고 있다. 가령 가마우지와 유럽쇠가마우지는 방수 논의에 흥미로운 전환을 불러왔다. 일본과 중국에서 물고기를 잡아먹는 새로 유명한 이 가마우지와 유럽쇠가마우지는 목이 길고 물속에 잠수하는 새 종류로, 세계 곳곳에 서식하며 특이한 공통점을 지닌다. 물속으로 들어갈 때마다 겉에 있는 깃털이 물에 젖는다는 점이다.

잠수라는 점에서 보면 이런 특성이 분명 이롭다. 깃털 사이에 공기가 적을수록 부력이 적어지며 그러면 물속에서 물고기나 갑각류 등 먹잇감을 쫓기가 훨씬 쉬워진다. (잠수를 잘하는 또 다른 새로 아비새가 있는데 같은 이유에서 이들의 뼈는 대체로 단단하고 무겁다.) 예전의 관찰자들은 가마우지가 기능적인 깃털 단장 기름샘이 부족할 것이라고 여겼다. 대신 안쪽 깃털 층에 깃털이 촘촘하게 나 있고 물에서 나왔다가 다시 들어가는 사이에 오랫동안 날개를 쫙 펴고 깃털을 말리는 습성이 있어서 살아남았을 것이라고 보았다. 하지만 좀 더 세밀하게 관찰한 결과 이 습성은 전형적인 깃털 단장의 습성이며 기름샘의 크기와 기능도 정상인 것으로 드러났다. 역시 진짜 해답은 깃털 구조에 있었던 것이다.

가마우지의 겉깃털은 촘촘하지 않으며 깃판의 가장자리만 물에 젖는다. 깃축 쪽으로 갈수록 깃가지는 점점 촘촘해지며 접점도 펭귄 깃털만큼 많다. 빽빽하게 겹쳐진 깃털 층이 방수층을 형성하는데, 깃판 가운데 부분은 깃가지가 촘촘하게 얽혀져 있는 데다 서로 겹쳐진 위 깃판과 아래 깃판 사이에 틈이 전혀 없다. 이런 조건을 갖고 있는 유럽쇠가마우지와 가마우시는 물에서 나올 때 좀 더 멋있는 모습이다. 현재 조류학자들은 다른 새들이 볼품없는 꼬리샘을 달고서 깃털이 물에 젖은 채 헝클어진 모습으로 나오는 데 비해 가마우지는 물속 생활에 아름답게 적응한 것으로 보고 있다. 가마우지는 깃털이 물에 젖음으로써 부력이 작아지는 이점을 누리는 한편 피부와 솜깃털은 방수 덮개로 잘 봉해 놓는다.

물속에 잠수하는 가마우지나 길 위에서 오도 가도 못한 채 있다가 차가운 바다로 돌아간 바다오리에게는 방수의 필요성이 분명히 있지만 설령 이런 경우가 아니더라도 모든 새 종은 기후에 노출되어 살아가기 때문에 몸이 젖지 않도록 해줄 방법이 필요하다.

일전에 철도 아닌데 차가운 비가 억수같이 쏟아진 적이 있었다. 그때 나는 갈색 벌새 한 마리가 둥지를 감싼 채 웅크리고 있는 모습을 보았다. 파카와 모직 스웨터를 입은 나는 옷이 비에 젖고 한기를 느꼈다. 그렇게 작은 새나 그 새의 새끼들이 그런 날씨에 살아남는 것은 불가능해 보였다. 하지만 당연히 빗물은 새의 등과 날개 밑으로 흘렀고 그 아래 있는 것들은 모두 마른 상태를 유지할 수 있었다. 이후 봄이 왔을 때 어린 새끼들은 모두 자라서 날아갔다.

새의 경우는 어떤 기후에 살든 상관없이 가장 바깥에 있는 깃털 층이 가장 중요한 보호막 구실을 한다. 한때는 내수성이 깃털 진화를 이끄는 추동력이라는 주장까지 나오기도 했다. 지금은 프룸의 이론에서 추측한 최초의 깃대와 솜털에 방수 기능이 없다고 믿기 때문에 이 주장은 타당성이 없어 보인다. 하지만 깃판이 있는 깃털은 서로 얽혀 있는 접점과 공기 주머니가 있기 때문에 분명 방수 기능에 의해 미세한 조절이 이루어졌을 것이고 비행 및 과시 행동뿐만 아니라 어떤 기후에서도 따뜻하고 건조한 상태를 유지하도록 적응해 왔을 것이다.

물이 스미지 않아야 한다는 원칙에서 유일하게 눈여겨볼 예외는 지구에서 가장 건조한 지역에 사는 사막꿩이다. 이 새는 물과 관련하여 전혀 다른 걱정을 안고 살아간다. 1896년 영국 자연학자 에드먼드 미드왈도Edmund Meade-Waldo가 최초로 사막꿩의 번식행위를 설명했을 때 아무도 그의 말을 믿지 않았다. 칼라하리 사막에서 북쪽으로 스페인까지, 그리고 저 먼 동쪽 몽골까지 매우 건조한 지역에서 발견되는 다양한 종의 사막꿩은 모두 땅 위에 살짝 패인 곳이나 심지어는 낙타 발자국에 둥지를 틀며, 가장 가까운 수원지에서 무려 50여 킬로미터나 떨어진 곳에 둥지를 트는 경우도 많다. 이 새들은 마른 사막 씨앗을 먹으며 근근이 연명하고 살아남기 위해 정기적으로 물을 마셔야 한다. 따라서 어른 새는 하루에 몇 번씩 물을 먹기 위해 왕복한다. 미드왈도의 기록에 따르면 수컷 사막꿩은 번식기에 연못에 오래 머물면서 물속으로 들어가 가슴에 차곡차곡 물을 적신 뒤 둥지로 돌아온다. 그가 돌아오면 목마른 아기 새들은 달려 나와 아버지의 가슴 깃털에서 직접 물을 빨아 마신다.

미드왈도는 사막꿩에 대한 논문을 몇 개나 썼고 새를 직접 기르면서 포획된 상태에서 이런 습성을 관찰했지만 과학계에서는 그의 주장을 망상이라고 일축했다. 그의 주장이 터무니없게 들렸을 뿐만 아니라 튼튼하게 확립된 과학 지식에도 위배되었기 때문이다. 모든 사람이 깃털에는 물이 스며들지 않으며 깃털은 물을 흡수하지 않는 것으로 믿고 있었다. 설령 깃털이 물을 빨아들이더라도 뜨거운 사막 공기 속을 빠른 속도로 50여 킬로미터나 날아오는 동안 어떻게 물이 마르지 않고 그 상태를 유지할 수 있겠는가? 미드왈도가 옳았다는 것을 증명하기까지는 60년이라는 시간과 반복되는 탐사 관찰, 그리고 전자현미경이 필요했다.

역시 해답은 구조에 있었다. 사막꿩만의 특이한 구조가 있었는데 수컷(그리고 정도는 조금 덜 하지만 암컷) 가슴 깃털은 촘촘한 격자 형태로 자라지 않고 스프링 같은 성긴 나선 모양으로 자란다. 확대경으로 보면 비닐 수세미처럼 생겼으며 작은 나선 구조 하나하나가 놀랄 만큼 많은 액체를 빨아들인다. 무게 단위로 비교하면 사막꿩 깃털은 보통 설거지 수세미보다 두 배에서 네 배 많은 물을 머금을 수 있다. 깃털 상태가 좋은 수컷 사막꿩의 경우 사막을 가로질러 오랜 시간 비행한 뒤에도 어린 새 한 마리당 서너 차례에 걸쳐 입 안 가득 시원하고 상쾌한 물을 먹인다.

• • •

바다오리를 데리고 해변에 도착했을 무렵 더운 사막 바람이라도 한바탕 불어왔더라면 정말 반가웠을 것이다. 하지만 바다에서 불어오는 바람은 태평양 연안 북서부 겨울의 축축한 찬 공기를 잔뜩 머금고 있었다. 바다오리에게 필요한 것은 바람과 파도 속으로 뛰어 들어가는 일일 뿐이겠지만 내 마음속 한편에서는 이 불쌍한 것을 집으로 데려가 장작 난로 옆에서 따뜻하게 몸을 데워주고 싶었다.

그날 밤은 달도 보이지 않을 만큼 구름이 많이 껴서 칠흑같이 깜깜했다. 나는 파도에 떠내려 온 나무 위를 건너 천천히 걸어갔고 마침내 자갈과 모래가 펼쳐진 해변에 닿았다. 내가 무릎을 꿇고 새를 놓아주려 했을 때 우리 둘은 마치 여러 번 연습했던 춤을 추는 듯 동시에 서로를 놓아주었다. 나는 어둠 속에서 엄지손가락을 문지르면서 바다오리가 안전하고 안락한 찬 바다로 허우적거리면서 걸어가 마침내 사라질 때까지 가만히 귀를 기울이고 있었다.

• • •

접점과 표면장력이라는 구조적인 물리적 특성이 여전히 논란의 소지를 안고 있긴 해도 깃털과 물의 형이상학은 잘 알려져 있다. 사색적인 사고는 깃털이나 흐르는 물과 밀접한 연관이 있으며, 어쩌면 강물 속의 송어에 대해 최초로 깊이 생각해보았을 사람에게서 시작되어 내려오는 어떤 문화적 전통 속에 잘 구현되어 있다. 스포츠로서, 그리고 충동으로서의 플라이 낚시는 적어도 그리스 역사가 아에리아누스 타티쿠스^{Aelianus Tacticus}가 마케도니아 강 부근 지역의 낚시 습관에 대해 설명했던 2세기까지 거슬러 올라간다.

그 지역 사람들은 붉은(진홍색) 털실을 훅(낚싯바늘) 둘레에 감고, 깃털 두 개를 털실 위에 붙이는데 이 깃털은 수탉 목에 늘어진 붉은 피부 아래에 왁스 같은 색깔로 자라는 깃털이다. 낚싯대 길이는 180센티미터이고 라인 역시 길이가 같다. 그러고 나면 올가미를 던진다. 물고기는 색깔에 매료되어 정신을 차리지 못한 채 곧장 올가미로 와서는 예쁜 모습을 보고 갸우뚱하며 조심스레 한입 먹어본다. 하지만 물고기가 턱을 벌리는 순간 훅에 걸린 채 씁쓸하게 식사를 즐기게 된다.

17세기 무렵 영국 작가이자 여가활동을 즐겼던 아이작 월튼Izaak Walton이 상세한 논문과 시를 모아 『완벽한 낚시꾼The Compleat Angler』이라는 책으로 엮어낸 이후 이 취미가 자리 잡았다. 이 책에서 월튼은 모든 자존심 있는 낚시꾼에게 항상 "수오리의 머리 깃털"과 "작은 새와 얼룩무늬가 있는 가금류, 두 가지 새의 화려한 깃털"을 가지고 다니라고 충고했다. 선사시대 문화에서 플라이 타잉fly-tying(타잉은 낚싯바늘에 미끼를 매는 법을 말한다_옮긴이) 기술을 사용했는지 여부는 알려지지 않았지만 분명 서구 문명의 여명기 이후부터는 깃털로 물고기를 속여 왔다. 나는 물고기를 많이 먹는 노르웨이 사람의 후손이자 깃털에 깊이 매료된 사람으로서 직접 내 손으로 이를 시험해봐야 한다고 생각했다.

"저기, 플라이 낚시를 가르쳐주기 전에 엘리자의 허가서부터 받아야 할 거예요." 내가 전화를 걸었을 때 존은 이렇게 말하고는 웃었다. 그가 담배 연기를 깊게 빨아들이는 소리가 들렸다. "자꾸 빠져들어 뭐랄까 집착 같은 게 생기거든요."

베테랑 낚시 지도사인 존 설리번은 사람들에게 깃털로 만든 플라이와 물고기에 애착을 갖도록 도와주고 지원하는 동안 그들의 배우자로부터 숱한 불만을 받아왔을 것이다. 그는 붉은반점송어에서 작은입배스에 이르기까지 모든 물고기 낚시 여행을 인솔해서 다녔지만 특히 무지개송어를 좇는 데 전문가였다. 무지개송어는 강을 거슬러 올라가는 송어로, 잘 잡히지 않는 것으로 유명해서 낚시꾼들 사이에서는 '낚싯대를 천 번 던져야 하는 물고기'로 불린다. 사람들은 무지개송어 한 마리를 낚아 올리기 위해 여러 날, 아니, 한 시즌, 심지어는 몇 년이나 걸렸다고 이야기하기도 한다. 하지만 진정한 낚시광의 경우 무지개송어를 잡아 끌어당기는 맛을 느끼기 위해서는 손으로 플라이 타잉 작업을 해야 한다. 또한 플라이가 서부의 얕은 강물 위로 달리는 모습을 지켜보는 것만으로도 충분히 기다릴 만한 가치가 있다.

존과 그의 가족이 사는 곳은 오리건 동부에 위치한 강 협곡 주변 울창한 숲인데 처갓집에서 일직선 거리로 그리 멀지 않다. 이곳에는 사람이 드문드문 살고 있어서 비거리(골프에서 1번 우드로 공을 쳐서 날아가 멈춘 지점까지의 거리_옮긴이) 안에 있는 사람은 모두 이웃이며 존은 아내가 어린 꼬마였을 때부터 알고 있었다. 존이 20여 년 이상 전문 지도사로 살았고 그와 함께 낚시를 하기 위해 전 세계에서 사람들이 오지만 존은 바로 아랫집 가족을 고객으로 삼는 데 다소 경계하는 눈치였다.

나는 아내 엘리자가 개의치 않을 것이라고 안심시켰다. 어쨌든 아내는 내가 이 책을 쓰기 위해 라스베이거스에 가서 쇼걸과 인터뷰를 하는 것도 허락한 사람이었다. 그에 비하면 플라이 낚시를 배우는 것쯤이야 별거 아닐 것이다. 결국 존은 승낙했다. 하지만 내가 골퍼가 아니라는 것을 확인한 다음에야 승낙했다. 사람들은 저마다 집착하는 취미가 한 가지씩 있으며 내가 골프를 치지 않는다면 앞으로 살아가는 동안 플라이 낚시를 할 여지가 있다고 존은 말했다. (나는 깃털 연구 때문에 어쩌면 홀쩍 골프 코스로 나갈지도 모른다는 얘기를 존에게 하지 않기로 했다. 고무와 현대의 합성물질이 나오기 전까지 세계에서 가장 좋은 골프공은 소가죽 공 속에 거위털을 손으로 채워 넣어 만들었다. 젖은 상태로 채워 넣은 뒤 마르면 팽팽하고 단단한 작은 공이 된다. 이 공을 '페더리featheries'라고 부르는데 180미터 이상 날아갈 수 있다. 이는 이전의 나무 골프공보다 두 배나 긴 거리이며 지금도 대부분의 코스에서 꽤 괜찮은 드라이브를 기록하고 있다.)

유난히 추운 어느 봄날 오후 존 설리번의 집에 도착했다. 비를 동반한 돌풍이 일어 협곡에는 시커멓고 큰 파도가 넘실거렸다. 존의 배는 마당 한쪽 트레일러 위에 놓여 있었고 비바람 때문에 방수포로 꽁꽁 덮어 놓았다. 송어 시즌이 열렸지만 폭우로 모든 강은 '횡'했다. 물살을 타고 떠내려가면서 낚싯대 던지는 법을 배우는 대신 우리는 실내로 들어가 낚시에서 가장 기본적인 깃털 관련 대목, 즉 플라이 타잉 기술을 집중적으로 배웠다.

"뭐부터 해야 할지 아무것도 모를 거예요." 존은 소리 내어 웃으면서 식당 탁자 위에 장비들을 펼쳐 놓기 시작했다. 톱니가 있는 좁은 죔쇠와 회전 손잡이가 달린 강철 바이스 두 개, 훅이 든 상자, 실패, 닥터 슬릭 가위 세 개(굽은 것, 바른 것, 톱니가 달린 것), 더빙 스파이크, 휩 피니시 툴, 셔닐, 비드, 틴설, 여러 가지 색깔의 리빙이 있었다. 그리고 그곳에 깃털이 있었다. 존이 비축해 놓은 깃털 중 일부였지만 탁자 위에 떨어진 깃털과 비행깃이 수십 개 있었고, 색깔이 화려한 솜털도 주머니에 담겨 있었다. 수탉의 얼룩무늬 목둘레 깃털도 온전한 형태로 있었고 거위에서 칠면조, 꿩, 쇠오리에 이르는 최소한 대여섯 종의 깃털도 있었다. 각 종류마다 그리즐리, 배저, 마라부, 패러슈트, 비오트, 케이프, 새들 등 플라이 타잉 별명이 붙어 있었다. 선정적인 형광빛 노란색으로 염색한 암탉 깃털은 워싱턴 주의 컬럼비아 강변에 있는 유명한 핵무기 지역 이름을 따 '핸퍼드 치킨'이라는 별명으로 불린다. 몇몇 고급 깃털 명칭에는 '호프만 그리즐리' '허버트 해클' '메츠 새들' '콘랜치 스템' 등 유명한 사육자의 이름이 들어가 있다.

특제 깃털 사업의 경우 최고급 수탉 가죽이 개당 수백 달러에 팔리므로 꽤 수지맞는 장사가 될 수 있다. 특제 깃털을 만들어내기 위해 새가 특별한 형질, 즉 깃축과 깃가지가 잘 휘어지는 특성을 갖도록 사육한다. 이렇게 하면 깃축과 깃가지를 감쌀 때 고르게 벌어지기 때문이다. 그 결과 새는 플라이 타잉 관련 집단에 속하지 않은 사람으로부터도 시선을 끌 만큼 길고 멋진 깃털을 갖게 되어 마치 애완견처럼 특별한 관리를 받은 것처럼 보인다. 예일 대학교의 피바디 자연사 박물관에서 프룸은 플라이 타잉 용으로 사육된 수탉 '허버트 마이너 크림 배저'의 박제를 보여준 적이 있었는데 세상에 가장 아름다운 여러 야생 조류들 속에 당당히 진열되어 있었다.

탁자 위에 모든 장비가 놓인 상태에서 존이 탁자 옆을 지나가면서 각 장비를 설명하고, 특정 곤충의 날개와 다리와 몸통처럼 보이도록 하기 위해 훅 샤프트 주위에 깃털을 어떻게 매어 비틀어야 하는지 보여주었다. 중년의 나이에 강단 있어 보이는 탄탄한 체격의 존은 머리가 희끗희끗 반백이었고 평생 야외활동을 해온 탓에 얼굴이 완전히 검게 그을었다. 그 역시 "대다수 사람이 그랬듯이 누군가 플라이로 물고기를 잡는 것을 보고 나서 플라이 타잉에 관심을 갖게" 되었다.

존이 말로는 전문가가 아니라고 했지만 오후 내내 깃털과 낚시의 역사, 방법, 그 밖의 세부 사항들에 대해 풍부한 이야기를 들려줌으로써 그 주장이 빈말임을 스스로 보여주었다. 존의 말투에는 전문가의 관심과 애호가의 열정이 그대로 배어 있었지만 내게 경고했던 편집광의 단계까지는 나아가지 않았다. 존에게는 일반적으로 철학자 같은 자연스런 호기심이 있었으며, 보통 건조한 서부지역 협곡을 천천히 배를 타고 지나면서 물고기 사이로 수천 번씩 낚싯대를 던지는 사람의 마음속에 스쳐 지나갈 법한 갖가지 주제들, 가령 지질학, 토양화학, 기상학, 식물학 같은 이야기가 대화 속에 자주 끼어들곤 했다.

"이제 실버 힐튼을 타이할 거예요." 존이 내게 알려주고는 바이스에 고정시켜놓은 빛나는 검은 훅에 단계별로 실, 검은 셔닐, 은색 틴설, 루스터 해클, 칠면조 깃털을 어떻게 휘감는지 시범을 보여주었다. 내가 한번 해보았지만 매끄럽게 잘 되지 않았다. 플라이 낚시가 존에게 대단한 인내심을 가르쳐 주었는지 그는 내가 엉성한 손놀림으로 줄을 감았다가 풀었다가 다시 감는 것을 잘 참아주었고 마침내 승인 도장을 찍어주었다. "제가 그걸로 낚시할게요."

우리 앞에는 이름을 알 수 없는 검은 새 한 마리가 놓여 있었다. 목에 깃털 러프가 둘러져 있고 몸에 반짝이는 줄무늬가 있었으며 두 날개와 꼬리를 축 늘어뜨리고 있었다. "마른 플라이를 사용할 때에는 마치 물 위에 앉은 곤충처럼 보이게 해야 해요." 존이 이렇게 설명하고는, 수탉 해클의 깃가지가 쭈뼛 서서 뾰족한 끝이 물보라처럼 쫙 펼쳐지면 표면적이 최대로 넓어지고 플라이가 수면 위에 가볍게 떠있게 된다고 지적했다. 역시 접점과 표면장력이 작용한 결과이지만 이번에는 약간 다른 전개가 펼쳐진다. 이런 깃털 깃가지들을 적당한 물결 속으로 떨어뜨리면 마치 버둥거리는 곤충의 다리처럼 씰룩이면서 빠르게 움직인다.

바깥에는 비가 잦아들었고 데크에 햇빛이 비스듬히 비치고 있었다. 큼지막한 벌새 먹이통이 지붕보에 매달려 있었는데, 얼마 안 있어 갈색벌새와 칼리오페벌새가 떼 지어 날아와 비가 그친 사이를 이용하여 설탕물을 먹었다. 무지갯빛이 감도는 초록색 등과 목 부분의 화려한 진홍색이 번쩍

이는 게 눈에 들어왔다. 강바닥에 몸을 숨기고 있는 송어가 상상조차 해본 적 없는 이 깃털이 강물에 떠다니는 것을 올려다볼 때 송어의 눈에 이 깃털은 어떻게 보일지 절로 궁금증이 일었다.

수업을 끝내기 전 존은 자신이 소장한 플라이 수집품을 구경시켜 주었다. "이건 일부분에 지나지 않아요." 존은 이렇게 말하고는 계속 해서 상자들을 꺼냈다. 상자에는 수십 개의 작은 칸이 나뉘어 있었다. 상자 안에는 갈고리가 달린 화려한 장식들이 눈이 어질어질하게 배열되어 있었다. 마치 벌새가 상자 안으로 들어가 플라스틱 작은 칸 속에 한 마리씩 쏙쏙 들어가 있는 것 같았다.

존이 플라이 이름을 줄줄이 외우면서 각 플라이패턴 안에 어떤 미묘한 차이들이 있는지 보여주는 동안 나는 존이 예전에 내게 경고했던 집착 증세가 어떤 것인지 좀 더 분명하게 이해되기 시작했다. 몇 가지 이름만 대보면 머들러, 님프, 스트리머, 스컹크, 팝퍼, 러버레그, 던, 힐튼, 아지테이터, 워그, 아티큘레이티드 리치 등이 있었다. 모두 크기별로 정리되어 있었는데 손톱보다도 작은 조각에서부터 삶은 계란 크기 정도나 되는 진한 핑크색의 커다란 털 공까지 있었다. 각 모양마다 여러 가지 색상과 질감이 종류별로 있었다. 갈색 해클이 있는가 하면 검정 해클이 있고, 오소리 깃털이 있는가 하면 청둥오리 깃털이 있고, 셔닐 보디가 있는가 하면 실 주위에 토끼털을 감아 바늘로 보풀 거리게 해놓은 보디도 있었다.

깃털은 거의 모든 플라이에서 두드러진 특징을 이룬다. 섬세한 날개와 꼬리 부분에서도, 보디 솜털에서도, 혹 뒤에 길게 매달린 스트리머에서도 깃털을 볼 수 있었다. 세부적인 것까지 꼼꼼하게 손길이 미친 점이 실로 놀라웠다. '코퍼 존'에는 은색의 작은 공이 달려 있는데 이는 곤충들이 물속

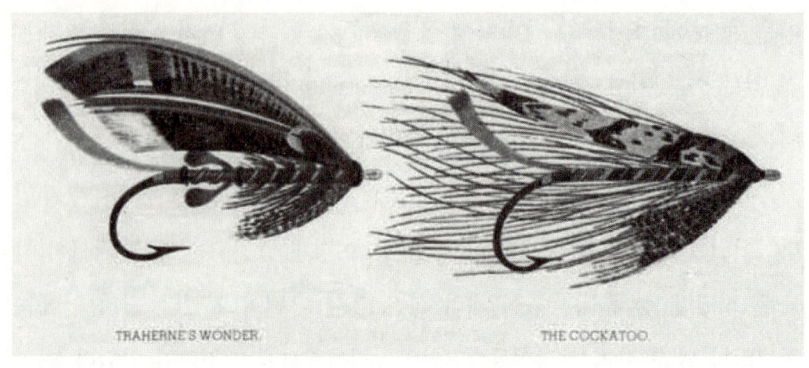

위의 두 가지 19세기 대서양연어 플라이에는 모두 4개 대륙 10종 이상의 깃털이 들어 있다. 몇 가지 이름을 대보면 혹고니, 금강앵무, 타조, 호로새, 붉은꼬리검정관앵무 등이다

에서 공기방울을 몸에 달고 다니는 것을 그대로 흉내 낸 것이다. "솔직히 말해서 이 중에는 낚시할 때 사용하지 않는 것도 있어요." 존이 털어놓았다. "그냥 멋있어 보여서 타잉해 놓은 거죠."

존의 수공품들을 찬찬히 보고 있자니 플라이 타잉에 연관된 기술과 예술에 대해 진정한 감각을 얻을 수 있었다. 하지만 존은 자신의 기술이 별 것 아니라고 했다. "이건 아무것도 아니에요. 정말로 깃털을 보고 싶다면 오래된 대서양연어 플라이패턴을 찾아봐야 할 거예요!" 그러고는 삽화가 풍부하게 들어 있는 책을 내게 보여주었다. 19세기 말 유명한 영국 플라이 타잉 기술자들의 작품이 실린 책들이었다.

이 시기는 스포츠피싱의 최대 절정기였다. 대서양연어 낚시가 빅토리아 시대 신사들 사이에서 유행했으며, 이들은 남보다 화려한 미끼를 자랑하려고 부단히 노력했다. 또한 대영제국의 영토 범위가 확대되면서 세계의 깃털들을 입수해 모자를 장식했던 것과 마찬가지로 플라이 타잉 기술자들도 수없이 많은 색상과 질감의 깃털을 구할 수 있었다. 이들의 작품은 모조 곤충을 닮았다기보다는 차라리 이국의 새장 같았으며, 앵무새, 공작, 멧닭, 물총새, 큰부리새, 타조, 풍금조의 깃털이 혹에 걸린 채 야생의 물보라를 이루고 있었다. 어떤 플라이패턴의 경우는 각기 다른 종에서 깃가지를 갈라낸 다음 여러 종의 깃가지를 다시 하나로 합처, 다채로운 색조를 띤 새로운 깃판을 만들기도 했다. 존이 아끼는 플라이처럼 이 플라이 역시 결코 낚시에 사용하지 않으며 현재 빈티지 소장품은 경매에서 엄청난 호가를 기록한다. 현대에 와서 다시 재현한 플라이도 개당 2,000달러에 팔린다.

하지만 존의 경우 깃털 플라이를 만들어 팔기보다는 나누어주는 데서 즐거움을 느끼는 것 같았다. 집으로 돌아오는 내게 화려한 패턴을 두 움큼이나 주었다. 이 플라이패턴은 태평양연어 잡이용으로 디자인한 것으로, 은연어, 왕연어, 곱사연어, 홍연어 등 매년 여름 산란하러 강으로 가는 길에 내가 사는 섬 옆을 지나가는 연어잡이용 플라이였다. 존이 준 선물 안에는 각 플라이별로 사용 요령과 정확한 손놀림 방법이 들어 있었다. 또한 작별인사로 몇 가지 조언을 들려주었다. 내가 모든 걸 제대로 하더라도 고기가 플라이를 물지 않을 수 있다고 주의를 주었다. "완벽한 플라이를 갖는 것보다 훨씬 더 중요한 것은 실제로 플라이를 물고기 앞에다 갖다놓는 겁니다."

몇 달 뒤 나는 존의 말대로 해보기로 했다. 중고 플라이 낚싯대 하나와 빌린 릴을 들고 얼마 전 바다오리를 놓아주었던 해변에서 그리 멀지 않은, 섬의 남쪽 해안가로 향했다. 이른 가을 오후였다. 햇살이 환하고 따뜻했다. 해협 가득 펼쳐진 바다는 마치 매끄러운 유리 같았고, 여기저기 파도와 소용돌이치는 물결이 희끗희끗 아로새겨져 있었다. 바다검둥오리사촌 여러 마리와 서부논병아리가 얕은 수면 아래 있는 피라미를 좇느라 바닷물 속으로 들어갔다 나왔다 했다. 나를 따라 길을 나섰던 엘리자와 노아가 바닷가를 거니는 모습이 보였다. 노아는 엄마의 손을 잡은 채 넘어질 것처럼 뒤뚱뒤뚱 열심히 앞으로 걸어갔다.

나는 낚싯대를 조립하고 가이드 사이로 라인을 낀 다음 혼자 힘으로 자랑스럽게 실버 힐튼을 타잉했다. 플라이를 던지자 귀 옆으로 휙 공기를 가르며 날아갔다. 나는 플라이가 바다에 내려앉는 것을 지켜보았다. 한 점의 솜털이 맑고 찬 바다 위에 떠 있었다.

소설책이었다면 지금쯤 연어가 플라이에 낚여 수면 위로 퍼더덕 퍼더덕 뛰어오르며 은빛을 반짝거렸을 것이다. 물론 그런 일은 일어나지 않았다. 내가 플라이를 던지는 법을 몰랐던 탓에 실제로 고기를 잡을 가능성은 별로 없었다. 몇 번이나 시도해보았지만 그놈의 플라이는 앞으로 3미터 이상 나아가지 않았다. 게다가 몇 차례 시도해보고 나자 내 플라이 타잉 기술이 별로 좋지 않다는 것도 밝혀졌다. 실버 힐튼은 거의 다 풀어져 깃털과 해클이 다 빠져 버리고 겨우 틴설 한 가닥만 애처롭게 남아 있었다. 분명 플라이 낚시에 대해 배워야 할 게 많이 남았지만 한 가지 점은 존이 옳았다. 어떻게 플라이 낚시에 중독되는지 알 것 같았다.

잠시 낚싯대를 옆으로 치워놓고 그 자리에 가만히 서서 파도가 웅얼거리는 소리와 새들이 목 쉰 소리로 울어대며 싸우는 소리에 귀 기울였다. 저 아래 바닷가에는 엘리자와 노아가 햇볕 속에 자리 잡고 앉아 있었다. 나는 노아가 바쁘게 돌을 주워 입안에 몰래 넣는 모습을 지켜보았다. 플라이 낚시가 깃털과 물의 형이상학을 구현했다면 진정한 교훈은 그 플라이 낚시가 당신을 어디로 데려가는지 깨닫는 데 있었다. 언젠가 그날 오후와 같은 또 다른 날 플라이 낚시가 나를 다시 바닷가로 데려간다면 나는 생각해볼 것도 없이 바로 플라이 낚시를 해볼 것이다.

신사답게 플라이를 던지는 기술

제14장
막강한 펜

오! 자연이 준 가장 고귀한 선물, 나의 회색기러기 깃펜!
내 의지에 순종하는, 내 생각의 노예
너의 주인 새에게서 떨어져 하나의 펜이 되니,
보통 사람에게 와서 저토록 막강한 도구가 되도다!
— 바이런 경, 〈영국 시인들과 스코틀랜드 평론가들〉(1809년)

최근 이웃 여우 때문에 내가 보유한 깃털의 양이 급격히 늘었다. 엘리자와 나는 과수원 주위에 1.8미터 높이 울타리를 치고 땅속 철조망과 전기충격 장치를 설치했지만(그리고 우리 집 닭 사업에서 달걀 1개당 투자비용은 결코 산정하지 않기로 맹세했다) 어느 밤 여우는 구멍을 발견하고는 닭장을 급습했다. 여우는 패티와 화이트원과 러키를 순식간에 해치웠다. 조심스러운 늙은 트라우저는 한 번은 여우를 피했지만 몇 주 뒤 여우가 다시 찾아왔을 때에는 몸을 숨길 곳이 없었다. 닭을 잃어 무척 안타까웠지만 한 가지 좋은 점은 있었다. 여우는 우리 손으로 닭을 직접 처리해야 하는 수고를 덜어주었다.

미국양계협회에서 내놓은 『체형 표준Standard of Perfection』을 보면 와이언도트 종과 로드아일랜드레드 종은 고기뿐만 아니라 달걀 생산에도 적합한

'이중 목적용' 가금류로 올라 있다. 어리고 활기 찬 닭일 때에는 달걀을 먹다가 산란양이 줄기 시작하면 암탉을 구이팬이나 스튜 냄비 속으로 데려가는 것이다. 충분히 예상되는 일이지만 우리는 이 닭들에게 매우 정이 들었고 후반기에 펼쳐질 제2막의 이야기를 얼마간 두려워하고 있었다. 실제로 과수원은 전성기를 지난 암탉들에게 은퇴 장소가 될 가능성이 많았다. 하지만 '삼중 목적', 심지어는 '사중 목적'이라 불려도 무방할 뒷마당용 새를 기르다가 죽이는 일이 오래전부터 있었던 것은 아니다.

『블루 카번클의 모험』에서 셜록 홈즈는 도시에서 기른 거위와 시골에서 기른 거위 맛을 분간할 수 있다고 상점 주인과 내기를 건 것으로 유명하다. 홈즈는 내기에서 졌지만 도둑맞은 다이아몬드가 어떻게 주방 사이드보드 위에 놓인 거위 모이주머니 속에 들어 있었는지 수수께끼를 풀었다. 하지만 그런 내기를 누구라도 할 수 있었다는 사실로 미루어볼 때 보통 구운 거위가 서구 음식 메뉴에 들어 있곤 했다는 것을 알 수 있다. 아시아에서는 아직까지도 거위고기를 많이 먹지만 다른 곳에서는 거위의 다른 중요 부산물인 깃펜의 수입이 줄면서 거위고기 소비도 줄었다.

일반적으로 거위 안에 황금이 가득 들어 있는 것은 아니지만 농가에 네 가지 수입원이 생겼다. 뒷마당에 거위를 기르는 사람이라면 일단 판매할 수 있는 알과 고기, 거위털을 기대할 수 있고 아울러 우아한 곡선의 긴 비행깃 한 움큼을 얻을 수 있다. 이 비행깃은 천 년이 넘는 세월 동안 세상에서 가장 최고의 필기도구로서 자리 잡고 있었다.

세비아의 대주교였던 성 이시도루스Saint Isidore가 7세기 초 20권짜리 백과사전을 편찬했을 당시에 깃펜은 널리 쓰이고 있었다. 그는 2천 년이 넘도록 일반 필기도구로 쓰였던 갈대펜과 함께 깃펜을 필경사의 도구라고 언

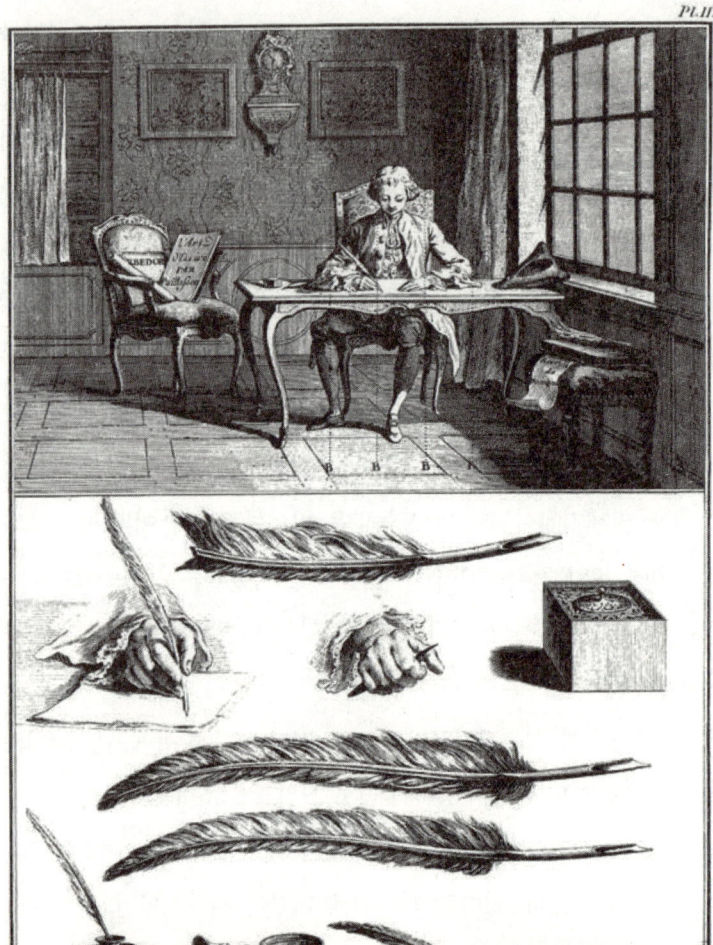

Art d'Ecrire.

드니 디드로는 모든 것에 대해 서술해 놓은 18세기의 서적 『백과전서』에서 깃펜으로 글씨 쓰는 법에
여러 쪽을 할애했다

급했다. "갈대펜은 나무에서 나왔고 깃펜은 새에게서 나왔다. 깃펜의 끝은 둘로 갈라져 있다. (……) 갈라진 두 끝으로 구약성서와 신약성서를 상징하려는 목적이 있었을 것이며, 예수 수난의 피로 쏟아져 나온 말씀의 성찬이 이 두 성서로부터 나왔다."

성 이시도루스의 비유가 다소 지나친 감은 있지만 그래도 우리에게 많은 것을 말해준다. 그의 설명은 깃펜의 사용에 대해 최초로 명확하게 언급했다. 성서를 필사하고 보다 이해하기 쉽게 설명하는 당대의 가장 중대한 임무에서 이전에 쓰이던 갈대펜 대신 당시에는 이미 깃펜이 그 자리를 대신하고 있었다.

펜이라는 말 자체가 깃털을 의미하는 라틴어 펜나^{penna}에서 나왔고 펜나이프 역시 마찬가지로 깃털 나이프로 인식되고 있다. 펜은 필수 필기도구로 발달되었고 늘 가까이 두면서 끊임없이 모양을 다듬고 뾰족한 상태를 유지하여 안정적이고 고른 글씨 선이 나오도록 했다. 깃축을 깎아 여러 굵기의 글씨 선을 만들 수 있으며 갈대보다 수명이 훨씬 길었다. 하지만 깃펜의 진짜 이점은 속 빈 관이 곡선으로 굽은 형태를 이루었다는 데 있다. 굽은 관은 자연스럽게 잉크 저장소 구실을 하기 때문에 글씨를 쓰는 동안 갈대펜에 비해 잉크가 조금씩 나오고 다시 잉크를 묻히는 횟수도 훨씬 줄었다. (성 이시도루스가 주장한 바에 따르면 갈대펜은 비록 나무로 만든 것은 아니지만 특정 습지 식물의 줄기를 보존처리하여 말린 것으로, 깃펜에 비해 잘 휘지 않고 사용하기가 까다롭다.)

거위 날개에 있는 커다란 1차 깃털이 깃펜 거래량의 대부분을 이루었지만 더러 백조, 칠면조, 심지어는 독수리 깃털도 사용되었다. 세밀한 작업용으로 작은 새의 깃털이 사용되었으며 까마귀 깃털은 전문 도안용으로 매우 인기 있어서 그 후로도 이름이 오래 남아 지금도 그래픽 아티스트들은 가는 딥펜을 말할 때 '크로우퀼crowquill'(까마귀 깃펜이라는 의미_ 옮긴이)이라고 한다.

깃펜 생산은 19세기 초에 정점을 이루었는데 그 시기는 교육, 글을 읽고 쓰는 능력, 편지 쓰기가 한창 발달했지만 아직 철 펜촉이 널리 이용되지는 않았다. 유럽 전역에서 집집마다 뒷마당에 가금류를 키우는 일이 일반화되어 있고 심지어 폴란드와 러시아 몇몇 지역에서는 명확히 깃펜 사업용으로 거위를 대규모로 길렀음에도 공급이 수요를 따라가지 못했다.

런던 슈레인에 있는 한 문구상의 경우 기록상으로 1830년대에 완제품 깃펜 연간 판매량이 600만 개에 이르렀고 상트페테르부르크 한 도시만도 연간 판매량이 무려 2,700만 개에 이르렀다. 깃펜으로 사용할 만한 깃털(가장 큰 1차 깃)이 날개 한쪽당 겨우 다섯 개밖에 되지 않는 점을 감안할 때 사람들의 입맛이 거위 고기에 익숙해진 게 하나도 이상하지 않다.

좋은 깃펜을 만드는 과정, 다시 말해 깃축을 다듬는 과정에는 깃축 끝을 깨끗이 씻고 단단하게 만들며 깃판의 아래 부분을 잘라내는 공정이 들어간다. (미끈하게 뻗은 커다란 깃털로 글을 쓰는 모습은 할리우드 영화에서 유래되었다. 이런 모습이 영화를 멋있게 만들긴 해도 실제로 깃가지는 방해만 될 뿐이어서 대부분의 깃축에서 깃가지를 말끔히 벗겨낸다.) 깃펜 제조 기술자 중에는 깃털을 끓는 물에 삶는 사람도 있고 뜨거운 모래나 약한 산에 담그는 사람도 있는 등 다양한 기법이 귀한 비법으로 자리 잡았다.

네덜란드의 깃축 다듬는 기술자들은 뜨거운 재나 모래를 이용하는 기법을 완성했으며 이 기법은 훗날 더칭이라는 이름으로 알려졌다. 더칭 공정이 잘 된 깃축은 진줏빛 또는 노르스름한 색깔을 띠는데 1838년 런던의 《새터데이 매거진Saturday Magazine》 기자는 이 색깔을 가리켜 "가느다란 고급 뿔" 같다고 기사에서 묘사한 바 있다. 이 기사에서는 사람들이 유명한 작품을 쓴 펜에 대해 깊은 존경심을 보이는 일이 많다고 지적했다. 깃펜을 유리 상자에 넣어 전시하기도 하고 어떤 경우에는 "유명 작가의 광적인 팬들이 황금 장식함에 깃펜을 담아" 보관하기도 한다. 거위 깃축에 이와 같은 숭배를 바치는 일이 당대 시인들에게는 희귀한 일도 아니었다.

하지만 19세기 중반 무렵이 되면서 강철 펜촉이 대량 생산되어 시장에 쏟아지기 시작했다. 초기 모델의 품질이 형편없고 잘 안 써지는 문제가 있긴 했지만 36펜스에서 1펜스라는 아주 싼 가격에 판매되었고, 아마도 산업시대 최초의 진정한 일회용품의 하나로 꼽힐 것이다. 깃펜의 전성기는 차츰 사그라지기 시작했는데 이렇게 깃펜이 사라져 가는 것을 모든 이가 슬퍼한 것은 아니었다. 찰스 디킨스Charles Dickens가 편집인으로 활동한 《하우스홀드 워즈Household Words》(1850년 3월에서 1859년 5월까지 매주 수요일 발행된 주간지로, 픽션과 논픽션을 두루 실었고 논픽션의 경우 당대의 사회적 쟁점을 주로 다루었다_옮긴이)의 1850년도 글에는 결코 좋지 않은 추억담 하나가 담겨 있다. 한 학생이 작문 선생에게 "선생님, 제 펜 좀 손봐주세요"라고 수줍게 말을 건네는, 이전까지 흔하게 보아왔던 장면이다.

깃펜 상태가 아주 형편없다는 것을 확인한 선생은 살짝 찡그렸던 표정이 가라앉았다. 너무 물렀는지, 아니면 너무 단단했는지 몰라도 몽당하게 다 닳고 없었다. 선생은 학생의 깃펜을 내동댕이치고는 깃펜 뭉치에서 하나를 얼른 꺼냈다. 공원 같은 데 떨어진 초록색 거위 깃털처럼 얇고 조악한 펜이었다. 선생은 이를 다듬어 펜으로 만들었다. 선생은 여유 시간 내내 이렇게 펜을 손보는 일로 보냈다. 사실은 강의에 쏟아야 할 시간의 대부분을 이렇게 보냈다. 선생은 품질 나쁜 깃펜과 끊임없이 싸웠다. 이 깃펜은 털 뽑힌 거위의 가장 조악한 산물이었다.

갈대펜이 성 이시도루스 시대에도 여전히 명맥을 유지했던 것처럼 깃펜도 자신의 뒤를 이은 펜촉과 나란히 수십 년 동안 계속 사용되었다. 하지만 강철 펜촉, 만년필, 마지막으로는 어디서나 볼 수 있는 볼펜이 널리 쓰이게 되었고 이제 깃펜은 오로지 의식에 한정된 서식에서만 제 역할을 하고 있다. 예를 들어 미국 대법원에서는 매일 아침 변호인석 탁자에 새 거위 깃펜 20개를 갖다놓는 오랜 전통을 지키고 있다. 이 깃펜으로 글을 쓰는 사람은 이제 아무도 없지만 변호인들에게 기념품으로 이 깃펜을 가져가도록 한다.

하지만 금속 펜으로 딱딱하게 긁어내리는 느낌은 깃펜 선의 자연스런 느낌을 도저히 따라갈 수 없다고 느끼는 화가나 명필가들이 있으며, 몇몇 고집 센 이들은 지금도 오랜 전통을 그대로 간직하고 있다. 하지만 수세기 동안 깃펜으로 대규모 작업을 시도하는 일은 거의 없다가 마침내 1990년대 말 미네소타 주의 베네딕트 수도원에서 명필가 도널드 잭슨Donald Jackson에게 깃펜 작업을 의뢰했다. 이 주문을 마치는 데는 잭슨뿐만 아니라 12명의 세계 최고 필경사와 삽화가가 동원되어 13년의 시간이 걸리게 된다. 구텐베르크가 인쇄기를 발명한 이후 세계 최초로 깃펜으로 성경을 필사하고 완벽하게 채색까지 입히는 작업이었다.

"에베레스트 산 같은 겁니다." 잭슨이 간단하게 표현했다. "명필가에게 이 작업은 최후의 도전이지요." 그는 웨일즈 시골에 있는 자신의 작업실

스크립토리엄Scriptorium(수도원 기록실이라는 의미가 있다_옮긴이)에서 전화로 내게 말했다. 평생 화가와 필경사로 살아온 잭슨은 성 요한 수도원의 수도사들이 찾아오기 수십 년 전부터 이미 자기 분야에서 정상에 올라 있었다. 깃펜 사용법을 완벽하게 익힌 잭슨은 엘리자베스 여왕 2세와 영국 상원의 공식 포고문을 작성했다. 하지만 늘 성경을 손으로 직접 쓰고 삽화를 그리고 싶다는 꿈을 간직했다. "저는 마음속으로 그 일을 목표로 삼고 있었습니다." 그가 말했다. "오래전 우리의 모든 선조들이 사용했던, 아름다운 펜으로 저 말씀을 쓴다면 어떤 기분일까?"

성 요한 성경 작업에 참여한 모든 사람이 잭슨과 똑같은 느낌은 아니었다. "깃펜을 사용하라고 했을 때 처음에 필경사들은 당혹스러워했습니다." 잭슨이 예전 기억을 떠올렸다. "그들은 완벽한 선을 만들어내지 못할 거라고 여겼지요. 우리는 합성수지 시대에 살고 있고 사람들은 모든 게 얼룩 하나 없이 완벽하기를 기대합니다. 하지만 다른 형태의 완벽도 있지요." 잭슨은 깃펜으로 글을 쓰면 리듬이 어떻게 다른지 설명했다. 훨씬 감각적이고 자신이 직접 쓴다는 느낌이 강하다고 했다. "손에 깃털 하나를 쥐면 깃털의 촉감은 느끼지만 무게감은 전혀 느껴지지 않습니다. 무게감이 전혀 없는 소재로 만든 펜은 당신의 일부가 되지요."

머지않아 이 프로젝트에 참여한 모든 필경사들이 그들만의 잉크를 혼합하여 사용했고 각자의 펜을 다듬어 만들었다. 또한 삽화가들은 염료를 섞고 오로지 자신의 입김 열기만으로 채색에 금박을 입히는 과거의 기법을 익혔다. 성과는 놀랄 만큼 아름다웠다. 한 페이지의 크기가 가로 세로 각각 60센티미터, 90센티미터이고 황갈색 송아지 가죽피지에는 유려한 곡선의 글자와 생생한 이미지들이 가득했다. 필경사들이 어떤 오점을 염려했든 이

성 요한의 성경에 실린 채색화 "씨 뿌리는 자와 씨앗"

모든 것은 잭슨의 이상을 완벽하게 구현한 보다 큰 위대함 속에 파묻혀버렸다.

　나와 이야기를 나눌 당시 잭슨은 성경의 마지막 장을 열심히 작업하고 있었다. 이 책이 발간될 때쯤 잭슨의 성경을 수도원에 인도할 것이다. 그러고 나면 스크립토리움 팀은 흩어지고 예술가들은 어렵게 습득한 오래된 기술을 제각기 집으로 가져갈 것이다. 잭슨은 그들이 기술을 다음 세대에게 전수해주기를 바란다고 했다. "저는 늙었습니다." 잭슨이 덧붙였다. "계속 터벅터벅 가긴 하겠지만 이젠 힘이 없어요." 그런 다음 잭슨은 깃펜의 또 다른 이점 하나를 말해 주었다. 잭슨 같은 명필가가 70대의 나이에도 계속 '터벅터벅' 갈 수 있도록 해주는 이점으로, 손에 통증이 없다는 점이다. 깃펜은 아주 가벼워서 꼭 쥘 필요가 없다. "깃펜은 힘주어 꼭 잡지 않고 가볍게 애무해 달라고 하지요. 깃펜을 쥐고 글을 쓰는 사람이 있을 때 그 옆을 지나가면서 그의 손가락에서 깃펜을 쏙 잡아당겨 올릴 수도 있어요!"

잭슨과 이야기를 나누고 나니 깃털에 대한 나의 연구를 시험해보고 싶은 마음이 들었다. 나만의 깃펜을 다듬어 잉크에 적시고 단어와의 자연스런 관계, 즉 잭슨이 너무도 멋지게 묘사했던 가벼움과 순수한 감각을 경험하고 싶었다. 이 책에서 깃펜에 관해 쓴 장은 실제로 깃펜으로 쓰는 게 어울리지 않을까? 나는 거위를 기르는 이웃집에서 비행깃을 한 줌 얻어오고 바닷가에서 모래를 조금 퍼온 다음 펜나이프를 갈아 작업에 들어갔다.

라쿤 오두막에 있는 장작난로 위에 모래를 얹으니 금방 뜨거워졌다. 바로 깃축에 더칭 작업을 했고 투명한 깃축은 마치 그러기로 되어 있었던 것처럼 진줏빛 노란색으로 바뀌었다. 나는 형태가 제대로 잡힌 깃펜 그림을 꼼꼼하게 살폈고, 최선을 다하면서 깃축을 깎아 둥그스름한 면을 만드는가 하면 끌로 깎은 끝부분의 가운데를 둘로 갈랐다. 잘 부러지는 두꺼운 빨대를 조각하는 것 같았고 스프링 모양으로 잘려 나온 부스러기들이 날아다녔다. 오후 내내 이 작업에 매달렸고, 몇 차례 실수를 거듭한 끝에 마침내 진짜처럼 보이는 깃펜을 세 개 만들었다. (글 몇 줄 쓰기 위한 것치고는 과한 노력을 들인 것처럼 들릴지 모르겠지만 — 게다가 마감이 가까운 작가가 — 그래도 갈대펜을 만들겠다고 나서지는 않았다. 갈대펜을 다듬으려면 발효시킨 소똥 속에 여섯 달 동안 담가두어야 한다.)

흰 종이 한 장을 책상 위에 올려놓고 가장 좋은 깃펜을 잉크에 적셔 글을 써내려가기 시작했다. 깃펜 끝에 묻은 잉크는 곧바로 종이 한복판에 커다란 검은 잉크 방울을 떨어뜨리더니 제멋대로 날아가 옆에 있던 노트북 컴퓨터 화면에 대각선으로 검은 방울들을 흩뿌려놓았다. (야, 테크놀로지! 이런다고 네가 어쩔 건데!) 몇 차례 더 시도하고 깃펜도 몇 개 더 깎아 만든 뒤 부드러운 선 몇 개를 짧게 그리게 되었다. 깃펜이 종이 위로 미끄러지는 기분 좋은 소리가 났다. 생각에 잠긴 채 조용히 손톱으로 종이를 톡톡 건드리는 것 같은 소리였다. 붓질을 한 듯 선이 매력적으로 흘렀다. 하지만 이내 분명해졌다. 어떤 장이든 깃펜으로 쓰는 일은 없을 것이다. 적어도 당분간 이 책을 쓰는 동안만큼은. 나는 가로로 짧게 뻗은 선 몇 개를 긋는 데 성공했지만 실제 글자 모양을 구성하는 곡선이나 꺾인 선은 우툴두툴한 모양, 여기저기 튄 자국, 아무것도 아닌 형태로 끝나고 말았다. 즉시 깃펜 글쓰기의 목표를 수정했다. 깃펜으로 내 서명을 쓰는 법을 익히기로 했다. 이 목표는 지금도 진행 중에 있다.

모자 장식 깃털이나 슬리핑백 속의 깃털은 분명 그에 조응하는 기능을 자연 속에서 찾을 수 있지만 새(또는 수각류 공룡)가 성경을 필사했다는 증거는 없다. 새가 편지를 쓴 일도, 사상이나 시를 적은 일도, 아니, 단어 하나 적은 일도 없었다. 깃펜 이야기를 통해 우리는 깃털의 효용성이 애초 진화된 목적에만 한정되지 않는다는 것을 알 수 있다.

음악에서 곡의 성공 여부는 맨 처음 시작한 사람에게 달려 있기보다는

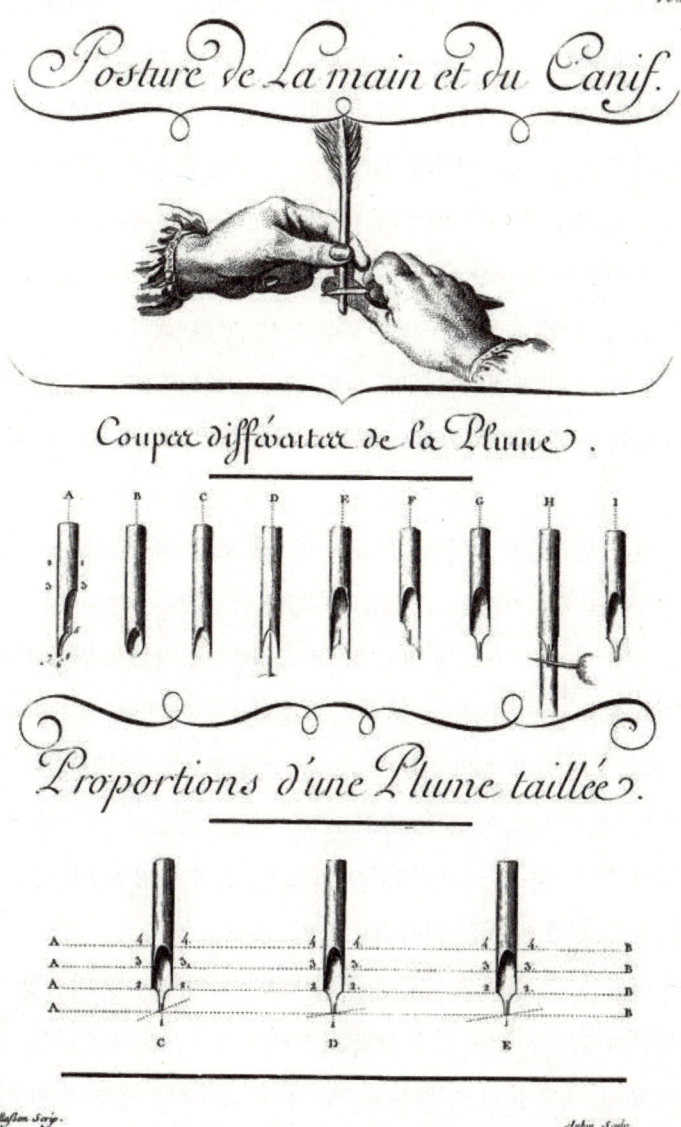

Posture de La main et du Canif.

Coupes différentes de la Plume.

Proportions d'une Plume taillée.

Paillasson Sculp.

Aubin Sculp.

손과 주머니칼의 위치, 깃펜의 여러 가지 절단면, 다듬은 깃펜의 비율, 깃펜을 알맞게 다듬는 법. 출처: 디드로의 『백과전서』

이후에 나오는 갖가지 해석에 따라 달라지는 일이 많다. 바트 하워드 작곡의 〈인 아더 워즈In Other Words〉('다른 말로 하면'이라는 의미_옮긴이)는 1954년 펠리시아 샌더스라는 이름의 가수가 맨해튼의 블루 엔젤 클럽에서 처음 불렀을 때 좋은 반응을 얻었다. 샌더스는 이 곡을 자신의 정규 공연 곡으로 삼았고 나아가 몇 년 뒤에는 레코드 녹음도 했다. 하지만 〈플라이 미 투 더 문Fly Me to the Moon〉('나를 달에 데려다줘요'라는 의미_옮긴이)이라는 가사 첫 소절로 더 많이 알려진 이 노래는 프랭크 시나트라, 페기 리, 카운트 베이시, 냇 킹 콜, 토니 베넷, 다이애나 크롤, 그리고 마지막으로 2,200명이 넘는 가수들이 녹음한 편곡으로 더 많이 기억되고 있다고 말해도 무방할 것이다.

원래 재즈 왈츠였던 이 곡은 이제 스윙, 팝, 보사노바, 딕시랜드, 클레즈머klezmer(동유럽에서 기원한 전통적인 유대인 음악_옮긴이), 현악사중주, 스포큰 워드spoken word(가수가 노래 대신 얘기를 들려주는 음악 장르_옮긴이) 등 사실상 거의 모든 장르로 편곡되었다. 또한 랩퍼들이 이 곡을 샘플링 하는가 하면, 테레민Theremin(두 개의 진공관으로 맥놀이를 일으켜 소리를 내는 전자 악기의 일종_옮긴이)으로 이 곡을 연주하기도 하고 인형들이 이 노래를 부르는가 하면 심지어는 어느 스틸드럼 밴드도 이 곡을 녹음한 바 있다. 하워드 씨는 남은 평생 이 곡의 저작권료로 먹고살았다.

이와 마찬가지로 깃털의 수많은 쓰임새로 깃털의 상점을 가늠할 수 있다. 깃털은 원래의 기능과 전혀 상관없는 여러 가지 목적에 수많은 방식으로 쓰여 왔다. 예를 들어 논병아리는 부드러운 몸통깃을 아주 많이 먹으며 갓 부화한 새끼에게도 이를 먹인다. 이런 습성은 먹이로 먹은 생선 중 소화되지 않은 날카로운 잔여물로부터 소화관을 보호하는 데 도움이 된다. 깃털이 뭉쳐 동그란 공 모양이 되는데 이 안에 생선뼈가 모여 안전하게 뱉어 낼 수 있기 때문이다. 가령 뿔논병아리는 어느 때고 위장에 평균 87개 정도의 깃털이 들어 있다. 대개는 자기 가슴과 복부에 난 깃털을 먹지만 어쩌다가 날아온 거위털이나 오리털 중 적당한 것이 있으면 뭐든 얼른 잡아채서 삼킨다.

제비 중 몇몇 종의 경우 분명 처음에는 둥지 짓기를 둘러싼 경쟁의 일환으로 시작되었을 습성이 정교한 의식으로 변형되어 정착되었으며, 많은 조류학자들은 이를 놀이의 하나로 해석한다. 괜찮은 깃털을 발견하면 새가 쌍이나 무리를 이루어 미친 듯이 서로를 뒤쫓으며, 공중에서 반복적으로 깃털을 떨어뜨렸다가 잡았다가 하는 동안 극적으로 곤두박질치듯 급강하해서 내려오는 움직임을 보인다. 혼자 있는 새도 활기찬 비행 동작을 하면서 깃털 추격을 벌이기 때문에 아무리 냉철한 과학도 이들 새가 놀이로 그런 비행 동작을 한다고 생각하지 않을 수 없다.

새들이 깃털을 비행 장난감이나 위장약처럼 쓰는 일이 있긴 해도 기이한 용도의 대다수는 깃펜 같은 순전히 인간의 발명품이다. 1911년 잡지 《헌터, 트레이더 앤 트래퍼Hunter, Trader, and Trapper》에서는 수익성 높은 미국 깃털 산업에 참여하도록 권하는 기사를 실었다. 이 기사에서 오리털과 여성 모자용 깃털 시장을 언급했지만 이밖에도 목록에는 "깃펜, 깃뼈 파우더 분첩, 장식, 깃털 목도리, '모피', 부채, 장신구, 군용 및 집회용 깃털, 난로 철망, 낚시꾼을 위한 인공 플라이, 붓, 이쑤시개, 먼지떨이, 낙타용 털 브러시, 심지어는 비록 드물긴 해도 파라솔" 등이 들어 있었다.

이 가운데 깃대 이쑤시개는 다 닳은 깃펜을 재활용하기 위한 보잘것없는 방식으로 출발했지만 이후 놀랄 만큼 광범위하고 수익성 좋은 사업으로 발전했다. 깃털로 이를 쑤시는 습관은 적어도 로마시대부터 있어 왔지만 19세기에 이르러 깃대 이쑤시개는 최초로 대량생산된 치과 위생용 도구의 하나로 등장했다. 온전히 깃촉 하나로 한쪽 끝은 날카롭게 다듬고 다른 한쪽은 숟갈 모양으로 만든 이쑤시개도 있었다. 위생처리를 하고 낱개로 포장한 뒤 더러는 향을 첨가한 깃대 이쑤시개가 식당, 호텔, 약국 같은 곳에 있었고 전 세계 도시 길거리에서 판매되었다. 이 깃대 이쑤시개는 20세기에 들어선 이후로도 한참 동안 나무 이쑤시개와 어깨를 나란히 하는 경쟁제품으로 이어져왔다.

깃대 이쑤시개와 깃뼈 파우더 분첩 시장이 시들해지긴 했지만 엔지니어와 기업가들은 새의 깃털을 이용한 놀라운 용도를 계속 만들어냈다. 잠재적 가능성을 지닌 실험들이 정기적으로 여러 학술잡지에 보고되었지만 기록을 살펴보기 위한 최적의 장소는 미국과 유럽의 특허청일 것이다. 이 두 곳 모두 광대한 온라인 데이터베이스를 갖고 있으며 여기에 들어가 간단한 검색 한 번만 해봐도 멋진 차세대 깃털 제품이 될 만한, 더러는 희한한 아이디어가 수십 개씩 나온다. 만일 어느 발명가 집단이 자기 생각을 밀고 나갈 경우 언젠가 깃털을 자동차 연료로 쓰게 될지도 모른다. 최근의 한 연구에서는 가금류 부산물이 바이오 디젤 생산의 훌륭한 원료가 된다고 밝혔으며 글로벌 시장 규모로 대략 연간 수십억 달러에 이를 것으로 추산했다.

깃털 섬유 특허는 1902년 오리털을 모직이나 면과 혼합해서 만드는 섬유로부터 칠면조 깃가지로 만든 실, 나아가 끈적끈적한 깃털 슬러리를 이용하여 만든 폴리에스터 같은 섬유까지 매우 다양하다. 타조깃털 공기정화기, 깃털로 속을 채운 교정용 의료 보조기구, 생분해성 깃털 플라스틱, 침식 방지용 깃털, 깃털을 재료로 만든 전자회로기판 등의 특허도 있다. 말라리아 치료제를 생산하는 박테리아가 가공 처리된 깃털 케라틴에서 잘 자라며, 전통적으로 내려오는 깃털 먼지떨이는 이제 터치 방식으로 작동되는 진공청소기와 아로마테라피 모델에서도 볼 수 있다. 깃털 깃가지를 가공 처리하여 공책 종이, 보온재, 쿠션 속을 만들 수 있고, 나아가 생분해되는 아기 기저귀 재료로 장래성이 큰 흡수성 섬유도 만들 수 있다.

앞 문단을 쓰는 동안 어쩐지 구매를 강요하는 장사꾼이 된 것 같았다. "잠깐만요, 이게 끝이 아닙니다!"라고 심야 방송 프로에서 기적의 상품을 홍보하는 장사꾼들 말이다. 사실 자연 속에 있는 갖가지 다양한 깃털 구조가 인공적 용도로 쓰일 만한 커다란 잠재력으로 전환될 수는 있지만 이런 구상 가운데 실험실과 제도대(제도기가 장착되어 있고 높이와 기울기를 조절할 수 있는 책상_ 옮긴이)와 특허청을 통과하여 성공에 이르는 것은 거의 없다. 실제로 몇몇 새의 경우 특정 상황에서 깃털이 심각한 불리함으로 작용한다.

제 15 장
깃털이 나지 않은 대머리

대머리수리가 간식을 먹고 있네.
이러니까
대머리수리는 너나 나하고는 달리 건강이 좋은 때가
아주, 아주, 드물지.

대머리수리의 눈은 흐릿하고 머리는 대머리이고,
목은 점점 가늘어지네.
오! 우리 모두에게 주는 교훈이 아닌가,
저녁만 먹으라고!!
— 힐레어 벨록, 〈나쁜 아이일수록 짐승 이야기를 더 많이 해주라〉

"쪼고, 찌르고, 찢고." 나는 눈가에 흐르는 땀을 닦으려 잠깐 쉬었다가 다시 눈을 가늘게 뜨고 관측용 휴대 망원경을 들여다보았다. "찌르고, 깡충 뛰고, 깡충 뛰고, 찢고. 삼키고!" 옆에서는 다이애나가 데이터를 바쁘게 휘갈겨 받아 적었고 또 다른 우리 팀원이자 또 다른 다이애나가 쌍안경으로 앞쪽을 훑어보았다. "누비아 둘." 다이애나가 크게 외쳤다. "이집트 셋, 흰등 스물넷, 루펠 열넷, 아프리카대머리황새 일곱, 아니 여덟."

우리는 앤트볼 아카시아와 해열목이 점점이 흩어져 있는 흙먼지 투성이 평원에 외로이 서있는 랜드로버 옆 작은 그늘 속에 몸을 웅크리고 있었다. 50미터 전방에는 대머리수리가 땅 위에 바글거리고 있었다. 어깨가 닿을 만큼 가까이 모여 무리를 이루었고, 사체를 가운데 놓고 갈색 등을 웅크린 채 고개를 까딱거리면서 서로 자리를 차지하려고 밀쳐댔다. 대머리수리가 쉭쉭 거리는 소리, 타닥타닥 재빠르게 부리를 움직이는 소리가 들려왔다.

관측용 휴대 망원경으로 관찰하던 나는 새가 이 아수라장 속에서 뒷다리로 서고 두 번 뛰어오르고("깡충 뛰고, 깡충 뛰고!"), 옆의 새를 쿡 찌르고("찌르고!"), 덩어리 속에서 뻘건 것을 찢고("찢고!"), 목을 홱 구부리며 꿀떡 삼키고는("삼키고!") 고개를 쳐드는 것을 관찰했다.

"잠깐만 쉬어요." 누군가가 큰 소리로 말했다. 나는 때마침 주어진 휴식에 고마워하며 털퍼덕 주저앉았다. 우리는 살인적인 케냐의 태양 아래에서 새 무리 중 몇 마리를 임의적으로 골라 행동 하나하나를 소리 내어 말하며 일에 매달리고 있었다. 대머리수리 4종과 거대한 아프리카대머리황새의 먹이 위계질서를 연구하는 중이었다. 각 동작 단위(찌르기, 찢기, 깡충 뛰기)를 보상 단위(고기 삼키기)와 연관 지어 살펴보기 위한 것이었다. 한 번 삼키기 위해 찌르기 동작을 몇 번 해야 할까? 몸집이 작은 종은 먹이를 먹는 데 에너지를 더 많이 소비할까? 온전한 한 마리였던 영양 사체가 시간이 흘러 점점 줄어들고 내장, 가죽, 힘줄, 뼈 등으로 조각조각 남을 때가 되면 동작과 보상의 관계가 어떻게 달라질까? 대머리수리 연구자들은 바로 이런 질문들을 붙들고 밤을 지새운다.

결국 프로젝트는 큰 성과를 거두지 못했다. 죽은 고기를 꾸준히 공급하기가 힘들었고 더욱이 대머리수리들이 한 무더기 모여 계속 날개를 퍼덕거리고 자세를 바꾸는 와중에 찌르기 동작과 삼키기 동작의 미묘한 차이를 집어내기란 더더욱 힘들었다. 하지만 이 덕분에 한 가지 작은 진화 수수께끼를 체험적으로 깊이 이해할 수 있었다. 바로 대머리수리의 머리에는 왜 깃털이 없는가 하는 수수께끼였다.

나는 두 명의 다이애나가 최대한 내게서 멀리 떨어져 있으면서도 자동

케냐에 사는 흰등대머리수리

차 그늘 밖으로 벗어나지 않도록 일정한 거리를 유지하려 애쓰는 것을 눈치 챘다. 두 사람 탓을 할 수는 없었다. 내 머리카락, 얼굴, 팔뚝은 대머리수리 쪽에서 스멀스멀 풍겨 오는 것만큼이나 고약스럽고 욕지기나는 썩은 악취를 뿜어내고 있었다. 썩은 얼룩말 냄새였고, 그럴 만한 이유도 있었다.

그날 일찍 우리는 도축장에 들렀다. 우리가 사용하는 사체들은 그곳에서 구한 것이었다. 사냥 동물을 주로 취급하는 그곳은 종종 밤에도 부근 목장에서 나온 도태 동물의 처리 작업을 했다. (고기는 카니보라는 명칭의 한 인기 있는 나이로비 식당으로 팔려 나가며 그곳을 찾은 관광객들은 기린 버거, 누 바비큐 등등 초원지대의 풍미로 사파리 체험을 마무리한다.) 도축업자는 우리를 위해 부산물을 따로 챙겨두었다가 보통 아침에 작은 트레일러에 대머리수리 간식을 깔끔하게 실어 바로 가져갈 수 있도록 준비해 놓는다.

하지만 그날 아침에 도축장에 가보니 여느 날과 달랐다. 분류조차 되지 않은 내장기관, 창자, 발굽, 얼룩말 사체 조각들이 옆 마당에 산더미처럼 쌓여 있었다.

"카리부 사나('어서 오세요'라는 의미의 스와힐리어_ 옮긴이)." 나이든 경비원이 우리에게 인사했다. 그는 휴일이라 도축장이 문을 열지 않는다고 설명하면서 우리가 직접 가져가는 것은 환영이라고 했다.

불행히도 우리에게는 삽도, 쇠스랑도, 장갑도 없었으며 썩은 고기를 트레일러에 실을 만한 다른 어떤 실질적 수단도 없었다. 설상가상으로 마당에 쌓인 부산물은 하루 이틀 지난 것이었고 열대의 열기 속에서 부패가 급속도로 진행되어 있었다. 악취가 가득한 대기에는 고기를 먹으려고 달려드는 수천 마리의 통통한 초록색 파리들이 윙윙거리면서 우리 몸에 부딪혔다. 나는 두 명의 다이애나를 쳐다보았고 두 사람도 나를 쳐다보았다. 셋모두 경악 속에서 눈이 휘둥그레져 있었다. 우리는 모두 해외 유학 과정을 밟는 학생이었다. 현장생물학이 힘든 학업이라는 건 알고 있었지만 이런건 정녕 안내책자 속에 들어 있지 않았다.

기사도 정신은 이제 유행이 지나갔다고들 하지만 그래도 낭만적인 밤에차 문을 열어주고 우산을 들어준다든가, 쇼핑백을 든 나이든 여자를 도와준다든가, 썩은 동물 내장 더미 속에 맨손을 쑤셔 박는 등 특정 상황에서는 여전히 명맥을 이어가고 있었다. 나는 허세를 보이며 등 뒤에 있는 두명의 다이애나에게 손을 흔들어보이고는 내장 더미 위로 허리를 숙인 다음 더미 속에서 뭔가를 움켜잡은 뒤 홱 잡아당겼다.

얼룩말의 맹장은 자줏빛의 커다란 주머니로, 대장이 시작되는 지점에달려 있었다. 내가 잡은 것은 부풀어 올라 마치 두껍고 축축한 풍선처럼팽팽하게 늘어나 있었다. 이 맹장이 터지면서 썩은 복부 가스가 내 얼굴앞에서 터져 머리카락이 뒤로 날리고, 나는 오래된 피, 엉망진창인 상태로찐득거리는 가닥들, 소화되다 남은 목초 쪼가리들을 온몸에 뒤집어썼다.

냄새는 말로 형언할 수 없을 정도였다.

그 순간 고개를 숙인 채 썩은 고기 더미 속을 헤집던 내 모습은 흡사 대머리수리를 꼭 닮았을 거라고 나중에 가서 깨달았다. 하지만 긴 포니테일 스타일 머리에 티셔츠를 입고 손목시계를 찼으며 팔뚝에 털이 난 나는 그런 라이프스타일에 그리 썩 잘 적응된 상태가 아니었다. 핏덩이가 온몸에 튀었고, 머리카락은 피 때문에 엉겨 붙었으며 시간이 흐르면서 섬차 말라붙은 핏덩이는 악취 나는 붉은색 녹청같이 되었다. 나는 트레일러에 썩은 고기를 실었고, 우리는 데이터를 얻었다. 하지만 그날 저녁 내가 샤워하는 데 물을 세 양동이나 쓰고 나서야 동료들은 지저분한 텐트 안으로 들어와도 좋다고 허락해주었다.

피와 내장이 머리카락에 그렇게 잘 달라붙는다면 깃털에는 어떨까? 이 물음에 답하기 위해 최근 작은 실험을 했다. 우리 집 근처에는 갈 만한 도축장도 없고 아프리카대머리수리 떼도 없었다. 하지만 산란 암탉의 죽음으로 깃털은 충분히 확보된 상태였다. 죽은 황소개구리 두 마리와 헤어드라이기로 뭔가 알아낼 수 있을 것 같았다.

황소개구리는 우리 집 연못에서 갓 잡아왔다. 지난 몇 달 동안 나는 펌프 연사식 비비총을 들고 놈들을 따라다녔다. 보통은 개구리를 잡지 않지만 이 황소개구리는 공격적인 외래 유입종으로, 토종 양서류를 잡아먹으며 심지어는 작은 새도 먹는다. 황소개구리를 떠나보내야 하지만 적어도 당장은 그 사체를 쓸 데가 있었다. 갈대숲을 헤치고 다닌 지 얼마 되지 않아 괜찮은 크기의 표본 두 마리를 잡았다. 개구리 내장을 꺼내어 금속 그릇에 담은 다음 닭 깃털을 넣고 손가락으로 휘저었다.

이 프로젝트를 위해 특별히 겉깃털을 골랐다. 일반적으로 새의 머리에

나 있는, 곡선형의 부드러운 깃털이었다. 숟가락으로 휘적휘적 빠르게 몇 번 젓고 나자 깃털은 진득진득하게 엉겨 붙었고, 한때는 우아했던 깃가지가 엉망진창으로 달라붙었다. 그릇에서 깃털을 떼어낸 다음 열대 사바나 바람을 재현하기 위해 헤어드라이기 온도를 높였다. 몇 분 지나자 깃털은 피와 내장이 붙은 상태로 딱딱하게 말랐다. 바늘로 깃가지를 서로 떼어내어 단장을 해보려 했지만 가망이 전혀 없었다. 완전히 엉망진창으로 엉겨 있었다. 케냐에서 그 일이 있었을 때 내 머리카락은 단순한 직선 모양인데도 갖가지 샴푸를 써도 별 소용없이 며칠 동안 악취를 풍겼다. 깃털처럼 복잡한 형태를 깨끗이 씻는다는 것은 상상도 되지 않았다.

새의 벗겨진 머리가 소네트나 시, 연가에 등장하는 일은 별로 없지만 썩은 고기의 맥락에서 볼 때는 참으로 아름다운 적응이다. 깃털이 나지 않은 피부는 복잡한 깃털 장식보다 핏덩이가 훨씬 덜 엉긴다. 또한 썩은 고기를 먹는 새가 깨끗한 상태를 유지하면 세균, 기생충, 질병에 노출될 가능성이 줄어든다. 늘 내장과 썩은 고기를 먹고사는 경우에는 자연선택이 깃털 없는 쪽을 선호했을 것이라고 쉽게 상상할 수 있다. 대머리 새는 질병의 위험을 줄이면서 먹이를 먹을 수 있고 그 결과 생존과 번식의 성공률이 높아진다. 메시지는 명확하다. 깃털이 비행이나 보온 면에서는 진화의 경이로움일지 몰라도 죽은 얼룩말 뱃속 깊이 고개를 처박는 경우에는 쓸모없는 것을 넘어서서 해롭기까지 하다.

썩은 고기를 먹는 새에게 깃털이 없는 것은 큰 이점이어서 다른 지역, 완전히 다른 종 사이에서 적어도 두 차례 이런 진화가 일어났다. 분류학자들은 이를 가리켜 수렴진화의 교과서적 형태라고 한다. 수렴진화란 유연관계가 먼 생물이 비슷한 환경적 자극에 반영하여 비슷한 형질을 나타내는 진화를 말한다. 내가 연구했던 케냐의 새들은 모두 구세계 대머리수리에 속한다. 이 동물군은 다양한 종으로 이루어져 있으며 독수리나 매와 밀접한 유연관계를 지닌다. 우리가 가져간 동물 사체에 모여든 것은 이집트대머리수리, 흰목대머리수리 두 종, 그리고 구세계 종 가운데 가장 거대한 누비아대머리수리 등이었다.

당시에는 누비아대머리수리를 집으로 가져올 생각을 하지 못했지만 만일 가져왔다면 주름진 붉은 목과 윤기 나는 검은 깃털이 칠면조대머리수리나 캘리포니아콘도르 무리 속에 잘 어울려 섞였을 것이다. 하지만 이 미대륙 종은 아프리카의 누비아대머리수리와 전혀 다른 동물군에 속하며 오히려 황새와 밀접한 연관이 있다. 신세계 대머리수리와 구세계 대머리수리는 유연관계가 없으며 이들의 비슷한 모습은 역겨운 먹이습성의 실용성을 바탕으로 진화된 것이다.

대머리수리의 깃털 없는 머리를 보고 있으면 진화의 산물이 결코 정적이지 않다는 사실이 떠오른다. 아무리 정교한 형질도 자연선택의 끊임없는 개량 과정과 유전적 부동(개체군 내 한 세대에서 다음 세대로 유전자가 유전될 빈도의 변화가 무작위적으로 일어나는 현상을 말한다. 유전적 부동으로 인해 생존을 위협하는 대립유전자의 빈도가 증가할 수도 있고, 매우 드문 경우에 생존을 위협하는 유전자가 사라질 수도 있다_옮긴이)의 변천에 계속 영향을 받는다. 형질이 억만 년 동안 변함없이 지속될 수도 있지만 이 형질이 유용한 한에서, 아니 최소한 있어도 괜찮을 만하거나 해가 없는 한에서만 지속될 것이다.

시조새나 안키오르니스의 날개 겉을 감싼 깃털은 거의 모든 점에서 현대의 깃털과 똑같아 보인다. 이후 수백만 년에 걸쳐 깃털은 비행, 보온솜털,

장식뿐만 아니라 방수, 그 밖에 사람들이 이용하는 용도에도 꼭 맞는 최적의 안성맞춤으로 발전해왔다. 하지만 아직 답을 얻지 못한 한 가지 중요한 물음이 남았다. 깃털은 지금 어디로 가고 있는가? 깃털의 새로운 능력 또는 알려지지 않은 능력이 지금도 진화되고 있는 것일까?

깃털이 새에게 불리한 조건이 될 경우 없어지기도 한다는 것을 알았다. 하지만 깃털이 나지 않거나 깃털을 변형시키거나 개조함으로써 새로운 목적에 맞도록 만드는 종이 대머리수리만 있는 것은 아니다. 야생칠면조, 따오기, 화식조, 저어새 모두 밝은 색 피부와 눈길을 끄는 육수를 드러내고 번식깃을 늘임으로써 짝의 관심을 끈다. 올빼미 비행깃은 독특하게 깃가지가 빗처럼 생겼고 길게 늘어진 술이 달려 있어서 날갯짓할 때 난기류를 바꿔놓음으로써 소리가 나지 않는다. 쏙독새와 흰꼬리쏙독새의 경우는 얼굴의 긴 강모깃털이 포충망 기능을 하며 고양이의 수염과 똑같은 감각 기능을 한다. 시조새가 데본기 늪지대 위로 날아오르던 시절부터 깃털은 계속 깃털이었지만 깃털의 진화과정이 쉰 적은 한 번도 없었다. 현대의 새들을 살펴보면 미세한 조정에서 눈부신 변화에 이르기까지 새들이 때로는 놀라운 방식으로 적용하도록 깃털에 수만 가지 변주 형태가 나타났다는 것을 알 수 있다.

· · ·

킴벌리 보츠윅Kimberly Bostwick 박사는 코넬 대학교 척추동물 박물관의 비좁은 실험실에서 작은 열대 명금류들을 찍은 고속 비디오 촬영화면을 자세히 들여다보고 이 새들의 깃털을 레이저 도플러 진동계라는 장치에 고정시키면서 연구하고 있다. 리처드 프룸의 애제자인 보츠윅은 2005년 석사 학위논문이 《사이언스》에 실리고 이 소식이 전 세계에 알려지면서 갑자기 혜성과 같이 등장했다. 대학원생이 이런 성과를 이룬다는 것은 당신이 메이저리그에 출전하여 첫 타석에서 만루 홈런을 치는 것과 같다. 하지만 킴벌리 보츠윅은 남다른 과학자였고 곤봉날개마나킨에게서 바이올린을 연주하는 새라는 특이한 주제를 찾아냈다.

"그때까지 본 것 중 가장 말도 안 되는 것이었어요." 그녀는 1997년에 쾨콰도르로 떠난 첫 현장 탐사활동을 회상하며 이렇게 말했다. "전 계속 생각했어요. '이런 건 어떻게 진화한 걸까? 어떤 과정을 거쳐 이 새가 사는 기이한 세계로 오게 된 걸까?'"

킴벌리가 에콰도르 우림에서 본 것은 황갈색과 검은색이 섞인 작은 새였다. 이 새는 이 가지 저 가지 날아다니는 도중에 주기적으로 멈춰 날개를 등 뒤로 하늘 높이 쳐들곤 했다. 흰색 줄무늬가 희끗희끗 나 있는 짙은 색 날개는 눈부신 시각적 장면을 만들어내지만 그녀의 시선을 잡아끈 것은 소리였다. 탁 하는 금속성의 날카로운 협착음 뒤에 짧은 음이 이어졌다. 킴벌리는 나중에 가서 이 소리를 '팅'이라고 묘사했다.

나는 킴벌리의 비디오 화면을 여러 번 보았고 심지어는 집에 있는 피아노 위에 새를 얹어놓고 비디오 화면을 틀기도 했다. (분명히 말하는데 곤봉날개마나킨은 번식 과시를 하기 위해 에프샵 키로 노래를 불렀다.) 내 귀에는 날개 음이 크리스털의 쨍그랑 소리 혹은 현악기 활로 섬세한 악기를 빠르게 치는 소리처럼 들렸다. 비브라토의 느낌이 나는 맑고 고른 음이었다.

극락조와 마찬가지로 마나킨도 구애행동에서 레크 모델을 따르며 화려

곤봉날개마나킨의 소리를
들을 수 있는 영상

수컷 곤봉날개마나킨의 눈부신 시각적(그리고 음향적) 깃털 과시

하게 꾸민 수컷들이 과시 구역에 모여 공들인 춤을 선보인다. 암컷에게 선택권이 있으며 이 경우 암컷은 흔한 노래와 춤에 타악기 소리가 약간 들어간 것을 좋아하는 것처럼 보인다. 깃털 스냅 동작은 최소한 11개 종류가 발달되었으며 어떤 종의 경우는 여러 스냅 동작을 이용하기도 한다. 그리하여 날개로 다른 날개와 몸통과 꼬리를 치는가 하면 더러는 채찍이 하늘을 가르듯 날개를 공중으로 쫙 편다.

커다란 소리를 내는 데다 눈 깜짝할 새 빠르게 날아가는 비행 패턴까지 결합됨으로써 깃털 스냅 동작은 마나킨의 과시를 자연계에서 가장 복잡한 (그리고 가장 부산한) 의식으로 만든다. 마나킨과에 속하는 60개 종 가운데 오로지 곤봉날개마나킨만 날개 스냅 동작을 한 단계 더 발전시켜 오케스트라에 현악 부분을 첨가했다.

"저는 생물학과 동물 행동에 관심이 많았어요. 하지만 정말 조류 관찰자는 아니었어요." 킴벌리가 코넬 대학교 학부 시절을 떠올리면서 말했다. 그녀가 마나킨에 관심을 갖게 된 것은 세 가지 중요한 사건 때문이었다고 했다. 첫 번째는 척추동물의 기능적 형태학 강의였는데, 다소 일시적 기분으로 신청한 대학 강의였다. "사실 강의 제목이 무슨 뜻인지도 몰랐어요." 킴벌리는 지금에야 웃으며 털어놓았다. "하지만 동물 및 다양성과 관련이 있다고 이해했어요." 실제로 강의는 비교해부학에 초점을 맞추면서, 각기 다른 동물군 사이에 나타나는 특정한 신체적 형질의 진화과정을 추적했다. "상어의 아가미 활이 포유류의 귀 뼈와 어떻게 똑같은지, 또는 지느러미와 날개에 어떤 연관성이 있는지에 대해 배웠지요. 강의가 정말 좋았어요." 이 강의는 구조의 진화에 대한 지속적인 관심을 촉발시켰고 장차 이루어질 그녀의 모든 깃털 연구에 토대를 제공해주었다.

킴벌리의 두 번째 변화는 졸업 직후 코넬 대학교 척추동물 박물관의 일자리를 받아들이면서 생겼다. 그곳에서 그녀는 갑작스레 조류에 푹 빠져들었다. 이 박물관은 조류 연구 및 보존의 주도적 중심지로 유명한 코넬 대학교 조류실험실과 밀접한 협력 활동을 벌이고 있었다. "저는 제가 자연에 대해 뭔가 알고 있다고 생각했어요. 하지만 바로 가까이에 제가 전혀 알지 못하는 이런 놀라운 종이 있다는 걸 깨달았어요!"

킴벌리는 조류 관찰 취미에 단단히 맛을 들였고, 결국 미국 남서지방으로 옮겨가 3년 내내 조류 관찰에 푹 빠져 지냈다. 그러다 석사과정을 알아보러 돌아다닐 때 처음으로 만난 교수들 중 한 명이 다름 아닌 리처드 프룸이었다. 프룸은 1980년대와 1990년대 초 마나킨 연구를 시작으로 조류학에 발을 디뎠다. 따라서 비교해부학에 관심을 가진 전도유망한 학생에게 즉답을 해줄 수 있었다. "이 조류군은 마나킨이라는 이름으로 불려요. 날개로 소리를 내는데 이 새가 어떻게 소리를 내는지는 아무도 모르죠!" 이렇게 해서 킴벌리가 마나킨의 삶 속으로 들어가는 과정이 시작되었다.

킴벌리는 실험실에서 시작해서, 손에 넣을 수 있는 모든 표본을 살펴보았다. "기본적으로 1년 꼬박 날개를 쳐다보면서 보냈어요." 킴벌리가 현장에 가서 보기 전부터도 곤봉날개마나킨은 두드러지게 눈에 띄었다. 2차 깃털의 깃축이 이상하게 부풀어 올라 있었고 그중 하나는 끝부분이 별나게 45도 각도로 굽어 있었다. 근육계까지도 다른 새 날개와 달랐다. "어떻게 된 일인지 알아낼 수 있다면 분명 좋은 석사논문이 될 수 있었지요." 킴벌리가 말했다. 아울러 프룸의 논평도 기억해냈다. "저 새들이 뭘 하는지 저는 모릅니다. 하지만 틀림없이 멋진 일일 겁니다."

생물학자 중에서 곤봉날개마나킨의 깃털을 눈여겨본 사람이 킴벌리와 프룸이 처음은 아닐 것이다. 새의 이름부터가 깃털 깃축의 특이한 곤봉 같은 생김새를 담고 있고 다윈 역시 1871년에 이 새를 실례로 들어 성 선택에 대한 견해를 설명한 바 있다. 다윈은 오로지 수컷만 이 기형을 자랑스럽게 드러내 보인다고 지적했다. 비록 그가 야생에서 마나킨을 보지는 못했지만 기이한 깃털이 필시 짝을 향한 유인책으로 이용될 것이라고 추측했다. "둥둥, 획획, 웅웅 소리를 내는 변형된 깃털에 관해 말해 보면 몇몇 새가 구애행동을 하는 동안 변형되지 않은 깃털도 함께 퍼덕거리거나 털거나 덜거덕 맞부딪치는 것으로 알려져 있다. 또한 암컷이 구애행동을 가장 멋지게 한 수컷에게 이끌린다면 (⋯⋯) 차츰차츰 깃털은 어느 정도든 변형될 것이다." 다윈은 목적과 과정에 대해서 직관적으로 파악했지만 정확히 어떻게 깃털로 소리를 내는지는 계속 수수께끼로 남아 있었다.

에콰도르에 처음 다녀온 뒤에도 킴벌리는 여전히 막막했다. "다시 실험

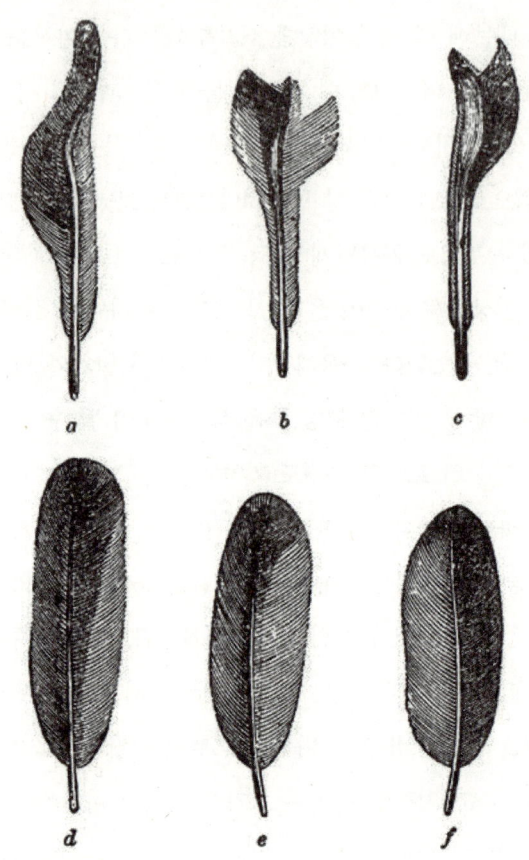

찰스 다윈은 수컷 곤봉날개마나킨의 날개 깃털이 이상한 형태(윗줄)를 띠는 이유가 성 선택에 기인한다고 정확하게 보았다

실로 와서 표본들을 바라보면서, 에콰도르에서 제 눈으로 본 것은 도저히 있을 수 없는 일이라고 생각했어요." 킴벌리는 에콰도르에서 새들이 했던 것과 똑같이 날개를 들어 올리고는 계속해서 날개를 살펴보았다. 하지만 깃털이 음을 낼 수 있다는 게 불가능해 보였다. 딱 소리와 덜거덕 소리는 좋다, 낼 수 있다고 하자, 하지만 '팅' 소리의 원천은 여전히 수수께끼였다.

"날개에서 소리가 나지만 날개가 소리를 낼 방법은 없었어요. 우리는 물리학의 법칙에 봉착하고 말았죠."

전통적으로 과학자들은 새가 깃털로 소리를 내는 두 가지 기본적 방법이 있다고 보았다. 탁탁 치는 방법과 빠른 속도로 급강하면서 일종의 진동을 일으키는 방법이다. 이를 탁탁 치기와 급강하라고 하자. 탁탁 치기 가운데 익숙한 것으로는 비둘기가 날개를 파닥이면서 날아오려 할 때 나는 소음이 있고 이 밖에도 다른 마나킨이 깃털로 탁탁 내리치는 다양한 소리들이 있다. 급강하는 시끄러운 비행 과시를 보일 때 일어나는데 하늘에서 빠르게 날아 내려오는 속도를 이용하여 휘파람소리나 드드득 같은 소리를 낸다. 안나벌새의 찍찍 소리, 꺅도요와 쏙독새의 으스스한 소리가 이런 방식으로 난다. 곤봉날개마나킨은 분명 이와 다른 방식을 사용하고 있었지만 킴벌리 이전의 모든 생물학자와 마찬가지로 그녀 역시 소리의 정체를 알아낼 수 없을 거라고 여겼다.

그런데 킴벌리의 선배들에게는 없었던 혁신적인 방법이 생겼다. 바로 고속 디지털비디오였다. 독립 영화제작자와 저예산 다큐멘터리 작가들은 콤팩트 디지털비디오카메라 장비의 등장으로 새로운 기회의 세계를 맞았고 전통적인 촬영방식에 비해 아주 적은 비용만으로도 전문성을 담은 결과물을 내놓을 수 있었다. 과학자들이 데이터를 얻고 전례 없는 관찰 활동을 펼칠 새로운 세상이 열린 것이다. 킴벌리는 휴대용 카메라를 들고 다시 우림을 찾았다. 이 장비는 새들의 번개처럼 빠른 움직임을 초당 1000프레임까지 담을 수 있었다. 일반 비디오 자료화면에 비해 30배가 넘는 속도다.

"고속비디오카메라는 정말 획기적인 발명품이었어요." 킴벌리가 말했다. 당시 그녀는 새가 무엇을 하는지 한순간에 모든 것을 정확하게 볼 수 있었고, 날갯짓 하나하나를 관찰하면서 프레임 단위로 각 움직임과 소리를 연결시켰다. 킴벌리가 찍은 비디오 화면에 따르면 마나킨의 날개가 뒤집혀지면서 '똑딱' 하고 큰 소리가 나고—이는 전통적인 딱딱 치기 방식이다—이후 절제된 방식의 색다른 떨림 동작이 시작된다. 이런 빠른 진동이 반복적으로 날개 전체에 전달되고 곤봉처럼 생긴 커다란 2차 깃털을 때리게 되는데, 구부러진 깃축이 이 진동 힘에 밀려 옆에 있는 깃축 위의 작은 굴곡들을 바이올린 활처럼 앞뒤로 켠다.

순식간에 전체 이야기가 정리되었다. 각 날개깃이 실제로 작은 바이올린이 되는 것이다. 구부러진 깃털 끝이 기타 피크나 바이올린 활이 되고 작은 굴곡들은 현이 되며, 속이 빈 부풀어 오른 깃축은 공명실이 되어 소리를 증폭시키고 유지시키는 것이다.

"정말 독특한 구조지요." 킴벌리가 설명했다. 알려진 새 중 그와 같이 신체부위를 함께 비비면서 과학자들이 말하는 이른바 마찰음을 내는 새는 없었다. "가장 비슷한 것으로는 귀뚜라미를 들 수 있을 겁니다." 킴벌리가 덧붙였다. 순간적으로 나는 이솝 우화 〈개미와 베짱이〉가 떠올랐다. 이 우화에서 속 편한 베짱이가 바이올린을 켜며 노는 동안 부지런한 개미는 다가올 겨울 준비로 바쁘게 먹이를 모은다. 귀뚜라미와 마찬가지로 베짱이도 피크-기타줄 방식으로 마찰음을 내는데, 뒷다리와 날개를 비벼 여름날 오후 배경음처럼 들리는 찍찌르르 소리를 낸다.

하지만 이솝우화의 교훈도 생물학적 상황에서는 맞지 않는다. 개미의 경우에도 마찰음을 내는 종이 많기 때문이다. 개미 역시 자기만의 바이올린을 켜면서 파티를 벌일 수 있었고 겨울이면 베짱이와 함께 배고픔에 떨 수 있었다. 사실 이와 비슷한 피크-기타줄 방식이 딱정벌레에서 노래기에 이르기까지 다양한 곤충들에게 진화되어 있었다. "곤봉날개마나킨이 곤충이었다면 그렇게 흥미를 끌지도 못했을 거예요!" 킴벌리가 웃으며 말했다.

킴벌리의 연구를 통해 깃털의 극단적인 적응형태가 조명을 받았으며 이는 과학계뿐만 아니라 깃털 진화의 긴 역사에서도 알려지지 않았던 적응형태였다. 이 적응형태는 최근에 생긴 한 파생종에서만 나타난다. 하지만 놀라운 것이 또 하나 있다. 비록 마나킨처럼 곤봉 모양의 특별한 공명실이 없더라도 모든 깃털의 깃축은 공명 능력이 있다는 사실이다. 더욱이 킴벌리가 레이저 도플러 진동계에 걸었던 모든 깃털이 정확히 같은 높이의 음으로 진동하는 양상을 보였다. "마나킨의 깃털이 공명 성질을 띠도록 진화한 것이 아니라 이전부터 있던 형질을 끄집어내어 활용한 것뿐이지요."

이 사실을 염두에 두면서 나는 킴벌리에게 다른 새도 깃털의 공명 성질을 이용하는지 물었다. 마나킨과 같은 피크와 빗은 없더라도 탁탁 치기나 급강하로 만든 소리가 적절한 진동수를 만들어내어 깃축 안에서 공명을 일으킬 수 있지 않을까?

"그에 대한 답을 아는 사람은 아직 아무도 없을 겁니다." 킴벌리가 말했다. "하지만 제 짐작으로는 그럴 수 있다고 봐요." 킴벌리의 연구 역시 그 방향으로 진행되는 중이었다. 최근에 보낸 이메일에서 킴벌리는 수컷 산쑥들꿩의 날개깃털과 가슴깃털에서 쌩 하고 울리듯 나는 소리에 깃털 공명이 일어났다는 강력한 증거를 찾았다고 알려주었다. 깃털이 소리를 내고 공명을 일으킬 수 있는 잠재적 가능성이 깃털 자체만큼이나 오랜 역사를 지닌다면 어쩌면 찍찍 마찰음을 내고, 탁탁 두드리는 소리를 내고, 급강하하면서 소리를 내는 수각류 공룡의 증거가 쉬싱에 의해 발견될지도 모른다. "반드시 화석을 살펴봐야 할 겁니다." 킴벌리도 수긍했다.

이 책을 쓰기 위해 연구하는 내내 마음 한 구석에 남아 계속 나를 괴롭히던 질문을 마지막으로 킴벌리에게 던졌다. 깃털이 어디로 가고 있는가 하는 물음이었다. 깃털의 복잡한 구조와 성장 과정, 한없이 다양한 색상과 형태를 감안할 때 대체 다른 어떤 것이 기다리고 있을까? 어떤 새로운 용도가 진화될까?

"답은…… 이미 진행되고 있다는 겁니다." 킴벌리가 바로 대답했다. "깃털은 우리가 인식하지 못하는 용도로 이미 쓰이고 있어요. 깃털이 너무 빨리 움직이는 탓에, 혹은 우리가 물리학이나 화학을 이해하지 못하는 탓에 깃털에 관해 너무 많은 것을 간과해 왔지요." 새로운 비디오카메라 성능으로 곤봉날개마나킨의 놀라운 이야기를 밝혀냈듯이 새로운 테크놀로지가 깃털의 보온 성질과 방수 기능, 색상, 공기 역학에 대한 통찰력을 가져다줄 것이라고 킴벌리는 믿었다. "깃털은 이미 모든 점에서 놀라워요!" 말 도중에 킴벌리가 감탄했다. "우리가 그것을 알아낼 능력만 있으면 돼요."

깃털 연구에 대해 이야기를 나눠본 다른 많은 사람처럼 킴벌리 역시 자기 일을 사랑했다. 과학에 대해 이야기할 때면 새로운 생각이 마치 막 포장을 벗긴 화려한 소포라도 되는 것처럼 거리낌 없이 흥분하는 모습을 보였다. 우리는 지지직거리고 통화가 원활하지 않은 스카이프라인으로 맨 처음 대화를 나누었다. 그날은 노아가 이빨이 나느라 동네가 떠들썩하도록 울어대는 바람에 엘리자와 내가 밤새 불침번을 섰던 다음날 아침이었다. 하지만 우리 둘의 대화가 끝날 무렵 킴벌리의 열정 덕분에 나는 완전히 재충전되었고 활력이 살아났다. 얼른 외출해서 레이저 진동계든 고속 카메라든 사온 다음 창문 옆으로 지나가는 새들이 퍼덕이거나 급강하하거나 파르르 떠는, 첫 번째 자연의 기적에 기계를 들이댈 태세였다.

우리처럼 결과 지향적인 문화에서는 결말에, 그리고 뭔가를 알아내고 정확한 해답을 찾는 일에 매달리기 십상이다. 하지만 진정으로 푹 빠져 있으면 새로운 정보들이 쌓여가는 동안 흥미가 지속된다. 새로운 연결 관계를 찾아내고 새로운 패턴을 알아내며 새로운 인식을 열어가는 동안 계속 흥미가 이어지는 것이다. 자연의 기적을 탐구하는 일은 기본적으로 호기심에 끌려가는, 열린 결말의 과정이다. 과학이 항상 해답과 관련이 있는 것이 아니며, 오히려 물음과 관련이 있다는 사실이 새삼 떠오른다.

경이로움을 빚지다

이 커다란 로터리가
온갖 잡다한 어중이떠중이,
교회, 군대, 자연과학, 법,
관습과 업무가 이루어지는 세상이
결코 그의 관심사가 아니라고 그는 알고 있다.
그리고 말한다. 무슨 말을 할까? - 까악까악

너무 행복한 새! 나 역시 알고 있었다,
인간의 많은 허영심,
또한 그것들을 지켜보는 게 신물이 난,
이 팔다리는 유쾌한 마음으로 물러나
그대처럼 그렇게 두 날개를 가지고,
그 날개 사이에 그런 머리를 두고 살아갈 수 있을까?
— 윌리엄 쿠퍼, 〈갈까마귀〉(1782년)

　　한 줄기 상쾌한 바람이 공기를 가르고 캐나다로 이어지는 해협 저 멀리
까지 흰 포말의 파도를 일으키며 나란히 선을 그렸다. 곶 쪽으로 하이킹을
하는 동안 화사한 햇살이 상록수 잎 사이로 쏟아져 내리면서 우리더러 얼
른 햇살의 따스함 속으로 나아가라고 재촉한다. 봄은 일찍 찾아왔다. 인동
초에 벌써 잎이 나고 까치밥나무에 꽃이 피어 마치 작은 분홍색 초롱처럼
바람에 대롱대롱 흔들린다. 노아가 내 가슴에서 뒤척이며 자세를 바꾸고
는 계속 잠을 잔다. 노아는 벌써 베테랑 산책자가 다 되어, 매번 숲 산책에
나갈 때마다 이를 최고의 낮잠 기회로 달갑게 맞이한다. 가족 모두 처갓집
대가족을 찾아가 지내던 중이었다. 그곳은 우리가 사는 섬보다 훨씬 작고
외진 섬이었다. 엘리자의 숙모가 그날의 소풍을 이끌었다. 모두에게 섬의
최북단 끝에 있는 숲속 길을 처음 걸어볼 기회가 되었다. 점심을 먹기 위해

쉬기 전 숙모가 길가 나뭇가지에 매달린 특이한 깃털 하나를 발견했다. 숙모는 깃털을 조심스럽게 잡아 엘리자에게 건네주었고 엘리자는 다시 내게 건네며 미심쩍은 눈길을 보냈다. "뭔지 알겠어?"

깃털은 펼친 내 손바닥보다 크고 길었으며 깃판 아래쪽은 폭이 넓고 깃털이 풍성하다가 위쪽으로 갈수록 깃판이 작아지는 형태였다. 색깔 배치가 영 낯설었다. 눈처럼 하얀 깃가지가 점차 크림색을 띠다가 중간 위쪽으로 가면 담황색으로 바뀌었고 그 다음에는 확연히 붉은빛이 감돌았다. 필시 몸집이 큰 새의 가슴이나 옆구리 털일 듯싶은데 무슨 새지? 거위인가? 맹금류인가? 아니면 거대한 올빼미인가? 내 머릿속에 떠오르는 것들은 색깔 패턴이 맞지 않았다. "무슨 깃털인지 모르겠네." 마침내 나는 이렇게 말한 뒤 깃털을 주머니에 잘 챙겨 넣었다. "하지만 알아낼 방법은 있어."

그 후 나는 작은 배를 타고 비행기를 타고 중간에 다시 비행기를 갈아타고 지하철을 탄 뒤 워싱턴 D.C. 내셔널몰 광장을 가로질러 스미스소니언협회 자연사박물관의 커다란 돔과 코린트식 파사드 쪽으로 발걸음을 옮겼다. 칼라 도브 박사는 '코끼리' 옆에서 나를 기다리고 있었다. 거대한 후피동물(코끼리처럼 가죽이 두꺼운 동물)이 박물관 로비를 지배하듯 긴 코를 높이 쳐들고 있었다. 박사는 이 긴 코 아래 누가 봐도 만남 장소로 알 만한 곳에 있었다. 캐주얼 복장 차림에 허세 없는 소탈한 태도의 칼라 박사는 겉으로 세계 저명 깃털 전문가라는 티를 내지 않았다. 아마 살아 있는 사람 중에는 칼라 박사만큼 다양한 깃털을 보고 다루고 관찰한 사람이 없을 것이다. "이쪽으로 가시지요." 그녀가 말했다. 모음을 길게 발음하는 버지니아 말투의 목소리가 우아했다. "제가 안내해드릴게요."

우리는 코끼리 뒤쪽으로 걸음을 옮겨 보안 문을 통과한 뒤 미로 같은 복도와 계단을 거쳐 갔다. 그 끝에 깃털 감식실이 있었다. 그곳에서는 세 명의 상근 직원과 복잡하게 생긴 몇 대의 현미경, 유전자 염기서열분석기, 65만 개가 넘는 박제 새가 칼라 박사의 관리 아래 있었다. "전 세계 조류 종의 4분의 3을 수집해 놓았어요." 줄줄이 이어져 있는 높은 수납장 옆을 함께 지나가면서 칼라 박사가 말했다. "지금도 계속 늘고 있고요."

가장 오래된 표본은 19세기 초 수집 여행에서 구해온 것이며, 이밖에도 존 제임스 오듀본과 시어도어 루스벨트 같은 전문가가 기증한 표본들도 있었다. 한편 깃털 전문 감식은 1960년 가을부터 시작되었는데, 이는 록히드 일렉트라 터보프로펠러 엔진 항공기가 의문의 추락 사고를 일으킨 뒤였다.

이스턴 항공 375편 비행기가 이륙 직후 경로를 이탈해 보스턴 항에 추락했을 때 62명의 사망자가 발생했다. 당시로서는 미국 역사상 가장 많은 사상자를 낸 비행기 사고의 하나로 기록되었고 민간항공을 애용했던 나라 전체에 큰 충격을 안겨주었다. 조사관들이 망가진 엔진에 조류 사체 잔해가 잔뜩 엉겨 붙은 것을 발견했고, 당시 출범한 지 얼마 되지 않은 미국연방항공국은 항공기와 새의 충돌로 야기되는 안전 위험에 급작스런 관심을 갖게 되었다. 어떤 종이 관련되어 있는지 어떻게든 알아낼 수 있다면 위험성을 줄이는 방향으로 비행기나 비행 패턴의 설계, 유지 관리 작업을 시작할 수 있을 것이다.

사고 직후 엉망진창 상태인 조류 사체 잔해들을 모아 스미스소니언 협회로 옮겼고 즉시 조류 분과의 박제 전문가 록시 레이본Roxie Laybourne에게 보냈다. 1916년도의 흐릿한 출판물과 자신의 지혜에만 의지했던 록시는 깃털의 미세한 세부조직을 바탕으로 깃털이 어느 새의 것인지 알아내는 정확한 방법을 개발해냈다. 보스턴 항에서 가져온 조류 사체 잔해에는 많은 자료가 들어 있었고 록시는 즉시 흰점찌르레기라고 회신을 보냈다. 상황은 종료되었고 미 연방항공국은 이에 깊은 인상을 받았으며 이로 인해 깃털 감식실이 탄생한 것이다.

"록시 같은 사람을 한 번도 본 적이 없었어요." 이야기를 나누기 위해 사무실에 자리를 잡은 직후 칼라가 말했다. "처음 이곳에 왔을 때 저는 록시 뒤만 따라다니면서 제가 할 수 있는 모든 걸 배웠어요. 제 일은 수집과 관련된 것이었고 깃털 일은 제 담당 몫에 들어 있지도 않았어요!"

그게 20년 전이었고, 칼라는 한 번도 후회한 적이 없었다. 그녀는 바닷가 새 깃털의 미세구조에 대해 박사학위 논문을 썼고 깃털 감식실 상근직으로 록시와 함께 일했다. "훗날 록시가 더 이상 사무실 근무를 할 수 없는 상황이 되자 우리는 그녀의 집 앞 현관에 함께 모여 사례 연구를 하곤 했어요." 스승이 92세의 일기로 생을 마치기 얼마 전 일을 떠올리며 칼라가 말했다. 그때 이후 감식실에 들어오는 담당 업무는 계속 늘어 칼라가 처음 시작할 당시 연간 300건이었던 것이 지금은 5천 건이 되었다.

칼라와 그녀의 동료들은 지금도 록시가 맨 처음 개발한 방법을 쓰고 있으며, 사체 잔해에 이용할 만한 깃털 조각이 부족하거나 미세한 차이점에서 도움을 받고자 할 때에는 새로운 DNA지문감식법도 함께 활용한다. 이곳을 찾는 고객 중에는 미 연방항공국을 비롯하여 미 공군, 해군, 육군이 있으며 이밖에도 미국 어류 및 야생동물관리국, 국립공원관리청, 관세국, 연방교통안전위원회, 연방수사국 등이 있다. "탐정 활동과 비슷해요." 칼라가 설명했다. "전 이 일이 정말 좋아요."

탐정들이 그렇듯이 칼라도 사례가 어떤 결론으로 이어질지 확신하지 못한다. "최근에는 450미터 상공에서 일어난 사슴 충돌 사고가 접수되었어요. 크리스마스 직후의 일이었죠." 칼라는 웃음기 없는 얼굴로 말했다. "사체 잔해에서 나온 DNA를 모두 확인한 결과 분명 사슴이었습니다." 조사관들이 다시 사고 비행기를 찾아갔을 때에야 비로소 불운했던 독수리의 작은 깃털 조각을 찾을 수 있었다. 이 독수리의 마지막 식사가 혼란을 야기했던 것이다. "개구리가 나온 적도 있었어요. 뱀도요. 맹금류의 발톱이나 위장에서 나올 만한 건 뭐든 나옵니다."

이곳에서 맡는 일반적인 사례가 조류(그 외 기타 등등) 충돌이긴 해도 감식실에서는 깃털에 관한 난문제는 가리지 않고 모두 취급한다. 에버글레이즈 습지의 생물학자들이 침입종 아프리카 비단구렁이를 잡았을 때 칼라는 이 비단구렁이가 어떤 희귀 새를 잡아먹고 살았는지 알아낼 수 있었다. 인류학자, 박물관, 아메리카 원주민 부족들이 고대 공예품에 들어 있는 깃털의 정체를 알아내 달라고 도움을 요청했고, 한번은 미 연방수사국이 살인사건 희생자의 뇌 속에 있던 깃털과 총소리가 나지 않도록 하기 위해 사용한 베개의 깃털이 같은지 확인해 달라고 요청한 일도 있었다. 불법 야생 밀매와 관련된 사례 건수가 너무 많아지자 결국 어류 및 야생동물관리국에서는 칼라에게 더 이상 깃털을 보내지 않았고 대신 요원을 파견했다. 이들 요원은 스미스소니언 협회에서 몇 달간 훈련을 거친 뒤 돌아가서 자체 내 깃털 과학 수사실을 열었다.

나는 집에서 가져온 정체 모를 깃털을 이용하여 감식 과정을 처음부터 끝까지 보여줄 수 있는지 칼라에게 물었다. "물론이죠." 칼라가 선뜻 응했다. 하지만 깃털을 보고는 웃음을 터뜨렸다. "아하." 칼라가 이렇게 말하고는 손가락 하나를 흔들어 보였다. "당신에게 난처한 문제가 있는 거군요!"

'이런. 이 깃털은 뭘까?'라고 생각했다. 하지만 여기 온 목적이 바로 이 물음에 답을 찾기 위한 것이었다. 칼라는 다 안다는 듯이 손가락으로 깃털을 쓸어내렸고, 우리는 작업에 들어갔다. 우선 이것은 온전한 깃털이며 종류를 따지자면 반깃털로, 분명 큰 새의 것이었다. "그리고 뒷축깃이 있어요." 칼라가 덧붙였다. "모든 깃털에 뒷축깃이 있는 건 아니에요." 칼라는 깃촉에 털 난 부분을 가리켰다. 우리는 이 부위에서 이용 가능한 DNA를 찾게 될 것이다. 그런 다음 깃털 아래쪽에서 솜털 같은 깃가지 두 개를 떼어내 현미경 검사용 마이크로 슬라이드 두 개를 만들었다. "유용한 미세구조는 모두 깃털의 작은 깃가지 속에 있어요." 칼라가 설명했다.

현미경을 들여다보니 칼라가 한 말이 무슨 뜻인지 알 수 있었다. 현미경으로 본 작은 깃가지는 마치 물결 모양의 글라신 실처럼 환하게 빛나고 있었고 긴 세포들이 합쳐진 마디 부분이 유난히 부풀어 있었다. 넓은 마디가 있는가 하면 좁은 마디도 있고 어떤 것은 삼각형이고 어떤 것에는 가시가 있었다. 우리는 내가 가져온 깃털과 여러 종류의 조회용 슬라이드를 대조했고 곧 범위가 좁혀졌다. 오리나 백조는 아니었다. 사냥감 새도 아니었다. 올빼미도 아니었다. 모든 것이 커다란 맹금류라는 특정 집단을 가리켰다.

"이제 확인 작업을 하러 소장 표본을 보러 갈 거예요." 칼라가 이렇게 말하고는 나를 다시 끝없이 이어진 표본 수납장으로 데려갔다. 칼라가 수납장 문을 열고 기억을 더듬으며 서랍 몇 개를 열더니 딱딱한 흰머리수리 깃털과 붉은꼬리매 깃털을 연이어 내 손에 떨어뜨렸다. 그 다음 다른 몇 개를 더 모아서 가운데 탁자 위에 나란히 늘어놓았다. 탁자 위에는 주문 제작한 전구가 줄줄이 달려 있어 직사광선과 똑같은 빛을 재현하고 있었다. 매 깃털은 확실히 너무 작았고, 흰머리수리의 경우는 색이 너무 짙었다. 마침내 완벽하게 일치하는 깃털을 찾아냈다. 밑부분이 가벼운 솜털로 되어

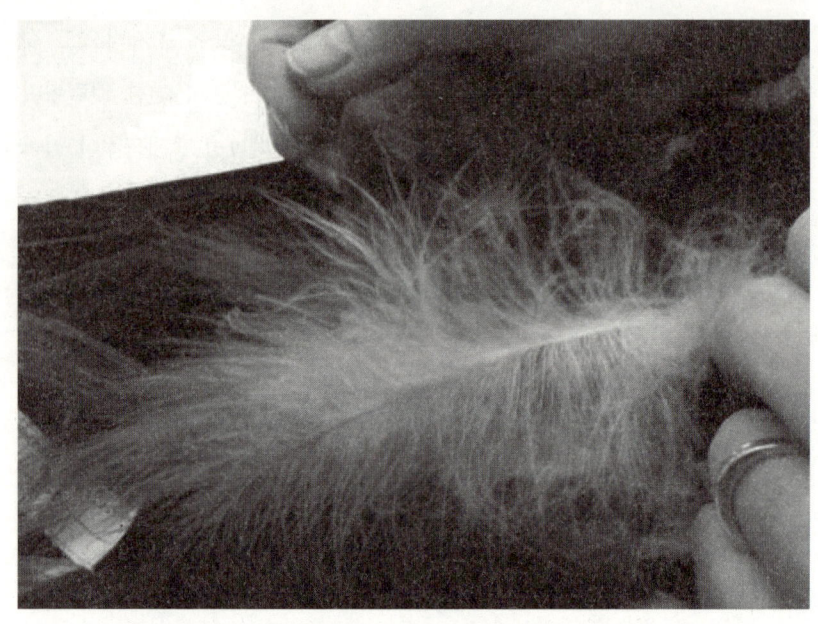

내가 스미스소니언 깃털 감식실에 가져간 깃털을 칼라 도브가 살펴보고 있다

있고 끄트머리는 붉은 빛을 띠는 것까지 똑같았다. "이거예요, 이거." 칼라가 이렇게 말하고는 내가 가져온 깃털을 그 옆에 갖다 댔다. 보아 하니, 나는 어린 검독수리의 왼쪽 옆구리에 난 반깃털을 가방 깊숙이 넣은 채 돌아다닌 것이고, 이는 명백히 연방법 몇 가지를 어긴 것이었다. 내가 사진을 찍고 몇 가지 메모를 한 다음 우리는 표본들을 제자리에 갖다 넣고 다시 칼라의 사무실로 향했다. 칼라는 내 깃털을 돌려주지 않았다.

대화가 서서히 끝나가자 나는 칼라에게 조류 관찰 취미가 있는지 물었다. "네, 그럼요!" 칼라가 소리치며 말했다. "이번 주말에도 나가서 뭐가 있는지 돌아볼 거예요." 사실 칼라는 지역 조류 관찰자로 적극적인 활동을 하고 있으며 최근 버지니아 주에서 새로운 종(흰해오라기)을 확인하는 데 도움을 주었다.

이 책을 쓰기 위해 조사활동을 하는 동안 고생물학자와 박물관 큐레이터에서부터 엔지니어, 명필가, 모자 제조 기술자 등 수십 명에게 똑같은 질문을 던졌다. 대부분의 사람들이 이 질문을 별난 생각이라고 여겼다. 물론 조류학자는 그렇다고 대답했고, 어느 할리우드 패션디자이너는 집 뒤쪽 테라스에 비둘기들을 위해 옥수수 알을 뿌려놓는다고 했다. 하지만 대다수 사람에게 조류 관찰은 별난 취미로 여겨진다. 우리는 일반적으로 깃털을 보면 매혹되고 심지어는 광적인 애정을 보이기도 하지만 그럼에도 깃털이 우리 주변의 야생동물들을 얼마나 아름답게 꾸며놓았는지 자연적 환경 속에서 감상할 생각을 좀처럼 하지 못한다. 모자에 달린 깃을 보고 감탄하든 아니면 오리털 재킷의 따뜻함, 또는 비행하는 깃털 날개의 오묘한 물리학에 감탄하든 우리는 새에게 이런 경이로움을 빚지고 있다.

깃털을 사랑하는 애호가로서(그리고 여기까지 글을 읽었다면 이제 독자 여러분도 충분히 깃털 팬의 자격이 있다) 모두 교차참조를 거친 들새 관찰기록과 우리 집 차보다도 비싼 쌍안경을 갖추는 등 극성 조류 관찰자가 될 필요는 없다. 하지만 적어도 조류 보호자가 되거나, 우리 관심과 욕망이 투영되는 그 대상 자체가 꾸준히 줄어들고 사라져 가는 현실에 대해 용기 있게 증언해야 한다. 일찍이 1850년대에도 앨프리드 러셀 월리스는 극락조가 "20년 전에 비해 훨씬 구하기 어려워졌다"고 언급하면서 과도한 사냥 추세를 비난했다. 월리스가 오늘날 새 8종 중 1종 이상이 멸종 위기에 처해 있고 그가 사랑했던 말레이제도에서 그가 너무도 잘 알던 1차 열대우림의 70퍼센트 이상이 사라져버린 것을 알게 된다면 뭐라고 할까?

새는 여러 곳에 퍼져 있고 눈에 쉽게 보이므로 열성적인 관찰자들의 관계망만 늘린다면 보다 커다란 환경 흐름을 측정할 살아 있는 지표로 기능할 수 있다. 철새를 추적 관찰하면 지구 반 바퀴 저편에 있는 겨울 또는 여름 서식지에서 어느 정도 서식지 손실이 일어나는지 추적할 수 있고 아울러 둥지를 트는 시기의 이동과 변화를 통해 지구 온난화의 영향에 대해 즉각적인 통찰을 얻을 수 있다. 인간 활동의 범위가 확대되면서 점점 더 새를 보기가 힘들고 심지어는 흔한 종도 점차 줄고 있다. 우리가 깃털에 매혹된 결과 조류 개체에 가해지는 이런 압박이 더욱 심해지기도 한다.

19세기에 일었던 깃털 붐 때문에 쇠백로를 비롯한 다른 종이 멸종 위기에 몰렸을 당시 세계 인구는 15억 명이었다. 야생 깃털에 대한 수요가 다시 솟구친다면 그때보다 인구가 거의 다섯 배 가까이 많은 지금 새는 어떻게 될까? 물론 그때보다 좋은 법적 보호책이 마련되어 있고 사육 새 깃털이 깃털 시장의 대부분을 충당하지만 수면 바로 아래에서는 지금도 불법 거래가 끈질기게 성행한다.

야생동물 고기, 애완용, 깃털, 숭배 대상, 조류 수집품을 위한 지역 및 세계적 수요를 충당하기 위해 매년 세계적으로 수백만 마리의 야생 조류를 사냥하거나 포획하고 있다. 브라질 한곳에서만도 불법 야생동물 거래가 연간 대략 10억 달러에 이르며 이중 새와 깃털 제품이 상당 부분을 차지한다. 로렐 님Laurel Neme은 『동물 수사관Animal Investigators』이라는 저서에서 브라질 인디언 깃털 공예제품을 전문 취급하는 플로리다의 한 수입상을 오랫동안 추적한 이야기를 기록했다. 체포될 당시 이 수입상 한 명이 희귀종이나 멸종 조류의 깃털로 만든 깃털 공예품과 깃털 뭉치 수천 점을 갖고 있었다. 이중에는 "부채머리독수리, 금강앵무, 히야신스마코앵무, 분홍매커우, 유리매커우, 녹색따오기, 기아나붉은장식새, 매구아리황새, 대백로, 오렌지

색날개앵무, 뱀매, 큰부리새, 아라사리, 봉관조 등등"의 희귀종이 포함되어 있었으며, 이밖에도 목록은 계속 이어졌다.

하지만 밀거래상을 추적해봐야만 야생 조류 깃털의 거래 규모를 가늠할 수 있는 것은 아니다. 하루 날 잡아 이베이나 크레이그리스트(미국의 지역 생활정보 사이트에서 시작되어 2012년 현재 전 세계 80여 개국에 서비스되는 온라인 벼룩시장_ 옮긴이)를 한 번만 검색해 봐도 미심쩍은 거래 수십 개가 걸려 나온다. 나는 이 문단을 쓰다가 잠시 멈추고 얼른 온라인상에 공공연하게 판매되는 수십 가지 희귀한 야생종의 깃털을 찾아보았다. 라이플버드에서부터 트로곤, 바빗, 투라코, 심지어는 큰극락조까지 볼 수 있었다. 수집가와 고전적인 플라이타잉 애호가들은 보기 드문 깃털 표본 값으로 때로 수천 달러에 이르는 돈을 내고 있었고 심지어는 보통의 거래마저도 야생 개체군에 불필요한 압박을 지속적으로 가하고 있었다. 결론적으로 말해서 조디 파바조는 희귀종 깃털이 아니라도 닭 깃털을 이용하여 무지개 색 가운데 어떤 색으로든 맞춤 염색을 할 수 있고, 플라잉낚시에서 허버트 마이너 크림 배저(플라이타잉 용으로 사육되는 수탉_ 옮긴이)의 해클을 물지 않는 물고기는 굳이 잡을 필요가 없다.

스미스소니언 깃털 감식실은 이 책에서 다루었던 솜털, 비행, 장식 장을 마무리 짓기에 이상적인 지점이다. 칼라와 그녀의 동료들은 매일 깃털과 더불어 살며 숨 쉰다. 반은 생물학이고 반은 탐정 수사라 할 만한 그들의 작업은 인간 세계와 깃털 세계의 접점에서 독특한 위치를 차지하며 말 그대로 인간과 새가 충돌하는 지점이다. 그들의 노력이 결실을 거둘 때, 그리고 사체 잔해와 깃털 깃가지에서 일치 결과가 나올 때 그들은 두 세계가 충돌하는 데 따른 여파를 어떻게 줄일 수 있을지 보여준다.

야생동물 사건을 해결하고, 밀거래상을 붙잡을 수 있으며, 충돌 사고로 죽는 새를 줄이고 사람도 덜 위험에 처하도록 공항을 재설계할 수 있다. 이것이야말로 인간과 자연 체계 사이에 일어나는 모든 충돌 발화점에 대해 우리가 지녀야 할 교훈이다. 서식지 손실, 침입종, 기후 변화에 이르는 문제들을 해결하기로 미음먹는 데 따라 우리 세대가 다음 세대에게 생물다양성을 얼마나 물려줄지 결정될 것이다. 솔새와 벌잡이새는 살아남게 될까? 올빼미, 개똥지빠귀, 모기잡이, 바다쇠오리, 칼새, 독수리는 지금까지 살던 야생 서식지에서 살아갈 수 있을까, 아니면 박물관에나 가야 볼 수 있게 될까?

만남을 끝내고서 칼라는 건물 로비 코끼리 있는 곳까지 배웅을 나왔고 우리는 작별의 악수를 나누었다. 박물관은 활기가 가득했다. 가족 단위로 찾은 사람들, 관광객, 학생 무리들이 포유류 실로, 인간의 기원 실로, 그리고 공룡과 파충류와 곤충과 보석과 광물이 가득한 각 실로 줄지어 들어가고 있었다. 나는 자연 사진 수상작이 전시되어 있는 방에 잠시 들렀다. 전 세계 야생동물들을 찍은 아름다운 대형 컬러 포스터들이 전시되어 있었다. 새 사진들이 유난히 두드러져 보였고 특히 모든 사람의 시선을 잡아끄는 사진 하나가 있었다.

이 사진은 모퉁이를 돌아 나오면 마주 보는 벽면 전체를 덮고 있었다. 카메라를 향해 똑바로 날아오는 대서양퍼핀 사진으로, 가로세로 1.2×1.8미터 크기의 강렬한 칼라 사진이었다. 새는 날개와 밝은 오렌지색의 광대발을 활짝 편 채 마치 방금 전 코너를 막 돌고 난 뒤인 양 특정 각도에서 프레임을 가득 채우고 있었다. 꽁지깃 하나하나의 까만 깃축과 숯빛 깃판, 부리에 꽉 물고 있는 세 마리 은빛 피라미에서 떨어지는 물방울들까지 사진 속의 세세한 부분 하나하나가 정확한 초점 속에 선명하게 드러나 있었다.

몇 분 동안 그곳에 서서 어머니와 딸, 젊은 일본인 부부, 대학생 또래의 젊은 여자 무리가 모퉁이를 돌아 나와 이 거대한 퍼핀 앞에 우뚝 멈춰 서는 모습을 지켜보았다. 모두 나와 똑같은 반응이었다. 헉 하고 숨을 들이마시고는 좀 더 가까이 보기 위해 몸을 앞으로 약간 기울이고 눈을 가느스름하게 뜨면서 찬찬히 살펴보았다. 놀라움에서 시작하여 호기심으로, 경이로움으로 변해가는 모습들. 그들도 매혹 속으로 빠져들기를.

깃털에 대한 삽화 설명

다음 내용에는 이 책 전체를 통해 언급된 깃털 형태에 대해 시각적인 자료가 실려 있다. 하지만 이 사례들은 결코 완벽하다고 할 수 없다. 깃털은 기능만큼이나 형태도 다양하기 때문이다. 여기 실린 그림들은 현대 새에게서 발견된 주요 깃털 종류를 보여주지만 사실은 하나의 연속성 속에서 전형들을 대표하는 것이다. 가령 솜깃털, 반깃털, 겉깃털 사이에도 다양한 솜털 특성이 존재한다. 너무 많이 변형되어 도저히 분류하기 힘든 번식깃도 있고 심지어 강모깃털조차 단일한 형태를 띠지 않는다(다음에 나오는 "반강모깃털"을 보라). 그럼에도 이 안내서에서는 사람들이 흔히 접하는 기본적인 깃털의 삽화를 제공하며 이 깃털들을 묘사할 때 사용되는 많은 용어를 설명한다. 깃털 성장, 털갈이, 깃털 진화의 발전 모델을 보여주는 그림들 역시 손쉽게 참고할 수 있도록 다시 그려 넣은 것이다. 여기 실린 모든 그림은 니컬러스 저드슨이 그렸다.

비행깃

뚜렷하게 곡선으로 휘어 있는 비행깃은 옆에 있는 비행깃과 부드럽게 연결되어 날개와 꼬리가 매끄러운 면을 이루도록 한다. 하지만 이 깃털들을 활짝 펼쳤을 때에도 각각의 깃털 형태가 독자적으로 뚜렷하게 공기 역학적인 특성을 보인다. 비행깃은 일반적인 겉깃털에서 발전되었으며 작은 깃가지가 맞물려 방수 기능이 있는 깃판을 이룬다. 번식 과시를 할 시기가 오면 화려한 색상을 띠거나 길게 늘어나거나, 아니면 다른 방식으로 변형되기도 한다. 날지 못하는 새의 경우에는 공기 역학적인 특성이 완전히 상실되어 기본적으로 과시, 방수, 그 밖의 다른 기능으로 쓰인다. 날개에 달린 비행깃은 날개깃으로, 꼬리에 달린 비행깃은 꽁지깃으로 부르기도 한다. 날개깃은 날개 어느 지점에 위치하는가에 따라 1차 깃털과 2차 깃털로 다시 분류된다.

비행깃

겉깃털

겉깃털은 겉으로 보이는 새의 깃털 층을 이룬다. 깃판은 깃축을 사이에 두고 반듯하게 좌우 균형을 이루고 작은 깃가지가 서로 맞물려 방수 기능이 있는 매끄러운 전체를 구성한다. 겉깃털에 뒤축깃이 달린 경우가 많은데 뒷축깃이란 깃판의 아래 부분에 털이 보송보송하게 나 있는 부속물로 보온 기능을 강화한다. 겉깃털은 벌새의 머리 부위에 무지갯빛으로 어른거리는 작은 깃털에서부터 오리의 긴 복부 깃털, 독수리의 넓은 등과 옆구리에 난 깃털까지 크기나 모양이 매우 다양하다. 색상, 번식 적응 형태, 다른 변형 형태도 풍부하다. 공작의 과시 깃털, 올빼미의 귀에 난 깃털 다발, 사막꿩의 스펀지 같은 복부 깃털은 모두 겉깃털이 변형된 형태다.

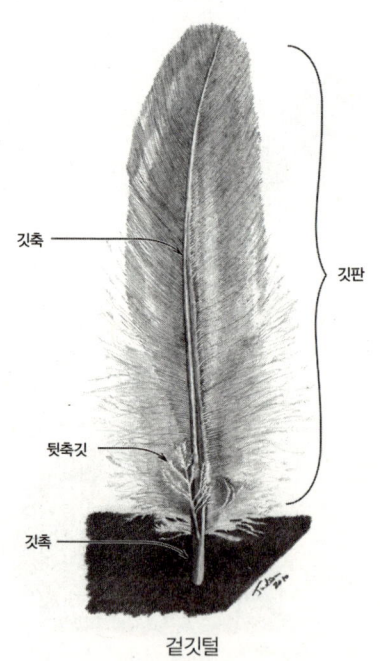

겉깃털

반깃털

반깃털은 형태나 기능 면에서 겉깃털과 솜깃털 중간쯤에 놓인다. 깃축이 뚜렷하지만 보송보송한 깃가지가 서로 얽혀 완결된 형태를 갖추지는 않는다. 몸의 깃털층을 채우며 보온 기능을 강화한다. 겉으로 보이는 반깃털의 끄트머리가 새에게 색깔을 입혀준다. 또한 반깃털은 과시를 위해 변형되기도 한다. 한때 숙녀들의 모자 장식용으로 각광을 받았던 대백로의 우아한 번식깃은 반깃털이 길게 늘어난 것이다.

반깃털

솜깃털

　전형적인 솜깃털에는 깃축이 없다. 깃가지가 깃촉 둘레에서 바로 생기 있게 뻗어 나와 성긴 다발을 이루며 뛰어난 보온 특성을 지닌다. 실제로는 보온 기능이 있는 깃털 모두를 솜털이라고 부르는 경우가 많으며 깃축이 짧거나 부분만 있는, 솜털 같은 깃털이 다양하게 있다. 솜깃털의 경우에는 작은 깃가지가 길게 뻗어있는 경우가 많으며 이 때문에 위쪽 공간이 넓어져 더 많은 공기를 품을 수 있다.

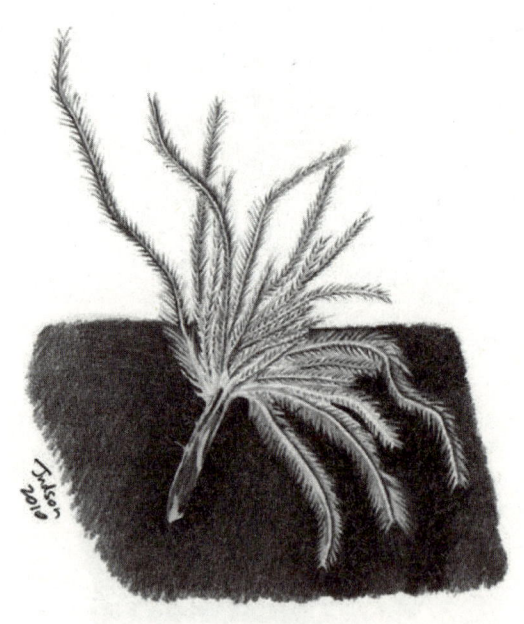

솜깃털

강모깃털

강모깃털은 기본적으로 빳빳하고 깃가지가 없으며 설령 있더라도 깃축에 깃가지가 살짝 뻗어 있다. 감각 기능과 보호 기능을 하는 경우가 있으며 얼굴과 발, 그 밖의 다른 맨살 부위에 난 경우가 많다. 아래 그림은 원숭이올빼미의 얼굴과 발에 나 있는 털이다. 공중에 날아다니는 곤충을 잡아먹는 새의 경우에는 긴 강모깃털이 먹이를 입 쪽으로 보내는 데 도움이 된다. 형태가 다양하다. 깃가지가 풍성해서 일반적인 깃판과 비슷한 생김새를 띠기 시작하는 것은 반강모깃털로 알려져 있다.

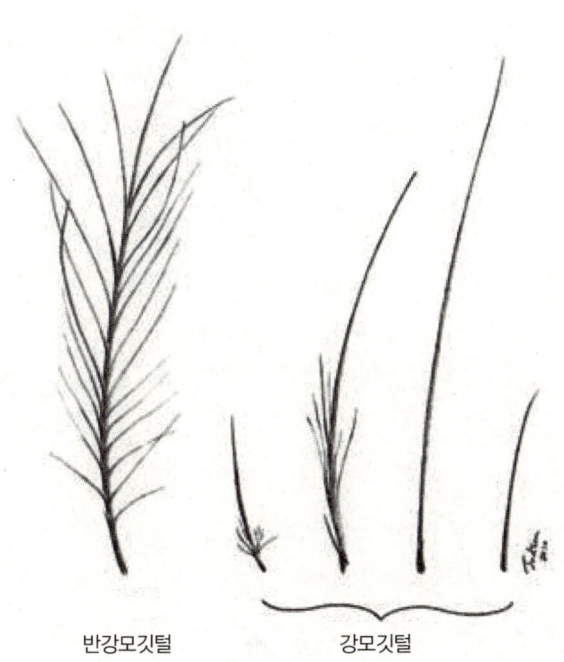

반강모깃털   강모깃털

털모양 깃털

다른 대다수 깃털과 달리 털모양 깃털은 우낭에 근육이 없어서 방향을 조정하거나 독자적으로 움직일 수 없다. 털모양 깃털은 감각 기능을 담당하며 주변에 있는 다른 깃털의 움직임과 상태가 어떤지 정보를 제공한다. 대개는 각 비행깃 아래 부분에 털모양 깃털이 무리를 이루어 둘러싸고 있다. 풍속과 깃털 위치에 대해 실시간 자료를 제공하고 새가 비행하는 동안 미세한 조종을 하도록 도우면서 날개의 항해에 대해 알려주는 고자질쟁이처럼 행동한다. 드문 경우이지만 긴 털모양 깃털이 번식 과시에서 길게 늘어나 끝부분의 다발이 주변 몸 깃털 사이로 극적으로 모습을 드러냄으로써 일정한 기능을 담당하기도 한다.

털모양 깃털

깃털 진화의 발달이론

발달이론에서는 일련의 진화 단계가 누적되어 현대의 깃털에 이르렀다고 주장한다. 깃가지 없는 깃대(1단계), 단순한 실가지(2단계), 깃축 양편으로 뻗은 실가지(3단계), 작은 깃가지가 맞물리면서 빳빳한 깃판을 형성하는 단계(4단계), 비대칭구조의 비행깃(5단계).

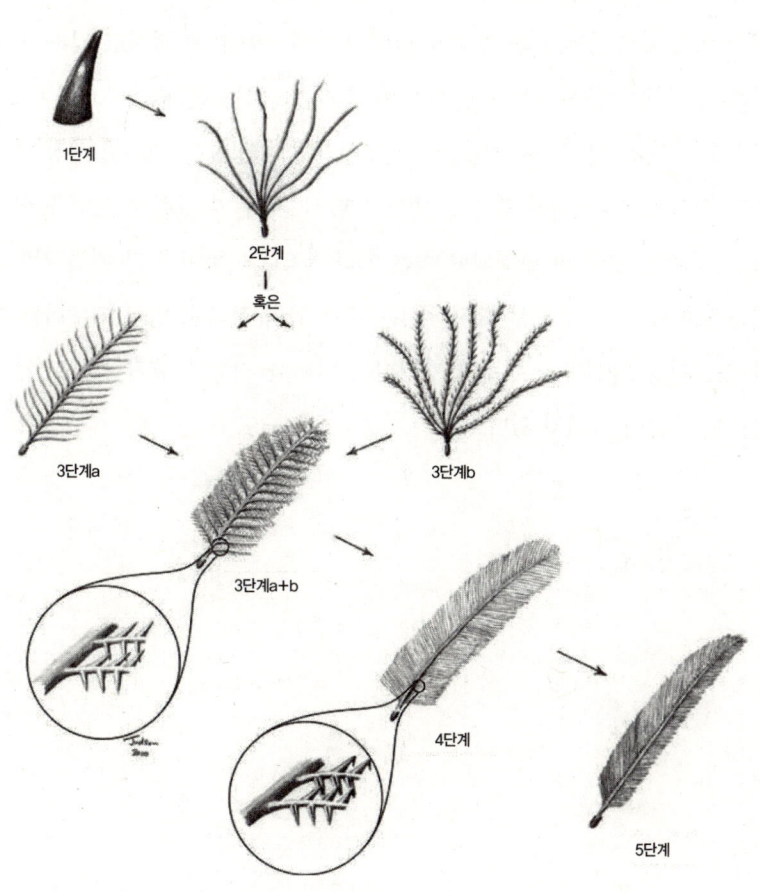

깃털 성장과 털갈이

첫 번째 그림에서 다 자란 깃털 깃촉은 우낭 속에 꼭 감싸인 채 그 아래 살아 있는 피부조직의 혈류와 단절되어 있다. 털갈이가 시작되면(두 번째 그림) 우낭의 안쪽 표피층에서 세포 활동이 시작되어 새로운 깃털의 깃가지와 깃축을 만들기 시작하고, 자라는 둥근 호 형태의 깃가지에까지 살아 있는 조직이 뻗어 나와 영양을 공급한다. 오래된 깃털은 차츰 밀려나고 새로운 깃털은 자라면서 그 자리를 대신한다. 새 깃털이 우낭과 임시 보호 집에서 차츰 나오면서 둥근 호 형태였던 깃가지가 바르게 펴지고 깃판을 형성한다. 깃판이 완성되면 우낭의 안쪽 표피층에서는 단단한 케라틴 관, 즉 깃촉을 만들며 이 깃촉이 깃털의 아래 부분을 형성한다. 그러면 성장이 멈추고 살아 있는 조직은 밑으로 내려가 다시 첫 번째 그림 상태로 돌아간다. 살아 있는 조직과 단절되고 죽은 케라틴으로 이루어진 다 자란 깃털이 되는 것이다. 성장의 세부 묘사에서는 우낭 안쪽 표피층 입구 테두리를 따라 깃가지가 나선형을 이루며 자라다가 단단한 깃축과 합쳐져 위로 뻗어 나가는 모습이 그려져 있다.

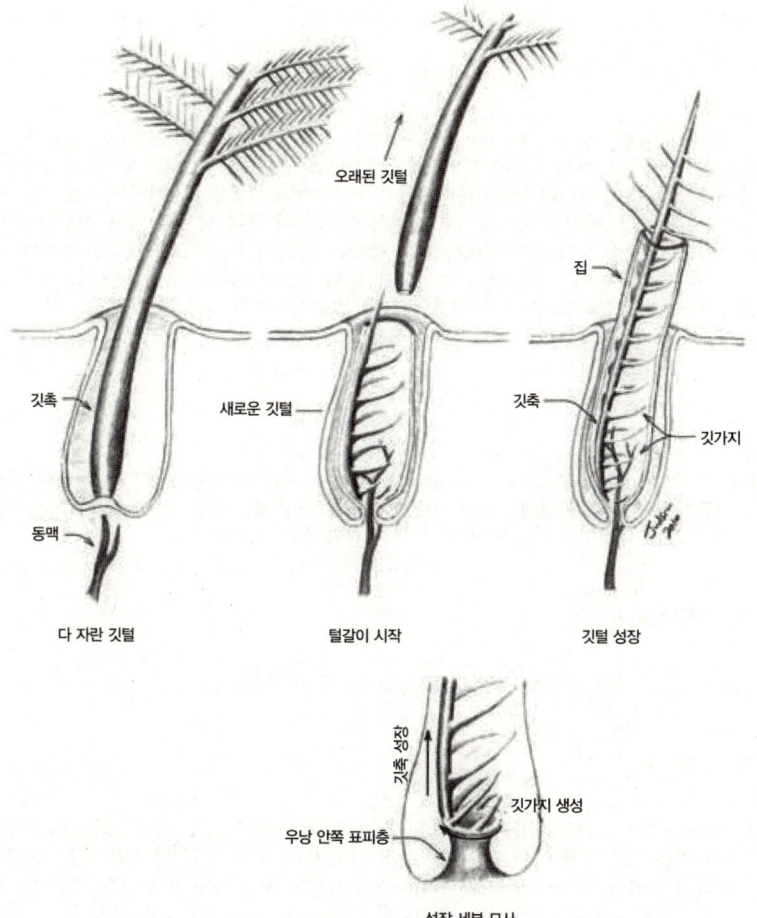

오래된 깃털

새로운 깃털

집

깃촉

깃축

깃가지

깃촉

동맥

다 자란 깃털

털갈이 시작

깃털 성장

깃축 성장

깃가지 생성

우낭 안쪽 표피층

성장 세부 묘사

미주

깃털은 거대한 주제다. 이 책의 연구 범위는 조류학, 항공공학, 고생물학, 신화학, 서체, 운동의 역사 등 다양한 주제에 걸쳐 있다. 대학교재, 탐험가의 회고록, 패션잡지, 오래된 신문을 읽었을 뿐만 아니라 『폴라 바이올로지Polar Biology』에서 『저널 오브 콜로이드 앤드 인터페이스 사이언스』까지 과학학회지도 당연히 읽었다. 이 글에서는 흥미로운 사항을 추가로 덧붙이고 각 장을 보다 깊이 이해하는 데 중요한 몇 가지 참고자료를 밝혀둘 것이다. 관심 있는 독자들은 여기에 적힌 책과 논문들을 통해 깃털의 매력을 더해주는 다양한 주제를 보다 심도 있게 살펴볼 수 있다. 저자의 전체 성명이나 출판 정보 등 자료 출처에 관해 보다 완벽하게 알고 싶은 경우에는 참고문헌을 보라.

서문

7쪽_ 조류학자 프랭크 질이 ~ 이루기 때문이다 : 프랭크 질의 『조류학』(2007)은 깃털의 진화와 생물학뿐만 아니라 새에게 전반적으로 깃털이 어떤 중요성을 지니는지 아주 훌륭하게 소개하고 있다. 명쾌하고 잘 쓰인 이 책은 강력 추천할 만하다.

서론: 자연의 기적

19쪽_ 와오라니 부족 성원은 ~ 모두 다 갉아 먹는다 : 데이비스(1996), 271~272.

1장: 로제타석

29~30쪽_ 최초의 아르카이옵테릭스 리토그라피카 ~ 깃털을 지니고 있었다 : 최근 아르카이옵테릭스를 심도 있게 다룬 책으로는 두 권이 있으며, 두 책 모두 이 장을 쓰는 데 중요한 토대가 되었다.(쉬프먼[1998]과 체임버스[2002]의 책이다.) 또한 토머스 헉슬리가 아르카이옵테릭스에 대해 독창적으로 기술한 1868년도 책도 아주 유익하다.

2장: 열 차폐, 활공, 벌레 잡기

54쪽_ 머리를 똑바로 들고 두 눈을 ~ 날아오를 것 같은 태세였다 : 겨울굴뚝새, 황금관상모솔새, 그밖에 북미의 다른 대다수 새는 철새조약법과 기타 법의 보호를 받고 있다. 미국 어류 및 야생동물관리국과 관련 국가기관의 허가 없이는 이들 종의 어떤 부위라도 수집하거나 소유하지 못한다.

58쪽_ 하지만 리처드 프룸 박사가 ~ 있다고 밝혔다 : 깃털의 진화에 관한 최고의 논문은 리처드 프룸과 앨런 브러쉬가 쓴 것이다(프룸[1999], 프룸과 브러시 공저[2002] 참조).

63쪽_ 전 중립적인 진화는 그다지 관심 없습니다 : 밴드BAND의 견해를 보다 명확하게 알고 싶으면 앨런 페두차의 『새의 기원과 진화』(1999) 참조.

65쪽_ 1997년 프룸의 깃털 ~ 적어달라고 부탁했다 : 젊고 유능한 고생물학자인 저우 중허는 이후 중국 척추 고생물학 및 고인류학 연구소에 들어가 수많은 초기 새와 깃털 달린 공룡의 발굴 작업에 참여했다.

3장: 이시안 지층

69쪽_ 물고기, 식물 ~ 라오닝 성에서 쏟아져 나왔다 : 지질학자는 연대상의 단절 없이 이어진 암석을 지칭할 때 지층이라는 용어를 사용한다. 이시안 지층에 포함된 여러 퇴적층 사이 사이에는 현무암층이 형성되어 있는데, 이는 화산 활동으로 오랜 기간 퇴적 활동이 중단되었음을 의미한다. 몇몇 현무암층은 깊이가 1킬로미터 이상 되기도 한다.

69쪽_ 졸른호펜의 석회암처럼 입자가 ~ 나왔다는 점이다 : 이시안 화석에 관한 책이 별로 없긴 해도 마크 노렐이 쓴 『용의 발굴』(2006)을 참조할 수 있다. 깃털 달린 공룡을 주제로 한 과학 논문들은 계속 빠른 속도로 출간되고 있으며 이 책이 출간되기 전에도 필시 새로운 발견이 나올 것이다. 참고문헌에 실린 쉬싱의 논문을 참조하고, 항상 신문의 과학 란을 눈여겨보라.

73쪽_ 만약 백만 년 정도 ~ 되었을지도 모른다 : 뼈가 화석이 될 때에는 통상적으로 다른 과정을 거치지 않은 채 곧바로 광물로 바뀐다. 원래 물질의 분자가 바로 화석의 분자로 대체되는 것이다. 하지만 깃털처럼 부드러운 조직은 대개 혐기성 분해 과정에서 나온 부산물만 보존된다.

81쪽_ 세상의 모든 개는 ~ 회색 늑대의 후손이다 : 개는 또 하나의 중요한 진화적 교훈을 던진다. 가축으로 길들인 늑대에게서 불과 몇 천 년만에 그토록 다양한 종이 생겼다면 기간을 늘려 공룡이 지구 위를 어슬렁거리고 다녔던 1억 6천만 년으로 확장할 경우 아니, 최초의 깃털이 진화된 이후의 훨씬 오랜 시간을 상정할 경우 어떤 진화적 가능성이 펼쳐질지 상상해보라.

4장: 슴새 잡는 법

91쪽_ 가는부리고래새 : 유명한 동물학자이자 삽화가인 존 굴드가 『호주의 새Birds of Australia』를 출간한 1848년 이후로 줄곧 고래새, 즉 영어로 프리온prion은 앙증맞고 크릴새우를 먹고 사는 이 슴새과의 새를 지칭해왔다. 그런데 1980년대에 생화학자이자 미래의 노벨상 후보자인 스탠리 프루시너가 광우병 및 그와 관련된 질병의 유발 인자에 프리온이라는 이름을 붙였다. 프리온이 이처럼 혐오스런 용법으로 쓰인다 해도 아름다운 바닷새에게 결코 나쁜 편견이 생기지는 않을 것이다.

92쪽_ 삽화가 곁들여진 그의 저서 ~ 현장 안내서로 평가되며 : 결코 명예에 안주하는 법이 없는 피터는 현재 "새로운 바닷새 안내서에 들어갈 그림을 5,000점 이상 그리기 위해 7개년 프로젝트를 진행 중이며 절반 정도 완성한 상태"라고 내게 말했다. 이 안내서가 출간되면 대단한 사건이 될 것이다.

96쪽_ 슴새 사냥꾼들은 ~ 사냥을 성공리에 마친다 : 슴새 사냥에 관해 좀 더 상세한 내용을 알고 싶으면 A. 앤더슨(1996) 참조.

98쪽_ 통상적으로 사람들은 깃털을 먹지 않지만 : 이 원칙에서 벗어나는 한 가지 유명한 예외가 바로 라틴아메리카 투계 시합이다. 이 시합에서 상대방 수탉의 깃털을 씹어 먹으면 행운을 불러오고 시합에서 이긴다는 전통이 있다.

101~102쪽_ 빠른 시일 내에 깃털을 ~ 프로그래밍되어 있다 : 털갈이 패턴의 한 가지 흥미로운 예외로, 가루솜털깃은 평생토록 계속 자란다. 깃털 층 여기저기에 나 있는 가루솜털깃은 가는 끝이 계속해서 작은 케라틴 조각의 '가루'로 분해되는데 이 가루가 깃털 끝에 묻어 방수 기능을 하거나 그 밖의 다른 특성을 띤다. 13장에 보다 상세한 내용이 실려 있다.

102쪽_ 구체적인 배열이 완성된 최종 구조 : 깃털의 성장과 구조에 관한 완벽한 고전으로는 앨프리드 루카스와 페터 슈테텐하임의 저서(1972년)가 있다. 프룸에게 통찰을 준 것이 바로 이 책이다. 전문적인 내용이긴 해도 멋진 사진과 삽화가 많이 실려 있다.

106쪽_ 어린 새는 둥지에 ~ 이를 옮긴다 : 새의 몸에는 통상적으로 최고 12종에 이르는 깃털 이가 군집을 이루어 살고 있다. 깃털 이는 같은 둥지에 있는 어미 새에게서 새끼 새로 전염되거나 아니면 같은 횃대를 쓰는 어른 새들 사이에서 전염되기 때문에 특정 새 종과 관련 있는 이가 다른 새 종의 이와 접촉하는 경우는 거의 없다. 예를 들어 가는부리고래새는 딱따구리나 까마귀와 한데 섞이는 일이 없기 때문에 이들의 깃털 이가 섞여 이종교배를 하는 경우는 없다. 따라서 깃털 이는 숙주 새와 함께 나란히 진화했고 새의 다양성이 거의 그대로 깃털 이의 다양성으로 이어졌다. (이 원칙에서 벗어나는 예외로는 매와 도둑갈매기, 그밖에 포식자 새와 죽은 동물을 먹는 새가 있다. 이들 새는 먹이의 깃털을 뽑는 동안 다양한 깃털 이를 접한다. 놀랄 일도 아니지만 이들 새의 몸에 사는 기생충의 유전적 구성은 보다 범세계적인 다양성을 띤다.)

107쪽_ 새가 이들 곰팡이와 세균을 ~ 개발 : 깃털 기생충은 조류학에서 뜨거운 관심의 대상이 되고 있다. 아직 몇 가지 불분명한 점들이 있긴 해도, 새가 깃털을 보존하기 위해 특정 개미나 달팽이, 과일의 화학물질에 들어 있는 항균 성질을 이용한다는 내용의 연구들이 나오고 있다. 일광욕이나 깃털 털기 역시 깃털을 유지 관리하는 데 도움이 되며 몇몇 깃털단장 기름은 세균의 번식을 막아주는 것으로 보인다. 기생충은 털갈이의 진화 과정뿐만 아니라 깃털 색깔의 발달에도 한몫 했을 가능성이 있다. 멜라닌 함량이 높고 색상이 진한 깃털이 보다 내구성이 강한 것으로 보이기 때문이다.

5장: 따뜻하다

121쪽_ 이런 습관은 아마도 ~ 생겨났을 것이다 : 최근 몇몇 실험을 통해 이 이론이 확인되었다. 흰담비에서 매, 올빼미에 이르기까지 다양한 포식자가 나타났을 때 달리 어쩔 도리가 없는 검은머리쇠박새는 포식자의 크기와 잠재적 위협 정도에 따라 각기 다른 경고음을 낸다. 북부참새올빼미처럼 작은 새만 전문적으로 잡아먹는 포식자가 나타나면 길게 끄는 소리를 내는 반면 털발말똥가리(포유류를 잡아먹는다)가 나타났을 경우에는 짧게 뿌리치는 듯한 소리를 냈다. 박새뿐만 아니라 붉은가슴동고비까지도 이런 여러 가지 경고음에 반응했다. 새들은 경고음 속에 암호로 표시되어 있는 위협 수준에 따라 행동했다. 이는 한데 섞여 다니는 겨울 새 무리 속에서 동종간 또는 이종간에 소통이 이루어졌음을 보여주는 흥미로운 증거다(이에 대해서는 템플턴, 그린, 데이비스 공저[2005]와 템플턴, 그린 공저[2007] 참조).

123쪽_ 상모솔새 한 쌍이 ~ 하나가 전부였다 : 눈과 얼음은 기후로부터 새를 상당 정도 보호해주는 수단이 되기도 한다(이글루를 생각해보라). 목도리뇌조를 비롯하여 북부 지방의 다른 사냥감 새는 종종 황혼녘에 황급히 눈 속을 뚫고 날아가 아늑하고 작은 눈 동굴 속에 몸을 파묻기도 한다.

124쪽_ 깃털의 놀라운 보온 기능이다 : 하인리히의 『겨울 세계』(2003b)에서는 깃털뿐만 아니라 다른 동물들이 겨울을 나는 여러 가지 적응방식을 광범위하게 다루고 있다. 피터 마찬드의 『추위 속 생명Life in the Cold』 또한 훌륭한 책이다.

125쪽_ 새는 날씨와 계절 ~ 방출하도록 조절한다 : 스미스소니언협회 연구원인 칼라 도브 박사는 솜깃털의 작은깃가지 안에 들어 있는 놀랄 만큼 복잡한 적응구조를 상세하게 설명한 바 있다. 예를 들어 물뒤김오리는 더 많은 공기를 품어 각 깃털의 보온력을 최대한 늘리는 데 도움 되도록 작은 공간마다 삼각형의 커다란 혹이 있다. 하지만 잠수오리는 똑같이 차가운 물에 사는 데도 깃털층을 가질 만한 형편이 되지 못해서 물뒤김오리만큼 많은 공기를 품지 못한다. 깃털층을 가질 경우 부력이 너무 커져서 수면 아래로 잠수하여 먹이를 먹지 못한다. 잠수오리의 경우에는 작은깃가지에 달린 혹이 훨씬 작고 솜깃털도 효과가 적다. 아마도 잠수오리는 체지방을 늘리거나 다른 물질대사를 통해 부족한 보온기능을 보완할 것이며, 이 문제에 관해서는 앞으로 더 많은 연구가 이루어져야 할 것이다.

126쪽_ 이 새가 내려앉는 장소를 끊임없이 찾아다니는 모습 : 상모솔새가 어디서 밤을 보내는가 하는 문제는 아주 최근까지도 미스터리였는데, 마침내 베른트가 잎이 무성한 스트로부스소나무 가지에 상모솔새 네 마리가 옹기종기 붙어 앉은 사진을 찍는 데 성공했다. 이 사진을 통해 상모솔새가 실제로 야외나 얇게 쌓인 눈 아래에서 그렇게 추운 밤을 보낸다는 사실이 확인되었다.

126쪽_ 상모솔새 깃털 안쪽의 ~ 무려 78도나 될 만큼 매우 크다 : 상모솔새의 체온은 섭씨 44도로 유지된다. 심지어는 섭씨 영하 34도나 되는 추운 밤에도 상모솔새가 무기력 상태에 빠지는 징후는 보이지 않는다.

128쪽_ 퍼시픽 코스트 깃털회사 : 로쉬와 벡이 쓴 『기분 좋은 잠A Good Night's Sleep』(2006)은 퍼시픽 코스트 깃털회사의 역사와 세계 깃털 산업에 관한 수많은 통찰을 담고 있다.

130쪽_ 공급은 거의 전적으로 거위와 ~ 정해지며 : 전 세계 깃털과 솜깃털의 99퍼센트 이상이 거위 및 오리 고기 산업의 부산물로 생긴다. 그 자리에서 털을 뽑는 소규모 시장이 여전히 남아 있긴 해도 대다수 가공업자와 소매업자는 이런 행위가 비경제적일 뿐 아니라 새에게도 못할 짓이라고 여겨 피한다.

135~136쪽_ 에스키모의 카리부 모피가 ~ 훨씬 넘는다 : 여기서 측정한 방한복은 1950년대 알래스카 포인트호프에 있는 이누피아크 에스키모 공동체 사람이 만든 것이다. 안에 입는 남자용 파카 한 벌(2.268킬로그램), 밖에 걸치는 파카(1.814킬로그램), 바지(2.268킬로그램), 무릎길이 부츠(1.814킬로그램)로 구성되었다. 모두 카리부 가죽으로 만들었으며 후드 안쪽에는 울버린 가죽을 덧대었고 부츠 안창은 턱수염바다물범 가죽으로

되어 있었다.(여기 적힌 수치는 고맙게도 알래스카 주립대학교 북부박물관에 있는 안젤라 린이 알려주었다.)

136~137쪽_ 그렇게 되면 ~ 대부분 잃어버린다 : 하지만 여러 가지 깃털을 혼합하여 사용하면 솜깃털 한 가지만 사용하는 경우에 비해 겉깃털의 천연 방수 기능을 이용할 수 있으므로 젖은 상태에서 훨씬 나은 기능을 발휘한다.

6장: 시원하다

141쪽_ 운동하는 포유류는 땀을 흘려서 몸을 식히지만 : 모든 포유류가 땀샘을 갖고 있긴 해도(이 땀샘에서 젖샘이 진화되었다) 많은 경우 효율적으로 체온을 조절할 수 있을 만큼 땀샘이 충분하지는 않다. 영장류, 낙타, 말은 악명 높을 만큼 땀을 많이 흘리지만 개, 고양이, 설치류, 토끼, 그 밖에 많은 좋은 땀을 흘리기보다 숨을 헐떡이거나 다른 적응방식에 의존하여 체온을 조절한다.

141쪽_ 따라서 새는 체온이 상승할 여지가 없다 : 눈에 띄는 예외로는 타조를 비롯하여 다양한 비둘기, 메추라기, 사막꿩, 이 밖에 덥고 건조한 기후에서 살아가는 새들이 있다. 이들 종이 자주 사용하는 체온 조절 전략은 발열요법이다. 발열요법을 사용하면 체온을 치사 수준에 가깝게 올림으로써 숨을 헐떡이는 데 따르는 수분 손실의 위험 없이도 과잉 열을 손쉽게 발산할 수 있다.

149쪽_ 무깃구역이라고 일컬어지는, 깃털 없는 맨살 부위 : 조류학자들은 깃털이 난 구역을 깃구역이라고 부른다(따라서 맨살 구역은 무깃구역이 된다). 대다수 종은 모두 8개의 커다란 구역으로 나뉘고 다시 수십 개의 부분군이 특정 방식으로 배열되어 독특한 분포 패턴을 형성한다. DNA 분석이 생기기 전에는 조류학자들이 이 분포 패턴을 연구하여 새들 간의 진화적 연관관계를 밝히기도 했다. 또한 지금도 '새 깃털 분포'가 새 분류의 중요한 도구로 사용된다.

149쪽_ 열을 내보낼 수 있는 다른 선택 방법이 많다 : 펭귄은 대체로 물속에서 뭉뚝한 날개를 퍼덕이며 우아하게 '날면서' 수영하는 동안 체열이 발생한다. 이러한 이동방법은 물이 아주 차가워서 흉근에서 생기는 열을 식혀줄 수 있는 경우에만 효과를 볼 수 있다. 바다쇠오리는 북쪽 바다에서, 펭귄은 남쪽 바다에서 제각기 이런 행동방식을 보이지만 열대 바다에서는 이런 습성에 관해 알려진 바가 없다. 고래와 돌고래 같은 해양 포유동물은 열대 바다에서도 당연히 수영할 수 있지만 새는 깃털의 보온 기능 때문에 더운 물속에서 날개를 퍼덕이는 것이 생리적으로 불가능하다.

152쪽_ 하지만 새의 호흡계는 ~ 새로운 차원에서 이루어진다 : 이에 대해서는 프랭크 질(2007)이 잘 설명해주었다.

152쪽_ 숨을 헐떡이는 새가 1분당 수백 차례 숨을 쉴 때 : 몇몇 종(특히 왜가리, 펠리컨, 올빼미, 사냥감 새, 쏙독새)은 목 상단의 뼈와 막을 빠르게 흔들어 열 손실을 촉진시키는데 일명 '목 떨기'로 알려져 있다.

153쪽_ 호흡만으로도 활동적인 새의 ~ 막을 수 있다 : 증발 작용에는 불가피하게 수분 손실의 부작용이 따른다. 새는 비행시간을 대체로 짧게 줄이고 장거리 이동 시에는 고도를 높여 시원한 대기 속을 날아감으로써 탈수상태가 되지 않도록 하는 것으로 보인다.

153쪽_ 깃털이 없는 박쥐는 훨씬 단순한 냉각 방법들을 이용한다 : 박쥐의 체온조절에 관해서는 리더와 코울즈의 1951년도 고전적인 논문 참조. 또한 박쥐와 새를 전문적으로 비교한 다음 논문도 참조. 헤덴스트룀, 요한슨, 스페딩(2009).

7장: 땅에서 날아올랐을까, 나무에서 뛰어내렸을까?

160쪽_ 세 마리 모두 은색레이스무늬 와이언도트 종으로 : 이후 로드아일랜드 레드 종 두 마리를 추가하여 화려한 색상을 더하고 닭 머릿수도 모두 다섯 마리로 늘렸다. 그 후 배고픈 흰머리수리 때문에 머릿수가 네 마리로 줄었고 이 상태에서 큰 변동 없이 유지되었다.

160쪽_ 조류학계에서 가장 의견이 분분한 문제 : 땅에서 날아올랐는지 아니면 나무에서 뛰어 내렸는지 하는 문제에 관한 문헌 자료만으로 책장 하나를 가득 채울 수 있지만 우선은 고전적인 관점부터 살펴보는 것이 가장 좋을 것이다. 오스트롬의 1979년 저서와 페두차의 2002년 저서가 있다.

166쪽_ 새가 아닌 동물 중에서 ~ 어찌 해볼 도리가 없다 : 재빠르다는 것만 가지고는 박쥐를 공평하게 평가할 수 없다. 박쥐의 비행에 관한 최근의 연구에서는 특히 느린 속도에서 놀라울 정도의 조종능력을 발휘하게 해주는, 밀치기와 상승에 관련된 새로운 작동구조를 밝혀내었다. 먹이 곤충을 쫓는 박쥐는 날개 길이의 반밖에 안 되는 거리에서도 180도 회전 비행을 할 수 있다.

168쪽_ 하는 일에 비해 ~ 갖고 있는 것이다 : 이와 관련이 있을 뿐만 아니라 동일한 정도의 중요성을 지닌 또 한 가지 문제가 있다. '나무에서 뛰어내렸다'는 사례의 대다수가 활공과 연관이 있으며 새들이 날개를 퍼덕이는 동력 비행과는 연관이 없다는 점이다. 활공 비행하는 현존 생물 중 어느 하나도 날개를 퍼덕이는 진화 경향을 보이지 않는다. 나와 이야기를 나누었던 어느 조류학자는 이렇게 말했다. "활공은 활공하기에 완벽한 적응이지만 비행의 관점에서 보면 더 나아갈 데가 없는 막다른 지점입니다."

172쪽_ 그렇지 않으면 도저히 올라가지 못할 경사로를 올라간다 : 야생에서 메추라기닭은 바위가 많은 마른 풀밭이나 관목숲에 서식하는데, 이곳은 여러 종류의 포식자들에게 노출되기 쉬운 취약한 곳이다. 메추라기닭은 먹이를 찾으러 한바탕 돌아다니는 사이사이나 위협이 있을 때 동굴이나 암벽 틈에 자주 숨는다. 날개를 이용한 경사로 달리기, 즉 WAIR 기술을 이용하면 가장 나이 어린새조차도 절벽이나 바위에 올라가 안전하게 피할 수 있다. 이는 생존에 곧바로 영향을 미치는 유리한 이점이다.

172쪽_ 켄은 이 기술을 WAIR이라고 불렀다 : 날개를 이용한 경사로 달리기 이론에 대한 자세한 설명은 다이얼(2003), 다이얼, 랜들, 다이얼 공저(2006) 참조.

8장: 망치 같은 깃털

178쪽_ 몇 초 뒤 스콧 선장은 ~ 동시에 떨어뜨렸다 : 상세한 일지 기록과 아폴로 15호의 임무에 관한 인터뷰가 실린 멋진 웹사이트가 있다(E. 존스[1996] 참조). 또한 깃털과 망치 실험을 보여주는 비디오의 링크도 걸어놓았다.

182쪽_ 켄과 이 송골매가 공중에 ~ 목표 역할을 한다 : 켄 프랭클린이 송골매와 함께 하는 작업에 관해 알고 싶으면 하폴(2005)을 참조하고 내셔널지오그래픽 영화 〈최종 속도Terminal Velocity〉

를 찾아보라.

9장: 완벽한 날개

188쪽_ 생체 구조와 행동과 과정을 ~ 만들어내는 것이다 : 로버트 앨런의 『방탄 깃털Bulletproof Feathers』(2010)은 깃털과 별로 관련이 없지만 현대에 이루어지는 여러 생체모방의 시도들에 관해 아름다운 삽화를 곁들여 소개하고 있다.

189쪽_ 화살에 깃털을 붙이는 도약을 ~ 않았을 것이다 : 새의 비행과 활쏘기 사이에 직관적 연관성이 있긴 해도 화살에 깃을 정확히 붙이는 작업은 결코 간단하지 않다. 캘리포니아 야히족의 마지막 후손이었던 이시가 1911년 야생에서 모습을 드러냈을 당시 활쏘기 기술에 의존하여 생계와 방어를 해결하던 문화의 전문지식을 갖추고 있었다. 이시의 의사이자 친구이자 활사냥 도제였던 색스턴 포프는 다음과 같이 말했다. "이시는 화살에 여러 종류의 깃털을 사용했습니다. 독수리, 매, 올빼미, 흰머리수리, 야생거위, 왜가리, 메추라기, 비둘기, 딱따구리, 칠면조, 큰어치 등등 (……) 최고의 궁수들이 그러듯이 아시도 같은 날개에서 나온 깃털 세 개를 한 화살에 붙였습니다." 이시는 복잡한 절개 과정과 다듬기, V자 새기기 작업을 마친 뒤 사슴 힘줄을 이빨로 씹어 만든 끈으로 화살에 깃털을 붙였다. 화살에 붙이는 깃털의 크기와 형태는 쓰임새에 따라 달랐다. 7.5 센티미터의 좁은 깃판을 붙이는 작은 사냥감용 화살에서부터 "거의 30센티미터나 되는 매의 날개깃을 통째로 붙인" 전투용 화살까지 있었다. 이처럼 정확성을 요하는 공예 기술이었기 때문에 아주 일찍부터 전문기술의 하나로 대우받았고 고대 군대에는 화살만 전문적으로 제조하는 기술자가 수백 명, 심지어는 수천 명까지 필요했다. 전성기 시절 칭기즈칸의 유명한 경기병들은 전투 때마다 900만 개가 넘는 수제 화살을 준비하여 출정했다.

192쪽_ 이 최초의 비행을 ~ 아주 잘 정리되어 있다 : 이 주제에 대한 수많은 책 중에서도 제임스 토빈의 『하늘을 정복하다To Conquer the Air』가 특히 훌륭하다.

193쪽_ 공기가 새 날개 ~ 선택의 기로에 놓인다 : 하늘에 떠다니는 모든 새(또는 비행기)가 이러한 비행 원리에 의존하는 것이 분명한 사실이지만 그럼에도 날개 형태, 각도, 기압, 그 밖의 다른 요인이 상대적으로 어느 정도 기여하는가 하는 점은 여전히 논란이 되고 있다. 공기의 흐름은 기압, 기류, 소용돌이 등으로 이루어진 복잡한 패턴을 만들어내며, 아무리 엔지니어가 날개의 성능을 정확하게 계산해낸다고 해도 실제 과정에는 불가사의한 요소가 어느 정도 담겨 있다. 최근의 견해에 관해 탁월하게 설명해놓은 것을 보려면 D. 앤더슨과 에베르하르트(2001) 참조.

194쪽_ 새와 날개에 대한 ~ 세상에 나오지 못했다 : 인간 비행의 역사에 관해 더 많은 내용을 알고 싶은 사람에게는 옥타브 샤누트의 고전적 저서 『비행기의 발전과정』(1894)와 릴리엔탈(2001), 토빈(2003)의 저서를 강력 추천한다.

198쪽_ 수십 년이 채 지나지 않아 항공기 설계자들은 ~ 이루어냈다 : 비행 역학에 대한 뛰어난 설명으로는 D. 앤더슨, 에베르하르트 공저(2001) 참조.

202쪽_ 하지만 우툴두툴한 표면은 ~ 도움이 된다 : 상어껍질이 이런 방식으로 반응하면서, 공기와 물이 동일한 원리를 따른다는 레오나르도의 관찰을 잘 보여준다. 이런 효과 때문에 수영복 회사들은 경쟁 수영선수에 비해 최고 5퍼센트까지 저항력을 줄여주는 전신 비늘 수영복을 개발하게 되었다. '샤크스킨'(상어껍질) 수영복을 입은 선수들이 불과 2년도 안 되는 기간 동안 세계기록을 무려 250개 이상 갱신하자 마침내 모든 경기에서 이 소재의 수영복 착용을 금지했다.

204쪽_ 익스트림 스포츠가 이런 느낌을 얼핏 느껴볼 수 있게 해주지만 : 아니, 그렇지 않다. 일전에 이성보다 호기심이 앞서 번지점프를 시도해본 적이 있다. 다른 장비는 아무것도 하지 않은 채 발목에 고무 로프만 묶고 높은 다리에서 떨어지는 번지점프였는데, 끝나고 나니 다리에서 뛰어내리는 것은 결코 비행이 아니었다. 그냥 떨어지는 것이었다.

205쪽_ 새처럼 날고 싶은 욕망은 ~ 때때로 듭니다 : 맥팔랜드(1953).

10장: 극락조

211쪽_ 다른 동물연구가들은 정반대의 문제를 겪었다 : 앨프리드 러셀 월리스의 『말레이제도』 (1869)는 극락조와 근대 인도네시아의 자연사에 관해 훌륭하게 소개하고 있다. 아주 좋은 참고자료로 프리츠와 벨러의 『극락조』(1998)도 있는데 이 책에는 윌리엄 쿠퍼가 그린 멋진 삽화가 들어가 있다.

213쪽_ 월리스가 극락조의 '댄스 파티'를 ~ 쉽게 알 수 있다 : 월리스(1869).

216쪽_ 1871년에 출간된 ~ 기여를 하게 되었다 : 다윈의 1871년 저서는 성선택의 이론적 토대를 제공해준다. 하지만 이 이론에 관한 현대적 해석을 알고 싶으면 존스가드(1994)나 힐과 맥그로(2006b) 참조.

217쪽 진화생물학자들은 성 선택에 ~ 구분한다 : 성내 선택과 성간 선택이 유용한 일반화이긴 해도 두 가지 모두 미묘한 사항들을 포함하며 둘 사이의 경계도 확실하게 고정되어 있지 않다. 많은 성간 선택 체계에서 암컷은 시각적 단서나 수컷의 전투 능력을 선택 기준으로 삼는다. 마찬가지로 몸치장을 화려하게 하는 많은 수컷 새들도 번식 권리나 영역을 지키기 위해 목숨을 걸고 싸우는 것으로 알려져 있다.

218쪽_ 이처럼 화려한 색깔이 ~ 그랬을 것이다 : 이제 많은 전문가들은 짝짓기 상대 선택과 과시행위가 깃털의 초기 발달 및 다양화에서 가장 강력한 요인으로 작용했다는 의견으로 많이 기울어지고 있다. 부리가 달린 최초의 새 콘푸키우소르니스(이시안 지층의 또 다른 발견)가 나타날 무렵에는 성적 이형성이 확고하게 자리 잡았다. 크기가 까마귀 정도 되는 이 날것들의 발굴 당시 모습을 보면 수컷의 경우 모두 천인조, 딱새, 극락조 등 현대의 다양한 새에게서 보이는 것과 전혀 차이 없는 기다란 꼬리깃을 자랑하고 있었다.

221쪽_ 월리스는 세밀한 관찰을 ~ 우화들에 맞섰다 : 월리스 자신은 다윈의 성선택에 호의를 보인 적이 없기 때문에 월리스와 극락조를 다윈의 성선택 이론에 관한 전형적인 사례로 활용하는 것은 아이러니하다. 월리스는 수컷들의 경쟁을 통한 자연선택으로 인해 깃털을 비롯한 여타 특징의 차이가 생겼다고 믿었으며 다윈이 암컷의 선택을 지나치게 강조한다고 생각했다. 이후의 여러 연구들은 다윈의 해석을 지지한다.

11장: 그녀의 모자에 꽂힌 깃털 하나

232쪽_ 세계 깃털 무역은 ~ 규모를 기록했다 : 깃털 무역과 관련하여 다양한 측면을 다룬 좋은 자료로는 다음을 참조. 스테인(2008), 스워들링(1996), 프라이스(1999).

232쪽_ 깃털 산업 전체를 이끌다시피 한 열광적인 유행 패션이 있었으니 : 한 통계에 의하면 1900
년 미국 노동자 300명 중 한 명 이상이 여자모자 사업에 고용되어 있었다. 현대로 환
산하면 50만 명이 넘는 수치이며, 이는 전미 자동차노동조합, 항만노동자, 농장노동자조
합, 비행기 승무원협회, 미국작가조합 회원을 모두 합친 것보다 많다.

232쪽_ 요컨대 깃털은 거의 ~ 대표하는 위치에 있었다 : 깃털을 장식한 모자류는 수많은 선사문
화에서 제각기 독립적으로 발달했지만 서구 전통에 정식으로 들어온 것은 페르시아를
통해서였다. 페르시아에서는 전쟁터에 나간 병사들이 사람을 죽인 것을 기념하기 위해
'모자에 깃털을' 꽂았다. 지금도 깃털은 스코틀랜드의 블랙 워치(빨간 수탉 목털)에서
(블랙 워치는 1725년에 창설된 영국 최강의 육군 전투부대_ 옮긴이) 이탈리아의 저격
부대 베르살리에리(들꿩 깃털), 스위스 출신 호위병(타조 깃털)까지 세계 곳곳의 군인
제복에서 두드러진 특징을 이룬다.

235쪽_ 타조 깃털을 입는 사람은 ~ 장식하는 것입니다 : 하이든(1913).

240쪽_ 프랑스 영토에 있는 ~ 외부에 공개되어서는 안 됩니다 : 1944년 8월 9일 조지 애쉬먼에
게 보내는 편지에서 인용.

243쪽_ 영국에 있던 2년 동안 ~ '이울리지' 않았다 : 스미스 외 나우.

244쪽_ 타조 깃의 깃가지는 ~ 축 처진 물결모양을 이룬다 : 타조 깃의 넓은 깃판은 깃축을 중심
으로 좌우 똑같이 나뉜다. 이런 특성 때문에 고대 이집트인은 타조 깃을 진리와 법, 도
덕성의 강력한 상징으로 숭배했다. 오시리스의 왕관을 장식한 타조 깃이 상형문자 기록
에 흔히 등장하며 정의의 여신인 마아트의 부적도 타조 깃이었다.

246쪽_ 이 새들의 곤경이 ~ 계기가 되었다 : 프랭크 채프먼의 자서전(1933)은 조류보호운동의
전개 과정에 대해 통찰을 주는 좋은 읽을거리다.

12장: 저 멋지고 찬란한 빛깔을 우리에게 선사하다

260쪽_ 그 밖의 여러 기능도 ~ 일정한 압력으로 작용한다 : 새의 색깔을 주제로 한 내셔널지오
그래픽의 멋진 새 책이 나왔다(힐, 2010). 이 책에는 깃털 색깔의 진화와 자연사, 물리
구조를 읽기 쉬운 글로 설명해놓았다(멋진 컬러사진들도 실려 있다). 이 책의 밑바탕이
되는 과학 설명을 보려면 힐과 맥그로(2006a, 2006b) 참조.

260쪽_ 참새 깃털을 물들인 멜라닌은 ~ 같은 분자다 : 멜라닌은 깃털에 색상을 입히는 역할 외
에도 깃털을 단단하게 만들어 물리적 마모나 부패에 보다 강하게 만든다. 습한 기후에
사는 많은 새들이 다른 지역에 사는 동류 새보다 진한 색을 띠는 것도(항박테리아 성
질), 또한 마모 작용이 강한 초목 사이를 날아다니는 새의 색깔이 진한 것도(예를 들면
흰눈썹뜸부기, 뜸부기), 강한 마모 작용에 노출되어 있는 비행깃이 종종 짙은 색을 띠는
것도(예를 들면 갈매기와 말똥가리의 날개 끝) 모두 멜라닌 때문이다. 최근 한 연구에
서 밝혀진 바에 따르면 앵무새 특유의 밝은 빨간색과 오렌지색, 노란색 색소 역시 박테
리아에 강하며, 이는 습도가 높은 우림 환경에 살기 알맞은 유용한 적응방식이다. (버
트 외[2010] 참조)

263쪽_ 그 결과 어디에서도 ~ 효과가 생긴다 : 흔히 새를 가리켜 '살아 있는 보석'이라고 묘

사하는 표현이 진부하게 들릴지 몰라도 오팔왕관마나킨의 경우에는 정확하게 들어맞는다. 깃털 깃가지 속에 들어 있는 수정 같은 구조가 오팔의 구조와 거의 똑같으며 빛을 굴절시키는 방식도 동일하다. 여기에 어떤 의도와 목적이 들어 있든 이 작은 아마존 명금류는 분명 머리에 보석을 얹고 날아다니는 것이다.

265쪽_ 테바우라는 깃털 화폐 : 이 지역에서 테바우는 단순히 돈을 의미하는 총칭이다. 산타크루스와 주변 섬 사람들은 깃털화폐를 지칭할 때 깃털의 길이와 상태, 연수, 특성에 따라 최소한 11개의 명칭을 사용한다. 하지만 이르드크lrdq라는 표기와 더불어 이들 명칭 역시 대개는 잘 쓰지 않으며 그보다는 테바우라는 총칭을 더 많이 사용한다.

266~267쪽_ 아마존 분지의 와오라니국과 ~ 이어져 오고 있다 : 깃털공예에 대해서 더 알고 싶은 독자는 아름다운 삽화와 좋은 내용이 담긴 다음 책을 참조. 레이드(2005), 레이나와 켄싱어(1991).

268쪽_ 그곳에 있는 모든 새 종류를 ~ 깃털은 다시 자랐다 : B. 디아스 델 카스티요([1570]1956).

269쪽_ 심지어는 일반 시민도 ~ 앵무새를 키웠다 : 라틴아메리카의 많은 지역에서 이 전통을 그대로 유지하고 있다. 수리남의 파라마리보 시에서 열리는 열띤 명금류 대회는 매주 일요일 오후 나른한 수도 도시를 잠시나마 우림의 갖가지 새 소리로 가득 채우면서 중앙 광장의 풍경을 바꿔놓는다.

270쪽_ 깃털공예를 비롯한 전통적인 관습을 불법화했고 : 이 규정에 몇 가지 예외가 있는데 프란체스코회 선교사와 역사학자 베르나르디노 데 사아군(1499~1590)이었다. 이들은 명맥을 유지하고 있던 깃털 공예가들에게 재능을 살려 그리스도교 주제를 표현하도록 격려했다. 주교관, 세 폭짜리 제단화, 그 밖에 그리스도교 관련 작품 등 몇 가지가 남아 있는데, 벌새 깃털을 재료로 사용했지만 르네상스 시대의 최고 작품들과 유사하다.

271쪽_ 영토 곳곳에서 새와 깃털로 십일조를 거뒀다 : 심지어 깃털은 잉카 제국의 전쟁 원인과 전리품에도 등장한다. 잉카 제국이 쿠요 사람들을 정복하러 나선 것도 부분적으로 이들이 '쿠요 땅에 있는 특정 새들'의 교역을 거부한 데서 연유했다. 잉카 제국이 승리를 거둔 뒤 쿠요의 새를 새장 천 개에 담아 황제에게 공물로 보냈다.

272쪽_ 천 년이 지났는데도 색깔이 생생하게 보존된 것들이 많다 : 잉카 제국은 페루의 오랜 깃털 공예 전통을 물려받았으며, 현존하는 공예품은 나스카 문화(AD 100~600), 우아리 문화(AD 600~1000), 치무 문화(AD 900~1500) 등 오래전의 수많은 문화까지 거슬러 올라간다.

13장: 바다오리와 머들러에 대해

282쪽_ 깃털 구조가 방수의 핵심 : 몇몇 과학 논문에서 깃털의 방수에 관한 내용을 흥미롭게 다루고 있다. 다음을 참조. 보르마 셴코 외(2007), 오르테가-히미네스, 알바레스-보레고 공저(2010), 양, 쉬, 장 공저(2006).

283쪽_ 청동오리 새끼는 ~ 상태를 유지할 수 있다 : 예전의 조류학자들은 부화장에서 자란 새끼 새가 어김없이 물에 젖어 빠져 죽는 점을 근거로 하여, 어미 새가 새끼 새의 첫 수영을 위한 준비과정으로 자기 기름을 이용하여 새끼 새를 몸단장해준다고 주장했다. 지금은 부화장의 새끼 새들이 단순히 위생상의 문제로 곤란을 겪는 것으로 여겨진다. 부화할 때 남아 있던 양막 잔여물 때문에 솜깃털에 물이 잘 스며드는 것이다. 부화장에서 사육한 새끼 새라도 잔여물을 깨끗이 씻어주면 깃털단장 기름 없이도 몇 시간 동안 물에서 완벽하게 건조한 상태로 있을 수 있다. 어미 청둥오리가 정확히 언제 어떻게 새끼 새를 닦아주는지(아니면 새끼 새 스스로 닦는지)는 여전히 베일에 싸여 있다.

286쪽_ 가마우지는 깃털이 ~ 이점을 누리는 한편 : 잠수하는 새들은 모두 동일하게 부력 문제에 부딪힌다. 방수 기능 덕분에 피부와 솜깃털이 젖지 않은 채 따뜻하고 마른 공기층을 유지하여 목숨을 건질 수 있지만 다름 아닌 이 공기층 때문에 물속에 들어가 오래 머물기 힘들다. 몇몇 연구에서는 잠수하는 새가 물 위에서 노니는 새에 비해 솜깃털 구조상 공기를 적게 품는다(따라서 보온성이 적다)는 사실을 보여주었다(이 때문에 최고급 깃털 침대에는 가마우지나 비오리의 솜깃털이 아니라 거위의 솜깃털을 사용한다). 잠수하는 새는 체지방을 늘리거나 물질대사의 변화를 통해 보온성 문제를 보완하지만 이에 관해서는 아직 더 많은 연구가 이루어져야 한다.

288쪽_ 사막꿩만의 특이한 구조가 ~ 나선 모양으로 자란다 : 이 적응방식은 온갖 진화적 문제를 제기한다. 다윈이 지적했듯이 깃털의 차이는 일반적으로 성 선택에서 유래하며 많은 사막꿩 종은 짝짓기 의식 동안 수컷이 '가슴 과시' 자세를 취하는 것으로 유명하다. 극락조가 화려한 색상과 긴 꼬리, 공들인 춤을 선호하는 것처럼 암컷 사막꿩도 스펀지 같은 가슴을 선택할까? 깃가지가 나선 모양으로 생긴 깃털은 번식깃에만 있을까? 폭풍우에 취약하고 보온성이 떨어지는 점에서 수컷은 어떤 대가를 치르게 될까? 이러한 문제들은 앞으로 연구가 더 진행되어야 한다. 사막꿩은 매력적인 특이성(그리고 멋진 아름다움)에도 불구하고 40여 년 동안 연구대상으로 거의 주목받지 못했다.

289쪽_ 스포츠로서, 그리고 충동으로서의 플라이 낚시 : 플라이 낚시와 플라이타잉에 관한 책이 다수 있으며 멋진 깃털 플라이 삽화가 들어 있는 책도 많다. 초보자라면 월튼 (1896), 켈슨(1895), 그리고 슈무클러와 실스(1999)부터 읽어보라.

289~290쪽_ 그 지역 사람들은 붉은(진홍색) 털실을 ~ 즐기게 된다 : 래드클리프(1921)에 인용되어 있는 그리스어 번역문.

293쪽_ 존이 말로는 전문가가 ~ 스스로 보여주었다 : 존에게 깃털 관련 사항에만 초점을 맞춰달라고 부탁했지만 플라이타잉 이야기는 여기서 그치지 않았다. 존은 뜨개실과 털에서부터 사슴털과 색깔 구슬, 심지어는 북극곰 털까지 특별한 효과를 얻기 위해 오랫동안 사용해온 것들의 목록을 줄줄이 읊었다. "요즘 대단히 주목을 끄는 것은" 존이 눈길을 내 쪽으로 돌리며 말했다. "눈덧신토끼의 뒷발바닥에 난 털입니다!" 집에 돌아와 온라인 검색을 해보았다. 존의 말이 농담이 아니었다!

297쪽_ 빈티지 소장품은 경매에서 엄청난 호가를 기록한다 : 하지만 이 취미에는 어두운 이면이 있다. 19세기 플라이타잉 기술자들이 사용했던 많은 깃털은 현재 야생에서 희귀종이거나 멸종 위기에 놓은 새의 깃털이었다. 그럼에도 몇몇 수집가와 제작자들은 결과에 개의치 않고 그러한 패턴이 처음 나왔을 당시와 똑같이 재현하기를 고집한다. 이러한 수요 때문에 돈벌이가 되는 깃털 틈새시장이 형성되고 서식지 손실, 남획, 그 밖의 다른 압박으로 이미 상당한 어려움을 겪는 개체군에게 스트레스를 가하고 있다.

14장: 막강한 펜

303쪽_ 그의 설명은 깃펜의 사용에 대해 최초로 명확하게 언급한 것 : 글씨의 역사를 다룬 최고의 책으로는 카르발료 『잉크의 40세기Forty Centuries of Ink』(1904)가 있다. 핀레이의 책

(1990)도 훌륭하다.

304쪽_ 깃펜 생산은 19세기 초에 정점을 이루었는데 : 깃펜 산업에 관해 잘 설명해놓은 것으로는 「필기류의 역사 History of Writing Materials」(1838)가 있다.

305쪽_ 한 학생이 작문 선생에게 ~ 보아왔던 장면이다 : 《하우스홀드 워즈》에 실린 이 글이 누구의 것인지 밝혀져 있지는 않지만 이 장면에 나오는 '불량학생'은 이보다 불과 12년 전 처음으로 인쇄물에 등장하여 구빈원에서 "선생님, 더 주세요"라고 말했던 어린 올리버 트위스트의 유명한 요청을 강하게 연상시킨다.

314쪽_ 이 깃대 이쑤시개는 ~ 경쟁제품으로 이어져왔다 : 깃대 이쑤시개의 흥미로운 역사 하나만으로도 책의 한 장을 할애할 가치가 있다. 다행히 헨리 페트로스키가 『이쑤시개』(2007, 4장)에서 이미 이 임무를 훌륭하게 완수한 바 있다.

314쪽_ 깃대 이쑤시개와 ~ 시들해지긴 했지만 : 1883년 에드워드 K. 워런이 특허를 받은 '깃뼈'는 깃털 먼지떨이 산업에서 폐기물로 나온 칠면조 깃털의 깃대를 이용하여 코르셋, 허리받이, 가슴 확장기, 그 밖에 당시의 패션 필수품에 사용되던 고래수염의 값싼 대체물을 만들었다(이밖에 분첩도 있다). 워런 씨는 큰돈을 벌었다.

314쪽_ 엔지니어와 기업가들은 ~ 계속 만들어냈다 : 깃털의 다양한 산업 용도에 관한 내용은 여러 과학 문헌과 특허국 데이터베이스 곳곳에서 발견된다.

15장: 깃털이 나지 않은 대머리

321쪽_ 자연 선택이 깃털 없는 쪽을 ~ 상상할 수 있다 : 대머리수리의 우툴두툴한 머리를 쓰다듬을 기회가 생긴다면 이 새의 머리에 잔털이 달린 강모깃털이나 짧은 깃대가 몇 가닥 나 있는 것을 알게 될 것이다. 나는 박물관 표본의 머리를 만져본 일이 있는데 대머리수리가 완전히 대머리는 아니었다. 깃털이 빠진 곳도 있었지만 완벽한 형태든 아니면 보다 단순화된 형태든 남아 있는 깃털도 있었다. 깃털이 빠지는 정도는 위생상의 이점과 열 손실의 위험 사이에서 어떻게 진화적 균형을 이루는가 하는 점과 관련이 있다. 깃털이 없는 머리는 깨끗한 상태를 유지하는 반면 깃털의 보호기능이나 보온성은 부족하다. 지저분한 식성을 가진 새, 즉 커다란 동물의 내장 속에 머리를 박고 먹이를 먹어야 하는 일이 잦은 새의 경우에만 대머리가 유리한 쪽으로 균형이 기운다. 케냐에서 죽은 동물고기를 사용했을 때 몰려온 새 중에 흰목대머리수리와 누비아대머리수리는 머리에 깃털이 없는 반면 몸집이 작은 이집트대머리수리는 깃털이 거의 다 덮여 있었고 얼굴 주위의 일부 노란색 피부에만 깃털이 나지 않았다. 덩치가 큰 사촌들과 나란히 경쟁할 수 없었던 이집트대머리수리는 사촌들이 식사를 끝낸 뒤에야 찌꺼기를 깨끗이 먹어치우는 데 중점을 두었고, 큰 새들에게는 너무 좁아서 부리를 들이밀 수 없는 관절과 틈새에 낀 고기와 힘줄을 작은 부리로 쪼아 먹었다. 이집트대머리수리의 머리와 목에는 지저분한 찌꺼기가 달라붙을 일이 없었고 깃털은 그대로 유지되었다.

330쪽_ 알려진 새 중 ~ 마찰음을 내는 새는 없었다 : 모든 척추동물을 찾아보아도 마찰음을 내는 경우는 극히 드물었다. 톱 비늘북 살모사 같은 뱀에게서 단순한 형태의 마찰음이 나는 것으로 알려져 있는데 이 뱀은 상대를 위협할 때 비늘을 서로 부비면서 지글거리는 소리를 낸다. 물고기도 아가미뼈나 척추뼈로 마찰음을 내는 것으로 알려져 있지만 이 정도 기술은 곤충에게도 매우 흔하게 볼 수 있다. 곤충의 단단한 외골격, 막으로 된 날개, 빠른 근육계는 이런 기술을 발휘하는 데 가장 적합하다.

330쪽_ 귀뚜라미와 ~ 마찰음을 내는데 : 피크와 기타 줄만으로는 귀뚜라미의 독특한 찍찌르르 소리를 내지 못하지만, 날개 막이 바로 이 주파수에서 소리를 증폭시켜 퍼뜨린다. 킴벌리는 이 체계에서 영감을 받아 연구를 더 진척시켰으며, 지금은 마나킨의 날개 전체에 있는 비행깃 깃축이 '팅' 소리에 공명을 일으킨다는 점, 또한 이 주파수로 진동할 수 있는 잠재력이 모든 깃털에 내재해 있다는 점을 입증해보였다. 곤봉날개마나킨의 적응방식이 특이하긴 해도 이는 깃털 구조에 내재된 소리 특성을 이용한 것이다.

결론: 경이로움을 빚지다

336쪽_ 65만 개가 넘는 박제 새 : 세계에서 세 번째로 많은 새를 소장한 스미스소니언 국립 박물관의 소장 품목에는 피부, 둥지, 알, 뼈, 조직 표본이 들어 있으며 전임 과학자뿐만 아니라 방문 학자들도 다양한 조류학 연구에 이 표본들을 사용하고 있다.

338쪽_ 이곳에서 맡는 일반적인 ~ 충돌이긴 해도 : 조종사들이 각 사고의 고도를 기록하기 때문에 감식실에 있는 엄청난 새 충돌 자료는 사람들이 새의 비행과 이동 습성에 대해 갖고 있던 사고방식을 바꿔놓기 시작했다. 11,300미터 상공에서 일어난 흰목대머리수리 충돌 자료도 있고 8,200미터 상공에서 일어난 오리 충돌 자료도 있으며, 심지어는 강변이나 바닷가에 사는 새가 3,600미터 상공에서 충돌사고를 일으킨 자료도 있었다. 예전에는 이런 사고가 드물다고 생각했지만 이제는 명금류도 아주 높은 상공을 자주 날아다니는 것으로 여긴다.

부록: 깃털에 대한 삽화 설명

335쪽_ 깃털 성장과 털갈이 : 이 그림은 깃판이 있는 전형적인 깃털의 성장을 그린 것이다. 솜깃털, 강모깃털, 털모양 깃털, 그 밖에 깃판이 없는 유형의 경우에도 과정은 매우 비슷하지만 깃가지의 배열구조, 깃축의 유무에서 차이를 보인다.

참고문헌

Aiken, Charlotte Rankin. 1918. *The millinery department*. New York: Ronald Press.

Allen, Grant. 1879. Pleased with a feather. *Popular Science Monthly* 15: 366~376.

Allen, Robert, ed. 2010. *Bulletproof feathers: How science uses nature's secrets to design cutting-edge technology*. Chicago: University of Chicago Press.

Anderson, Atholl. 1996. Origins of *Procellariidae* hunting in the Southwest Pacific. *International Journal of Osteoarchaeology* 6: 403~410.

Anderson, David F., and Scott Eberhardt. 2001. *Understanding flight*. New York: McGraw-Hill.

Attenborough, David. 2009. Alfred Russel Wallace and the birds of paradise. Centenary Lecture, Bristol University, September 24, 2009.

Audubon, John James. 2008. *120 Audubon bird prints*. Mineola, NY: Dover Publications.

Baier, Stephen. 1977. Trans-Saharan trade and the Sahel: Damergu, 1870~1930. *Journal of African History* 18: 37~60.

Bakken, George S., Marilyn R. Banta, Clay M. Higginbotham, and Aaron J. Lynott. 2006. It's just ducky to be clean: The water repellency and water penetration resistance of swimming mallard *Anas platyrhynchos* ducklings. *Journal of Avian Biology* 37: 561~571.

Barbosa, A., S. Merino, J. J. Curevo, F. De Lope, and A. P. Moller. 2003. Feather damage of long tails in Barn Swallows *Hirundo rustica. Ardea* 91: 85~90.

Barney, Stephen A., W. J. Lewis, J. A. Beach, and Oliver Berghof, trans. 2006. *The etymologies of Isidore of Seville*. Cambridge: Cambridge University Press.

Barrett, Paul M. 2000. Evolutionary consequences of dating the Yixian Formation. *Trends in Ecology and Evolution* 15: 99~103.

Bartholomew, George A., Robert C. Lasiewski, and Eugene C. Crawford Jr. 1968. Patterns of panting and gular flutter in cormorants, pelicans, owls, and doves. *Condor* 70: 31~34.

Begbie, Harold. 1910. New thoughts on evolution: Views of Professor Alfred Russel Wallace. *Daily Chronicle* (London), November 3 4, 4.

Belloc, Hilaire. 1897. *More beasts for worse children*. London: Duckworth.

Bewick, Thomas. 2004. *Bewick's animal woodcuts*. Mineola, NY: Dover Publications.

Boerger, Brenda H. 2009. Trees of Santa Cruz Island and their metaphors. From "Proceedings of the Seventeenth Annual Symposium About Language and Society, Austin." *Texas Linguistic Forum* 53: 100~109.

Bonser, Richard H. C. 1995. Melanin and the abrasion resistance of feathers. *Condor* 97: 590~591.

Bonser, Richard H. C., and C. Dawson. 1999. The structural mechanical properties of down feathers and biomimicking natural insulation materials. *Journal of Materials Science Letters* 18: 1769~1770.

Borgia, Gerald. 1985. Bower quality, number of decorations, and mating success of male Satin Bowerbirds(*Ptilonorhynchus violaceus*): An experimental analysis. *Animal Behavior* 33: 266~271.

Bormashenko, Edward, Yelena Bormashenko, Tamir Stein, Gene Whyman, and Ester Bormashenko. 2007. Why do pigeon feathers repel water? Hydrophobicity of pennae, Cassie-Baxter wetting hypothesis and Cassie-Wenzel capillarity-induced wetting transition. *Journal of Colloid and Interface Science* 311: 212~216.

Bonshek, Elizabeth. 2009. A personal narrative of particular things: *Tevau*(feather money) from Santa Cruz, Solomon Islands. *Australian Journal of Anthropology* 20: 74~92.

Bostwick, Kimberly S. 2000. Mechanical sounds and evolutionary relationships of the Club-winged Manakin(*Machaeropterus deliciosus*). *Auk* 117: 465~478.

Bostwick, Kimberly S., Damian O. Elias, Andrew Mason, and Fernando

Montealegre-Z. 2010. Resonating feathers produce courtship song. *Proceedings of the Royal Society* B277: 835~841.

Bostwick, Kimberly S., and Richard O. Prum. 2003. High-speed video analysis of wing-snapping in two manakin clades(*Pipridae: Aves*). *Journal of Experimental Biology* 206: 3693~3706.

Bostwick, Kimberly S., and Richard O. Prum. 2005. Courting bird sings with stridulating wing feathers. *Science* 309: 736.

Brigham, William T. 1918. *Additional notes on Hawaiian featherwork: Second supplement*. Memoirs of the Bernice Pauahi Bishop Museum, vol.7, no.1. Honolulu: Bishop Museum Press.

Bryant, David M. 1983. Heat stress in tropical birds: Behavioural thermoregulation during flight. *Ibis* 125: 313~323.

Burtt, Edward H., and Jann M. Ichida. 2004. Gloger's rule, featherdegrading bacteria, and color variation among Song Sparrows. *Condor* 106: 681~686.

Burtt, Edward H., Max R. Schroeder, Lauren A. Smith, Jenna E. Sroka, and Kevin J. McGraw. 2010. Colourful parrot feathers resist bacterial degradation. *Biology Letters* doi: 10.1098/rsbl.2010.0716.

Byron, Lord. 1809. *English bards and Scotch reviewers*. London: James Cawthorn.

Cade, Tom J., and Gordon L. Maclean. 1967. Transport of water by adult sandgrouse to their young. *Condor* 69: 323~343.

Calder, William A. 1968. Respiratory and heart rates of birds at rest. *Condor* 70: 358~365.

Canals, M., C. Átala, R. Olivares, F. Guajardo, D. Figueroa, P. Sabat, and M. Rosenmann. 2005. Functional and structural optimization of the respiratory system of the bat *Tadarida brasiliensis*(Chiroptera, Molossidae): Does the airway geometry matter? *Journal of Experimental Biology* 208: 3987~3995.

Carvalho, David N. 1904. *Forty centuries of ink*. New York: Banks Law.

Catry, Paulo, Ana Campos, Pedro Segurado, Monica Silva, and Ian Strange. 2003. Population census and nesting habitat selection of Thin-billed Prion *Pachyptila belcheri* on New Island, Falkland Islands. *Polar Biology*

26: 202~207.

Chambers, Paul. 2002. *Bones of contention: The fossil that shook science*. London: John Murray.

Chanute, Octave. 1894. *Progress in flying machines*. New York: American Engineer and Railroad Journal.

Chapman, Frank Michler. 1886. Birds and bonnets. *Forest and Stream* 26, no. 6: 84.

Chapman, Frank Michler. 1908. *Camps and cruises of an ornithologist*. New York: D. Appleton.

Chapman, Frank Michler. 1933. *Autobiography of a bird-lover*. New York: D. Appleton Century.

Chiappe, Luis M. 2007. *Glorified dinosaurs: The origin and early evolution of birds*. Hoboken, NJ: John Wiley and Sons.

Chiappe, Luis M., Jesús Marugán-Lobón, Shu'an Ji, and Zhonghe Zhou. 2008. Life history of a basal bird: Morphometrics of the Early Cretaceous Confuciusornis. *Biology Letters* 4: 719~723.

Christiansen, Per, and Niels Bonde. 2004. Body plumage in Archaeopteryx: A review, and new evidence from the Berlin specimen. *Comptes Rendus Palevol* 3: 99~118.

Clark, Christopher James, and Teresa J. Feo. 2008. The Anna's Hummingbird chirps with its tail: A new mechanism for sonation in birds. *Proceedings of the Royal Society* B275: 955~962.

Clottes, Jean, ed. 2003. *Chauvet Cave: The art of earliest times*. Salt Lake City: University of Utah Press.

The commercial value of small things. 1891. *Chambers's Journal of Popular Literature, Science, and Arts* 68: 710~713.

Conard, Nicholas J., Maria Malina, and Susanne C. Müzel. 2009. New flutes document the earliest musical tradition in southwestern Germany. *Nature* 460: 737~740.

Coulson, David, and Alec Campbell. 2001. *African rock art*. New York: Harry N. Abrams.

Cowper, William. 1808. *Poems*. London: J. Johnson.

Darwin, Charles. 1859. *On the origin of species by means of natural* selection; or, The preservation of favoured races in the struggle for life. London: John Murray.

Darwin, Charles. 1871. *The descent of man, and selection in relation to sex.* London: John Murray.

Darwin, Charles. 1993. *The correspondence of Charles Darwin.* Vol. 8, *1860.* Cambridge: Cambridge University Press.

Davis, Wade. 1996. *One river.* New York: Simon and Schuster.

del Hoyo, Josep, Andrew Elliot, and Jordi Sargatal, eds. 1992. *Handbook of the birds of the world.* Vol. 1, *Ostrich to ducks.* Barcelona: Lynx Edicions.

Dial, Kenneth P. 2003. Wing-assisted incline running and the evolution of flight. *Science* 299: 402~404.

Dial, Kenneth P., Brandon G. Jackson, and Paolo Serge. 2008. A fundamental avian wing-stroke provides a new perspective on the evolution of flight. *Nature* 451: 985~989.

Dial, Kenneth P., R. J. Randall, and Terry R. Dial. 2006. What use is half a wing in the ecology and evolution of birds? *BioScience* 56: 437~445.

Diamond, A. W., and F. L. Filion, eds. 1987. *The value of birds.* ICBP Technical Publication, no. 6. Cambridge: International Council for Bird Preservation.

Díaz del Castillo, B. [1570] 1956. *The discovery and conquest of Mexico, 1517~1521.* Trans. A. Maudslay. New York: Farrar, Straus, and Cudahy.

Dickson, James G., ed. 1992. *The Wild Turkey: Biology and management.* Mechanicsburg, PA: Stackpole Books.

Dove, Carla, Marcy Heacker, and Bill Adair. 2004. In memorium: Roxie Collie Laybourne, 1910~2003. *Auk* 121: 1282~1285.

Drent, Rudolf Herman. 1972. Adaptive aspects of the physiology of incubation. In *Proceedings of the XVth International Ornithological Congress,* ed. K. H. Voous, 255~280. Leiden: E. J. Brill.

Dyck, J. 1985. The evolution of feathers. *Zoologica Scripta* 14: 137~154.

Eaton, Elon Howard. 1915. *Birds of New York.* Albany: New York State Museum.

Ehrlich, Paul R., David S. Dobkin, and Darryl Wheye. 1988. *The birder's* handbook: A field guide to the natural history of North American birds. New York: Simon and Schuster.

Favier, Julien, Antoine Dauptain, Davide Basso, and Allessandro Bottaro. 2009. Passive separation control using a self-adaptive hairy coating. *Journal of Fluid Mechanics* 627: 451~483.

Feduccia, Alan. 1999. *The origin and evolution of birds*. 2nd ed. New Haven: Yale University Press.

Feduccia, Alan. 2002. Birds are dinosaurs: Simple answer to a complex question. *Auk* 119: 1187~1201.

Feduccia, Alan, Theagarten Lingham-Soliar, and J. Richard Hinchliffe. 2005. Do feathered dinosaurs exist? Testing the hypothesis on neontological and paleontological evidence. *Journal of Morphology* 266: 125~166.

Feduccia, Alan, and Julie Nowicki. 2002. The hand of birds revealed by ostrich embryos. *Naturwissenschaften* 89: 391~393.

Finlay, Michael. 1990. *Western writing implements in the age of the quill pen*. Weterhal, England: Plains Books.

Ford, Horace Alfred. 1859. *Archery: Its theory and practice*. 2nd ed. London: J. Buchanan.

Frith, Clifford B., and Bruce M. Beehler. 1998. *The birds of paradise*. Oxford: Oxford University Press.

Frith, Clifford B., and William T. Cooper. 1996. Courtship display and mating of Victoria's Riflebird(*Ptiloris ictoriae*) with notes on the courtship displays of congeneric species. *Emu* 96: 102~113.

Gaston, Kevin J., and Tim Blackburn. 1997. How many birds are there? *Biodiversity and Conservation* 6: 615~625.

Gauthier, Jacques, and Lawrence F. Gall, eds. 2001. *New perspectives on the origin and early evolution of birds: Proceedings of the International Symposium in Honor of John H. Ostrom*. New Haven: Peabody Museum of Natural History, Yale University.

Gee, Henry. 1999. *In search of deep time*. New York: Free Press.

George, Brian R., Anne Bockarie, Holly McBride, Davi Hoppy, and Alison Scutti. 2003. Utilization of turkey feather fibers in nonwoven erosion control fabrics. *International Nonwovens Journal* 12: 45~52.

Gill, Frank B. 2007. *Ornithology*. 3rd ed. New York: W. H. Freeman.

Gill, Frank B., and D. Donsker, eds. 2010. IOC world bird names (version 2.5). http://www.worldbirdnames.org/. 2010년 8월 6일 접속.

Gleeson, Mike. 1985. Analysis of respiratory pattern during panting in fowl, *Gallus domesticus. Journal of Experimental Biology* 116: 487~491.

Godwin, Malcolm. 1990. *Angels, an endangered species*. New York: Simon and Schuster.

Gremillet, David, Christophe Chauvin, Rory P. Wilson, Yvon Le Maho, and Sarah Wanless. 2005. Unusual feather structure allows partial plumage wettability in diving great cormorants *Phalacrocorax carbo. Journal of Avian Biology* 36: 57~63.

Guichard, Bohoua Louis. 2008. Effect of feather meal feeding on the body weight and feather development of broilers. *European Journal of Scientific Research* 24: 404~409.

Gunderson, Alex R. 2008. Feather-degrading bacteria: A new frontier in avian and host-parasite research? *Auk* 125: 972~979.

Haemig, Paul D. 1978. Aztec emperor Auitzotl and the Great-Tailed Grackle. *Biotropica* 10: 11~17.

Haemig, Paul D. 1979. The secret of the Painted Jay. Biotropica 11: 81~87.

Hansell, Michael H. 2000. *Bird nests and construction behaviour*. Cambridge: Cambridge University Press.

Harpole, Tom. 2005. Falling with the falcon. *Air and Space Magazine*. http://www.airspacemag.com/flight-today/falcon.html. 2010년 8월 3일 접속.

Harrison, Hal H. 1979. *A field guide to western bird nests*. New York: Houghton Mifflin.

Hart, Ivor B. 1963. *The mechanical investigations of Leonardo da Vinci*. Berkeley and Los Angeles: University of California Press.

Harter, Jim. 1979. *Animals: 1419 copyright-free illustrations of mammals, birds, fish, insects, etc*. New York: Dover Publications.

Hayden, Carl. 1913. Speech: The ostrich industry. In *Congressional Record: Proceedings and Debates of the 62nd Congress, 3rd Session* 49, no. 5: 57~61.

Hecht, M. K., J. H. Ostrom, G. Viohl, and P. Wellnhofer, eds. 1985. *The beginnings of birds: Proceedings of the International "Archaeopteryx" Conference, Eichstatt, 1984*. Willibaldsburg, Germany: Freunde des Jura-Museums Eichstatt.

Hedenström, A., L. C. Johansson, and G. R. Spedding. 2009. Bird or bat: Comparing airframe design and flight performance. *Bioinspiration and Biomimetics* 4: 1~13.

Hedenström, A., L. C. Johansson, M. Wolf, R. von Busse, Y. Winter, and G. R. Spedding. 2007. Bat flight generates complex aero-dynamic tracks. *Science* 316: 894~897.

Heilmann, Gerhard. 1927. *The origin of birds*. New York: D. Appleton.

Heinrich, Bernd. 2003a. Overnighting of Golden-crowned Kinglets during winter. *Wilson Bulletin* 115: 113~114.

Heinrich, Bernd. 2003b. *Winter world: The ingenuity of animal survival*. New York: Ecco.

Hill, G. E. 2010. National Geographic bird coloration. Washington, DC: National Geographic.

Hill, G. E., and K. J. McGraw, eds. 2006a. *Bird coloration*. Vol. 1, *Mechanisms and measurements*. Cambridge: Harvard University Press.

Hill, G. E. 2006b. *Bird coloration*. Vol. 2, *Function and evolution*. Cambridge: Harvard University Press.

Hingee, Mae, and Robert D. Magrath. 2009. Flights of fear: A mechanical wing whistle sounds the alarm in a flocking bird. *Proceedings of the Royal Society* B276: 4173~4179.

History of writing materials: The history of the quill pen. 1838. *Saturday Magazine*, January 13, 14~16.

Hornaday, William T. 1913. Woman, the juggernaut of the bird world. *New York Times*, February 23, X1.

Houlihan, Patrick F. 1986. *The birds of ancient Egypt*. Warminster, England: Aris and Phillips.

Houston, David C. 2010a. The impact of red feather currency on the population of the Scarlet Honeyeater on Santa Cruz. In *Ethno-ornithology: Birds, indigenous people, culture, and society*, ed. Sonia Tidemann and Andrew Gosler, 55~66. London: Earthscan.

Houston, David C. 2010b. The Maori and the Huia. In *Ethno-ornithology: Birds, indigenous people, culture, and society*, ed. Sonia Tidemann and Andrew Gosler, 49~54. London: Earthscan.

Howell, Thomas R., and George A. Bartholomew. 1962. Temperature regulation in the Red-tailed Tropic Bird and the Red-footed Booby. *Condor* 64: 6~18.

How steel pens are made. 1857. *United States Magazine* 4, no. 1: 348~356.

Hu, Dongyu, Lianhai Hou, Lijung Zhang, and Xing Xu. 2009. A pre-*Archaeopteryx* troodontid theropod from China with long feathers on the metatarsus. *Nature* 461: 640~643.

Huxley, Thomas H. 1868. On the animals which are most nearly intermediate between birds and reptiles. *Popular Science Review* 7: 237~247.

Huxley, Thomas H. 1870. Further evidence of the affinity between the dino-saurian reptiles and birds. *Quarterly Journal of the Geological Society of London* 26: 12~31.

Illustrations of cheapness: The steel pen. 1850. *Household Words* 1, no. 24 (1850): 553~555.

Ingham, Phillip W., and Marysia Placzek. 2006. Orchestrating ontogenesis: Variations on a theme by Sonic Hedgehog. *Nature Reviews: Genetics* 7: 841~850.

Ives, Paul P. 1938. *The American standard of perfection*. St. Paul, MN: American Poultry Association.

Jack, Anthony. 1953. *Feathered wings: A study of the flight of birds*. London: Methuen.

Johnsgard, Paul A. 1994. *Arena birds: Sexual selection and behavior*. Washington, DC: Smithsonian Institution Press.

Jones, Eric M. 1996. Hammer and feather. In *Apollo 15 lunar surface journal*. http://www.hq.nasa.gov/alsj/a15/a15.clsout3.html. 2010년 7월 13일 접속.

Jones, Terry D., et al. 2000. Nonavian feathers in a late Triassic archo-saur. *Science* 288: 2202~2205.

Jovani, Roger, and David Serrano. 2001. Feather mites (Astigmata) avoid moulting wing feathers of passerine birds. *Animal Behaviour* 62:

723~727.

Kelson, George M. 1895. *The salmon fly: How to dress it and how to use it.* London: Wyman and Sons.

Kondamudi, Narasimharao, Jason Strull, Mano Misra, and Susanta K. Mohapatra. 2009. A green process for producing biodiesel from feather meal. *Journal of Agricultural and Food Chemistry* 57: 6163~6166.

Laburn, Helen P., and D. Mitchell. 1975. Evaporative cooling as a thermoregulatory mechanism in the fruit bat, *Rousettus aegyptiacus.* *Physiological Zoology* 48: 195~202.

LeBaron, Geoffrey. 2009. The 109th Christmas bird count. *American Birds* 63: 2~9. http://www.audubon.org/bird/cbc.

Li, Quanguo, Ke-Qin Gao, Jakob Vinther, Matthew D. Shawkey, Julia A. Clarke, Liliana D'Alba, Qingjin Meng, Derek E. G. Briggs, and Richard O. Prum. 2010. Plumage color patterns of an extinct dinosaur. *Science* 327: 1369~1372.

Lilienthal, Otto. 2001. *Birdflight as the basis of aviation.* 1889. Reprint, American Hummelstown, PA: Aeronautical Archives.

Lingham-Soliar, Theagarten, Alan Feduccia, and Xiaolin Wang. 2007. A new Chinese specimen indicates that "protofeathers" in the Early Cretaceous theropod dinosaur *Sinosauropteryx* are degraded collagen fibres. *Proceedings of the Royal Society* B274: 1823~1829.

Lombardo, Michael P., Ruth M. Bosman, Christine A. Faro, Stephen G. Houtteman, and Timothy S. Kluisza. 1995. Effect of feathers as nest insulation on incubation behavior and reproductive performance of Tree Swallows(*Tachycineta bicolor*). *Auk* 112: 973~981.

Long, John, and Peter Schouten. 2008. *Feathered dinosaurs: The origin of birds.* Oxford: Oxford University Press.

Longrich, Nick. 2006. Structure and function of hindlimb feathers in *Archaeopteryx lithographica.* *Paleobiology* 32: 417~431.

Lucas, Alfred M., and Peter R. Stettenheim. 1972. *Avian anatomy integument.* Washington, DC: U.S. Department of Agriculture.

Lyver, P. O'B., and H. Moller. 1999. Modern technology and customary use of wildlife: The harvest of Sooty Shearwaters by Rakiura Maori as a case study. *Environmental Conservation* 26: 280~288.

Maderson, Paul F. A., Willem J. Hillenius, Uwe Hiller, and Carla C. Dove. 2009. Toward a comprehensive model of feather regeneration. *Journal of Morphology* 270: 1166~1208.

Marchand, Peter J. 1996. *Life in the cold: An introduction to winter ecology.* Hanover, NH: University Press of New England.

Martineau, Lucie, and Jacques Larochelle. 1988. The cooling power of pigeon legs. *Journal of Experimental Biology* 136: 193~208.

Mather, Monica H., and Raleigh J. Robertson. 1992. Honest advertisement in flight displays of bobolinks(*Dolychonyx oryzivorus*). *Auk* 109: 869~873.

Mayr, Gerald, Burkhard Pohl, and Stefan Peters. 2005. A well-preserved *Archaeopteryx* specimen with theropod features. *Science* 310: 1483~1486.

McFarland, Marvin W., ed. 1953. *The papers of Wilbur and Orville Wright.* New York: McGraw-Hill.

McGovern, Victoria. 2000. Recycling poultry feathers: More bang for the cluck. *Environmental Health Perspectives* 108: A366~A369.

Moller, Anders Pape. 1984. On the use of feathers in birds' nests: Predictions and tests. *Ornis Scandivacia* 15: 38~42.

Morgan, Edwin. 1996. *Collected poems.* Manchester: Carcanet Press.

Mynott, Jeremy. 2009. *Birdscapes: Birds in our imagination and experience.* Princeton: Princeton University Press.

Nathan, Leonard. 1998. *The diary of a left-handed birdwatcher.* New York: Harcourt, Brace.

Nelson, Cherilyn N., and Norman W. Henry, eds. 2000. *Performance of protective clothing: Issues and priorities for the 21st century.* Chelsea, MI: American Society for Testing and Materials.

Neme, Laurel. 2009. *Animal investigators: How the world's first wildlife forensics lab is solving crimes and saving endangered species.* New York: Scribner.

Nicholson, Shirley, ed. 1987. *Shamanism.* Wheaton, IL: Quest Books.

Nixon, Rob. 1999. *Dreambirds: The strange history of the ostrich in fashion, food, and fortune.* New York: Picador USA.

Norell, Mark. 2006. *Unearthing the dragon: The great feathered dinosaur discovery*. New York: Pi Press.

Ober, Frederick A. 1905. *Hernando Cortés, conqueror of Mexico*. New York: Harper and Brothers.

Ortega, Francisco, Fernando Escaso, and José L. Sanz. 2010. A bizarre, humped Carcharodontosauria (Theropoda) from the Lower Cretaceous of Spain. *Nature* 467: 203~206.

Ortega-Jiminez, Victor M., and Saul Alvarez-Borrego. 2010. Alcid feathers wet on one side impede air outflow without compromising resistance to water penetration. *Condor* 112: 172~176.

Ostrich "mystery": The solution Mr. Thornton interviewed. 1911. *Cape Times*, September 27.

Ostrom, John H. 1976. Archaeopteryx and the origin of birds. *Biological Journal of the Linnean Society* 8: 91~182.

Ostrom, John H. 1979. Bird flight: How did it begin? *American Scientist* 67: 46~56.

Owen, Richard. 1863. On the *Archaeopteryx* of von Meyer with the description of the fossil remains of a long-tailed species, from the lithographic stone of Solnhofen. *Philosophical Transactions of the Royal Society of London* 153: 33~47.

Padian, Kevin. 1983. A functional analysis of flying and walking in pterosaurs. *Paleobiology* 9: 218~239.

Padian, Kevin. 1997. A question of emotional baggage. *BioScience* 47: 724.

Padian, Kevin. 2001. Cross-testing adaptive hypotheses: Phylogenetic analysis and the origin of bird flight. *American Zoologist* 41: 598~607.

Padian, Kevin, and Kenneth P. Dial. 2005. Could the "four winged" dinosaurs fly? *Nature* 438: E3.

Pagden, Anthony, ed. 2001. *Hernán Cortés: Letters from Mexico*. New Haven: Yale University Press.

Parfitt, Alex R., and Julian F. V. Vincent. 2005. Drag reduction in a swimming Humboldt Penguin, *Spheniscus humboldti*, when the boundary layer is turbulent. *Journal of Bionics Engineering* 2: 57~62.

Pearson, Gilbert T., ed. 1936. *Birds of America*. New York: Doubleday.

Perrichot, V., L. Marion, D. Néraudeau, R. Vullo, and P. Tafforeau. 2008. The early evolution of feathers: Fossil evidence from Cretaceous amber of France. *Proceedings of the Royal Society* B275: 1197~1202.

Peters, Winfried S., and Dieter Stefan Peters. 2009. Life history, sexual dimorphism, and "ornamental" feathers in the Mesozoic bird *Confuciusornis sanctus*. *Biology Letters* 5: 817~820.

Petroski, Henry. 2007. *The toothpick*. New York: Alfred A. Knopf.

Piersma, Theunis, and Mennobart R. Van Eerden. 1988. Feather-eating in Great Crested Grebes *Podiceps cristatus*: A unique solution to the problems of debris and gastric parasites in fish-eating birds. *Ibis* 131: 477~486.

Pollard, John. 1977. *Birds in Greek life and myth*. London: Thames and Hudson.

Poole A. J., J. S. Church, and M. G. Huson. 2009. Environmentally sustainable fibers from regenerated protein. *Biomacromolecules* 10: 1~8.

Poopathi, Subbiah, and S. Abidha. 2008. Biodegradation of poultry waste for the production of mosquitocidal toxins. *International Biodeterioration and Biodegradation* 62: 479~482.

Pope, Saxton. 1918. Yahi archery. *University of California Publications in American Archaeology and Ethnology* 13, no. 3: 103~152.

Pope, Saxton. 1925. *Hunting with the bow and arrow*. New York: G. P. Putnam and Sons.

Price, Jennifer. 1999. *Flight maps: Adventures with nature in modern America*. New York: Basic Books.

Prum, Richard O. 1999. Development and evolutionary origin of feathers. *Journal of Experimental Zoology* 285: 291~306.

Prum, Richard O. 2002. Why ornithologists should care about the theropod origin of birds. *Auk* 119: 1~17.

Prum, Richard O. 2005. Evolution of the morphological innovations of feathers. *Journal of Experimental Zoology* 304B: 570~579.

Prum, Richard O. 2008a. Leonardo da Vinci and the science of bird flight. In *Leonardo da Vinci: Drawings from the Biblioteca Reale in Turin*, ed. Jeannine A. O'Grody, 111~117. Birmingham: Birmingham Museum of Art.

Prum, Richard O. 2008b. Who's your daddy? *Science* 322: 1799~1800.

Prum, Richard O., and Alan H. Brush. 2002. The evolutionary origin and diversification of feathers. *Quarterly Review of Biology* 77: 261–95.

Prum, Richard O., and Alan H. Brush. 2003. The origin and evolution of feathers. *Scientific American*. March: 60~69.

Radcliffe, William. 1921. *Fishing from the earliest times*. London: John Murray.

Reeder, William G., and Raymond B. Cowles. 1951. Aspects of thermoregulation in bats. *Journal of Mammalogy* 32: 389~403.

Regal, Philip J. 1975. The evolutionary origin of feathers. *Quarterly Review of Biology* 50: 35~66.

Reid, James W. 1986. *Textile masterpieces of ancient Peru*. New York: Dover.

Reid, James W. 2005. *Magic feathers: Textile art from ancient Peru*. London: Textile and Art Publications.

Reina, Ruben E., and Kenneth M. Kensinger, eds. 1991. *The gift of birds: Featherwork of native South American peoples*. Philadelphia: University of Pennsylvania Museum of Archaeology and Anthropology.

Revis, Hannah C., and Deborah A. Waller. 2004. Bactericidal and fungicidal activity of ant chemicals on feather parasites: An evaluation of anting behavior as a method of self-medication in songbirds. *Auk* 121: 1262~1268.

Ribak, Gal, Daniel Weihs, and Zeev Arad. 2005. Water retention in the plumage of diving great cormorants *Phalacrocorax carbo sinensis*. *Journal of Avian Biology* 36: 89~95.

Rombauer, Irma, and Marian Rombauer Becker. 1975. *The joy of cooking*. Indianapolis: Bobbs-Merrill.

Roth, Harald H., and Günter Merz, eds. 1997. *Wildlife resources: A global account of economic use*. Berlin: Springer.

Roush, Chris, and Petyr Beck. 2006. *A good night's sleep: The Pacific Coast Feather story*. Seattle: Documentary Media.

Ruspoli, M. 1986. *The cave of Lascaux: The final photographs*. New York: Harry N. Abrams.

Sahagun, Bernadino de. 1963. *Florentine Codex: General history of the things of New Spain.* Bk. 11, *Earthly things.* Trans. C. E. Dibble and A. J. O. Anderson. 1577. Reprint, Santa Fe: University of Utah and School of American Research.

Schimmel, Annemarie. 1993. *The triumphal sun: A study of the works of Jalaloddinn Rumi.* Albany: State University of New York Press.

Schmookler, Paul, and Ingrid V. Sils. 1999. *Forgotten flies.* Millis, MA: Complete Sportsman.

Sellers, Robin M. 1995. Wing-spreading behavior of the cormorant *Phalacrocorax carbo. Ardea* 83: 27~36.

Sereno, P. C., R. N. Martinez, J. A. Wilson, D. J. Varricchio, O. A. Alcober, et al. 2008. Evidence for avian intrathoracic air sacs in a new predatory dinosaur from Argentina. *PLoS ONE* 3, no. 9: e3303. doi:10.1371/journal. pone.0003303.

Shipman, Pat. 1998. *Taking wing: "Archaeopteryx" and the evolution of bird flight.* New York: Simon and Schuster.

Smit, D. van Zyl. 1984. Russel Thornton's ostrich expedition to the Sahara, 1911~1912. *Karoo Agric* 3, no. 3: 19~27.

Smith, Frank C. [Various]. Private correspondence with George Asch man, editor of *Cape Times.* Cataloged at CP Nel Museum, Outdshoorn, South Africa.

Stein, Sarah Abrevaya. 2008. *Plumes: Ostrich feathers*, Jews, and a lost world of global commerce. New Haven: Yale University Press.

Stettenheim, Peter H. 2000. The integumentary morphology of modern birds: An overview. *American Zoologist* 40: 461~477.

Strange, Ian J. 1980. The Thin-billed Prion, *Pachyptila belcheri*, at New Island, Falkland Islands. *Le Gerfaut* 70: 411~445.

Swadling, Pamela. 1996. *Plumes from paradise.* Boroko: Papua New Guinea National Museum.

Tattersall, Glenn J., Denis V. Andrade, and S. Abe Augusto. 2009. Heat exchange from the toucan bill reveals a controllable vascular thermal radiator. *Science* 325: 468~470.

Templeton, Christopher N., and Erick Greene. 2007. Nuthatches eavesdrop on variations in heterospecific chickadee mobbing alarm calls.

Proceedings of the National Academy of Sciences 104: 5479~5482.

Templeton, Christopher N., Erick Greene, and Kate Davis. 2005. Allometry of alarm calls: Black-Capped Chickadees encode information about predator size. *Science* 308: 1934~1937.

Thaler, Ellen. 1990. *Die Goldhähnchen*. Wittenburg Lutherstadt, Germany: A. Ziemsen Verlag.

Tian, Xiaodong, Jose Iriarte-Diaz, Kevin Galvao Middleton, Israeli Ricardo, Emily Israeli, Abigail Roemer, Allyce Sullivan, Arnold Song, Sharon Swartz, and Kenneth Breuer. 2006. Direct measurements of the kinematics and dynamics of bat flight. *Bioinspiration and Biomimetics* 1: S10~S18.

Tieleman, B. Irene, and Joseph B. Williams. 1999. The role of hyperthermia in the water economy of desert birds. *Physiological and Biochemical Zoology* 72: 87~100.

Tobalske, Bret W. 2007. Biomechanics of bird flight. *Journal of Experimental Biology* 210: 3135~3146.

Tobin, James. 2003. *To conquer the air: The Wright brothers and the great race for flight*. New York: Free Press.

Torre-Bueno, Jose R. 1978. Evaporative cooling and water balance during flight in birds. *Journal of Experimental Biology* 75: 231~236.

Tucker, Vance A. 1968. Respiratory exchange and evaporative water loss in the flying Budgerigar. *Journal of Experimental Biology* 48: 67~87.

Turner, A. H., P. J. Makovicky, and M. A. Norell. 2007. Feather quill knobs in the dinosaur *Velociraptor*. *Science* 317: 1721.

Vuilleumier, François. 2005. Dean of American ornithologists: The multiple legacies of Frank M. Chapman of the American Museum of Natural History. *Auk* 122: 389~402.

Wallace, Alfred Russel. 1869. *The Malay Archipelago*. New York: Harper and Brothers.

Walton, Izaak. 1896. *The compleat angler; or, The contemplative man's recreation*. 1676. Reprint, London: J. M. Dent.

Ward, Jennifer, Dominic J. McCafferty, David C. Houston, and Graeme D. Ruxton. 2008. Why do vultures have bald heads? The role of postural adjustment and bare skin areas in thermoregulation. *Journal of Thermal Biology* 33: 168~173.

Ward, S., U. Moller, J. M. V. Rayner, D. M. Jackson, D. Bilo, W. Nachtigall, and J. R. Speakman. 2001. Metabolic power, mechanical power, and efficiency during wind tunnel flight by European starlings *Sturnus vulgaris*. *Journal of Experimental Biology* 204: 3311~3322.

Ward, S., J. M. V. Rayner, U. Möller, D. M. Jackson, W. Nachtigall, and J. R. Speakman. 2002. Heat transfer from starlings *Sturnus vulgaris* during flight. *Journal of Experimental Biology* 202: 1589~1602.

Wead, E. Young, 1911. The feather industry. *Hunter, Trader, Trapper* 22, no.5: 23~26.

Winkler, David W. 1993. Use and importance of feathers as nest lining in Tree Swallows (Tachycineta bicolor). *Auk* 110: 29~36.

Witmer, Mark. 1996. Consequences of an alien shrub on the plumage coloration and ecology of Cedar Waxwings. *Auk* 113: 735~743.

Wolf, Blair O., and Glenn E. Walsberg. 2000. The role of the plumage in heat transfer processes of birds. *American Zoologist* 40: 575~584.

Xu, Xing, James M. Clark, Jinyou Mo, Jonah Choiniere, Catherine A. Forster, et al. 2009. A Jurassic ceratosaur from China helps clarify avian digital homologies. *Nature* 459: 940~944.

Xu, Xing, Z.-L. Tang, and X.-L. Wang. 1999. A therizinosaurid dinosaur with integumentary structures from China. *Nature* 399: 380~384.

Xu, Xing, X.-L. Wang, and Xiaocun Wu. 1999. A dromaeosaurid dinosaur with a filamentous integument from the Yixian Formation of China. *Nature* 401: 262~265.

Xu, Xing, Xiaoting Zheng, and Hailu You. 2009. A new feather type in a nonavian theropod. *Proceedings of the National Academy of Sciences* 106: 832~834.

Xu, Xing, Xiaoting Zheng, and Hailu You. 2010. Exceptional dinosaur fossils show ontogenetic development of early feathers. *Nature* 464: 1338~1341.

Xu, Xing, Z. Zhou, and X. Wang. 2000. The smallest known non-avian theropod dinosaur. *Nature* 408: 705~708.

Yang, Shu-hui, Yan-chun Xu, and Da-wei Zhang. 2006. Morphological basis for waterproof characteristic of bird plumage. *Journal of Forestry Research* 17: 163~166.

Yanoviak, Stephen P., Robert Dudley, and Michael Kaspar. 2005. Directed aerial descent in canopy ants. *Nature* 433: 624~626.

Zhang, Fucheng, Stuart L. Kearns, Patrick J. Orr, Michael J. Benton, Zhonghe Zhou, Diane Johnson, Xing Xu, and Xiaolin Wang. 2010. Fossilized melanosomes and the colour of Cretaceous dinosaurs and birds. *Nature* 463: 1075~1078.

Zheng, Xiao-Ting, Hai-Lu You, Xing Xu, and Zhi-Ming Dong. 2009. An Early Cretaceous heterodontosaurid dinosaur with filamentous integumentary structures. *Nature* 458: 333~336.

그림 및 인용문의 출처

10쪽_ 대머리수리 그림. © 1990 by Simon Thomsett.

11쪽_ 도입부 레너드 네이선의 글. 출처: *The Diary of a Left-handed Birdwatcher* by Leonard Nathan(1996). 제공: Graywolf Press.

13쪽_ 미국 울새. 출처: *The Birds of America* by John James Audubon(1840). © 2008 by Dover Publications, Inc.

17쪽_ 쇼베 동굴 칡부엉이. 사진: HTO. 출처: 위키피디아.

19~20쪽_ 웨이드 데이비스의 글. *One River: Explorations and Discoveries in the Amazon Rain Forest* by Wade Davis. Copyright © 1996 by Wade Davis. All rights reserved.

21쪽_ 치품천사의 모자이크. 사진: Mattana. 출처: 위키미디어

27쪽_ 도입부 에드윈 모건의 글. 출처: *The Archaeopteryx's Song* by Edwin Morgan(1977). 제공: Carcanet Press.

33쪽_ 다윈 카툰.《호닛*Hornet*》1877년 3월 22일. 출처: 위키미디어

36쪽_ 시조새 주물. © 2010 by Thor Hanson.

50쪽_ 벌레잡이 주걱 공룡 일러스트. 그림: John Ostrom 출처: Ostrom(1979). 제공: *American Scientist*.

56쪽_ 겨울굴뚝새. 그림: Thomas Bewick(18세기). © 2004 by Dover Publications, Inc.

59쪽_ 겉깃털. © 2010 by Nicholas Judson.

62쪽_ 깃털 진화의 발달모델. © 2010 by Nicholas Judson.

67쪽_ 도입부 마크 노렐의 글. 출처: *Unearthing the Dragon* by Mark Norell(2005).

74쪽_ 시노사우롭테릭스 프리마. © 2006 by Julius Csotonyi.

77쪽_ 카우딥테릭스 조우이. © 2008 by Peter Schouten.

78쪽_ 이와이 베이퍄오룽. © by Xing Lida and Zhao Chuang.

90쪽_ 바위비둘기. 작자미상(19세기) © 1979 by Dover Publications, Inc.

93쪽_ 가는부리고래새 새끼. © 2005 by Petra Quill feldt.

99쪽_ 코뿔소. 그림: Albrecht Durer(1515). 출처: 위키미디어.

109쪽_ 깃털 성장과 털갈이. ⓒ 2010 by Nicholas Judson.

112쪽_ 기드림풍조. 그림: William T. Cooper, ⓒ 1998 by Oxford University Press.

124쪽_ 황금관상모솔새. 그림: R. Bruce Horsfall. 출처: Pearson 1936.

134쪽_ 퍼시픽 코스트 깃털회사. ⓒ 2010 by Thor Hanson.

139쪽_ 도입부 마이크 글리슨의 글. 출처: *Journal of Experimental Biology.*

143쪽_ 쇠부리딱다구리. 그림: 존 제임스 오듀본. ⓒ 2008 by Dover Publications, Inc.

145쪽_ 갑옷도마뱀. 작자미상(19세기). ⓒ 1979 by Dover Publications, Inc.

147쪽_ 검은등제비갈매기. 작자미상. 출처: Drent(1972). Koninklijke Brill NV.

150쪽_ 단관레그혼. 작자미상. 출처: Lucas and Stettenheim(1972).

153쪽_ 토코투칸. ⓒ by Glenn Tattersall.

154쪽_ 브라질자유꼬리박쥐와 원숭이올빼미. ⓒ Hristov, Allen, and Kunz, Boston University.

157쪽_ 더글러스 애덤스의 글. ⓒ 1982 by Serious Productions Ltd. Crown Publishers, a division of Random House, Inc.

161쪽_ 은색레이스무늬 와이언도트. 그림: A. O. Schilling. 출처: *The American Standard of Perfection*(1938).

165쪽_ 프로아비스. 그림: Gerhard Heilmann. 출처: *Origin of Birds*(1927).

167쪽_ 월리스날개구리. 그림: John Gerrard Keulemans. 출처: *The Malay Archipelago* by Alfred Russel Wallace(1869).

173쪽_ 메추라기닭. 그림: Robert Petty. 제공: Flight Laboratory, Division of Biological Sciences, University of Montana.

179쪽_ 달 표면의 송골매 비행깃. 제공: NASA.

184쪽_ 송골매. 그림: Luis Agassiz Fuertes. 출처: Eaton(1915).

190쪽_ 〈이카로스를 위한 탄식〉. Herbert James Draper(1898). 출처: 위키미디어.

196쪽_ 오토릴리엔탈의 글라이더. 제공: Otto Lilienthal Museum, Anklam, Germany.

198쪽_ 모형비행기 설계. 그림: Ray Malmstrom. 제공: Impington Village College Model Aeroplane Club and the Ray Malmstrom family.

203쪽_ 홍관조. ⓒ 2007 by Howard Cheek. 출처: BigStock.com.

214쪽_ 큰 극락조. 그림: T. W. Wood, 출처: *The Malay Archipelago* by Alfred Russel Wallace(1869).

216쪽_ 극락조. 그림: William T. Cooper. 출처: Frith and Beehler(1998). 제공: Oxford University Press.

222쪽_ 오베나족의 싱싱 행사. 사진: ⓒ 1991 by Clifford B. Frith.

227쪽_ 라스베이거스 쇼걸. 제공: Found Image Press, LLC.

233쪽_ 《맥컬스》 표지 이미지. 출처: McCall's Magazine 1908~1911.

238쪽_ 사하라횡단 타조원정대 지도. ⓒ 2010 by Nicholas Judson.

241쪽_ 사하라횡단 타조원정대 사진들. 제공: Dave Glenister and the family of Russel William Thornton.

254쪽_ 리어 C. 쿠튀르 밀리너리의 모자. ⓒ by 2010 Leah C. Couture Mil linery. 사진: M. K. Semos.

256쪽_ 폴 사이먼, 〈코다크롬〉. ⓒ 1973 Paul Simon. 제공: Paul Simon Music.

261쪽_ 애기여새. 그림: Bruce Horsfall. 출처: Pearson(1936).

264쪽_ 안키오르니스 헉슬리아이: ⓒ 2009 by Julius Csotonyi.

267쪽_ 산타크루스 섬의 깃털 화폐. 사진: William Davenport. 제공: Penn Museum, image numbers 176014 and 176008a.

270쪽_ 아즈텍 전사들. 출처: *The Florentine Codex* by Bernadino de Sahagun(1574). 이미지 출처: 위키미디어.

283쪽_ 깃털 위의 물방울. 제공: Edward Bormashenko and the *Journal of Colloid and Interface Science*.

296쪽_ 대서양연어 플라이. 작자미상. 출처: *The Salmon Fly* by George Kelson(1895).

299쪽_ 신사답게 플라이를 던지는 기술. 작자미상. 출처: *The Salmon Fly* by George Kelson(1895).

302쪽_ 글씨 쓰는 법. 작자미상. 출처: *L'Encyclopedie* by Denis Diderot(1750~765). 제공: ARTFL Encyclopedie Project.

308쪽_ 씨 뿌리는 자와 씨앗. 그림: Aidan Hart with contributions from Donald Jackson and Sally Mae Joseph, ⓒ 2002, The Saint John's Bible, Hill Museum & Manuscript Library, Order of Saint Benedict, Collegeville, Minnesota, USA. Scripture quotations are from the New Revised Standard Version of the Bible, Catholic Edition, Copyright 1993, 1989 National Council of the Churches of Christ in the United States of America. Used by permission. All rights reserved.

311쪽_ 깃펜. 작자미상. 출처: *L'Encyclopedie* by Denis Diderot(1750~765). 제공: ARTFL Encyclopedie Project.

318쪽_ 흰등대머리수리. ⓒ 1990 by Simon Thomsett.

323쪽_ 곤봉날개마나킨. ⓒ 1998 by Kimberly Bostwick.

328쪽_ 마나킨의 날개. 작자미상. 출처: Darwin(1871).

찾아보기

__기타

깃털

2013년 7월 24일 초판 1쇄 발행
2018년 1월 12일 초판 5쇄 발행

지은이 **소어 핸슨**
옮긴이 **하윤숙**
펴낸이 **박래선 · 신가예**
펴낸곳 **에이도스**
출판신고 제25100-2011-000005호

주소   **서울시 은평구 진관4로 17, 810-711**
전화   **02-355-3191**
팩스   **02-989-3191**
이메일 **eidospub.co@gmail.com**

표지 디자인 **공중정원 박진범**
본문 디자인 **김경주**

ISBN 978-89-966022-9-3